生态文明建设的贵州探索与实践

杨 文 著

U0250986

同济大学出版社·上海

图书在版编目(CIP)数据

生态文明建设的贵州探索与实践/杨文著. -- 上海：
同济大学出版社,2022.7
ISBN 978-7-5765-0309-8

Ⅰ.①生… Ⅱ.①杨… Ⅲ.①生态环境建设-研究-
贵州 Ⅳ.①X321.273

中国版本图书馆 CIP 数据核字(2022)第 141077 号

生态文明建设的贵州探索与实践

杨 文 著

出品人	金英伟	**责任编辑**	姚烨铭	**责任校对**	徐春莲	**封面设计**	张 微

出版发行	同济大学出版社	www.tongjipress.com.cn
	(地址:上海市四平路 1239 号 邮编:200092 电话:021-65985622)	
经 销	全国各地新华书店	
制 作	南京月叶图文制作有限公司	
印 刷	苏州市古得堡数码印刷有限公司	
开 本	710mm×1000mm 1/16	
印 张	14.25	
字 数	285 000	
版 次	2022 年 7 月第 1 版	
印 次	2022 年 7 月第 1 次印刷	
书 号	ISBN 978-7-5765-0309-8	

定 价	78.00 元

前　言

　　建设生态文明是中华民族永续发展的千年大计。党的"十八大"以来，以习近平同志为核心的党中央把生态文明建设摆在全局工作的突出位置，全面加强生态文明建设，开展了一系列根本性、开创性、长远性的工作，生态文明建设从认识到实践都发生了历史性、转折性、全局性的变化。

　　贵州是生态文明建设先行先试者。历届省委、省政府高度重视统筹协调生态、环境、经济的可持续发展，紧紧围绕党和国家的战略部署，结合贵州的发展实际，高位推进生态文明建设。1988年，贵州建立了我国首个"扶贫开发、生态建设"试验区——毕节试验区。"九五"期间，贵州成为实施《中国21世纪议程》的三个试点省份之一。2014年，贵州成为全国第一批生态文明先行示范区之一。2016年贵州成为首批国家生态文明试验区之一。2017年，中共贵州省第十二次代表大会提出大生态战略行动，将生态文明建设作为引领全省经济社会各项事业发展的战略举措，率先在全国大胆探索、实践、创新，在守好发展和生态两条底线上取得了积极的成效，生态文明建设走在全国前列，为推进国家生态文明试验区建设，开创百姓富、生态美的多彩贵州作出了贡献。

　　本书以贵州生态文明建设为主要研究对象，以相关课题研究成果为支撑，系统、翔实地阐述了贵州生态文明建设成效，深入挖掘贵州省在生态保护、环境治理、社会建设、文化弘扬和制度创新等多个生态文明建设领域的探索，总结、提炼、凝聚了贵州生态文明建设具体领域的经验，为贵州省进一步深化生态文明建设和探索研究提供参考依据，也为同类型地区推进生态文明建设提供有效借鉴。

　　本书共分6章。第一章系统梳理了贵州省生态文明建设的进程和取得的成效。第二章至第六章以生态文明建设的主要任务为重点，分别从生态保护修复、生态扶贫、生态文明制度创新、农村人居环境治理及生态文化培育5个方面，系统分析了不同领域落实党中央有关生态文明建设的总体要求、建设成果和典型的制度创新成果，通过调研、凝练贵州在解决该领域问题时的主要做法和建设成效，提出了进一步推进生态文明建设的有关建议，希望能为贵州持之以恒地推进生态文明建设、在生态文明建设上做出新绩提供决策参考。很幸运的是，根据本书中某些章节内容整理摘要的报告被送到有关部门，得到高度重视，获省委主要领导的批示，被相关部门采用。在整合本书部分重要章节内容的基础上完成的论文，也在相关核心刊物上发表。

本书有关成果研究得到中共贵州省委政策研究室委托课题"城乡融合视域下贵州省农村人居环境整治提升"、2020 年度贵阳市哲学社会科学规划课题"城乡融合下贵阳市农村生态环境治理的实现机制研究"、2017 年度贵州省社科联理论创新课题联合项目"河长制下推进我省公众参与河湖治理的机制研究"（GZLLLH2017038）等基金资助，同时引用了部分国内外有关的研究成果，其中大部分编入参考文献，但未列全，在此一并表示感谢。

尽管在编写过程中作者力求完善，但限于自身的知识结构和水平，书中难免存在疏漏与不足，恳请广大读者批评指正。

杨 文

2022 年 5 月

目　录

第一章

总论——建设多彩贵州

贵州是生态文明建设的先行者。历届省委、省政府高度重视统筹协调生态、环境、经济的可持续发展,紧紧围绕党和国家的战略部署,结合贵州的发展实际,积极推进生态文明建设先行先试。贵州是全国最早的生态建设试验区、第一批生态文明先行示范区和首批国家生态文明试验区,率先在全国大胆探索、实践、创新,在守好发展和生态两条底线上取得了显著的成效,生态文明建设走在全国前列。总结贵州经验不仅可以促进贵州省持续深入推进生态建设和环境保护,在生态文明上出新绩,而且可以为全国提供可学习、可移植、可示范的生态文明建设样本。

第一节 贵州生态文明建设的战略演进

20 世纪 80 年代,贵州即开始生态文明建设的最初探索,几十年来,在中共中央的坚强领导下,贵州始终坚持生态文明建设这条主线,一年接着一年干,一任接着一任推动,不断深化战略,努力走出一条人与自然和谐共生,经济社会可持续发展之路。纵观其生态文明发展历程,贵州经历了人口粮食生态协调发展、可持续发展、生态立省、环境立省、生态文明引领、绿色发展及大生态战略的 7 次战略深化阶段。

一、从人口、粮食、生态协调发展到可持续发展

(一)人口、粮食、生态协调发展

20 世纪 80 年代,由于毁林开荒、无序开发,贵州的生态系统遭到严重破坏,经济增长和环境保护之间的矛盾十分突出。以矿产资源开采利用为主的重工业,造成了严重的水资源污染和大气污染。全省 80% 以上城市 SO_2 年日均值偏高,有些城市还出现严重的酸雨。因长期对大自然的掠夺性开发,遭到了大自然的疯狂惩罚,旱涝自然灾害日渐频繁。

1

严峻的生态环境问题引起了贵州省委、省政府的高度重视。1986 年,省委、省政府提出了"人口、粮食、生态"的社会发展战略。1988 年,中共贵州省委制定了全省经济社会发展的"人口、粮食、生态全面规划、综合治理、协调发展"的方针,开启了贵州生态文明建设的征程。

这一期间,贵州生态文明建设的主要做法为:一是建立毕节市"扶贫开发、生态建设"试验区。毕节市是革命老区,位于贵州西北部,地处世界三大连片岩溶发育区之一的东亚片区中心的滇黔桂连片岩溶腹心地带,全区岩溶面积占总面积的 62%。毕节市岩石裸露、耕地匮乏、土壤贫瘠,是全省乃至全国最贫困的地区之一。人多地少,毁林毁草、陡坡垦殖,导致水土流失与石漠化严重,生态环境脆弱。1987 年,毕节市人口 558.86 万,贫困人口高达 315 万;水土流失面积达 60% 以上,森林覆盖率仅 8.53%。[①] 为了破解"一方水土养不活一方人"的难题,走出"越生越垦、越垦越穷、越穷越生"的循环怪圈,1988 年,在时任贵州省委书记胡锦涛同志的大力倡导下,国务院批准贵州省建立我国首个"扶贫开发、生态建设"试验区——毕节试验区。毕节市试验区在中共中央的支持下,主要任务是探索促进人口资源环境协调发展,努力摆脱生存和发展的困境,探索岩溶贫困山区生态建设与经济社会协调发展的经验。二是以生态治理为重心开展系列生态修复和保护。贵州陆续开展了一系列国家重大生态工程,如"两江"(长江和珠江)上游防护林建设工程、水土流失重点防治工程、长江上游水土保持重点工程、珠江上游水土流失重点防治区工程、小流域综合治理和坡改梯工程等,生态建设区域覆盖全省 70 多个县(市)以上。依托于国家重大生态工程,贵州的生态环境得到了明显的改善。三是初步开展对工业污染和城市污染的防治工作。坚持"谁污染、谁治理",实行以防为主,防治结合,对工业污染进行综合整治,同时采取措施防止新的污染源产生。四是推进地方环境法治建设。先后颁布《贵州省环境保护条例》《贵州省红枫湖、百花湖水资源环境保护条例》《贵阳市大气污染防治办法》等一系列地方环保法规,将环境保护纳入法治轨道。

"人口、粮食、生态协调发展"战略目标的提出具有三个基本特征:第一,该战略的思路,不再局限于单一的经济发展或简单的环境保护。在认识上,提出协调人口、经济的发展与环境保护,要求在经济建设的同时要进行环境保护,把开发扶贫、生态建设、人口控制作为一个整体目标协调推进。但是在实践中,还是更加偏向经济发展,"治山养山"进而"靠山吃山"、脱贫致富

---

① 石宗源.贫困地区的崛起之路[J].求是,2008(18):22.

是这一时期的主要思路。第二,该战略的重点是开展农业农村生态工程建设,对被破坏了的生态进行重建。主要是以喀斯特区生态恢复为重点,加强生态修复,以造林工作为主要任务,加快提高全省森林覆盖率,同时,开始重视并控制大气污染和水环境污染。第三,该战略主要是通过以工代赈等方式,加强贫困地区的农村基础设施建设和生态建设,包括人畜饮水工程、坡改梯工程、生态修复工程等,解决农业农村基础设施落后问题。尝试把生态环境建设作为经济结构调整的基础和切入点,比如发展种草养畜、种植经果林来增加农民收入,逐渐变救济式扶贫为开发式扶贫。"人口、粮食、生态协调发展"战略的提出,标志着生态建设和环境保护在贵州发展战略中占有了一席之地。

（二）可持续发展

1994 年,我国颁布了《中国 21 世纪议程——中国 21 世纪人口、环境与发展白皮书》（以下简称《中国 21 世纪议程》）,将可持续发展战略纳入经济社会发展的长远规划,制定了国家的可持续发展目标。此后,贵州省委、省政府根据《中国 21 世纪议程》的精神和国家的部署,认真回顾了历史上生态环境的破坏给贵州以及长江和珠江中下游地区发展造成损失的教训,总结了改革开放以来,加强生态建设和环境保护的经验,并站在历史和全局的高度,提出把可持续发展战略列为贵州跨世纪发展的"三大战略"之一。1996 年,在制定《贵州省国民经济和社会发展"九五"计划和 2010 年远景目标纲要》时,正式将实施可持续发展战略纳入贵州跨世纪发展的"三大战略"之一,强调处理好人口、资源、环境的关系,重点解决煤炭、火电、化工、冶金、建材及造纸等工业污染问题,逐步对一些资源能源消耗大、工艺落后、设备陈旧、效益低下和污染严重的企业进行关、停、并、转、迁,实现城市居民改用煤气,削减市区二氧化硫排放量,控制城市酸雨,重视资源的综合运用。至此,贵州从"人口、粮食、生态协调发展"战略转向人口、资源、环境的可持续发展战略,进一步明确了贵州生态文明建设战略的思路。

"九五"期间,贵州省成为全国实施《中国 21 世纪议程》的三个试点省份之一。这一时期,首先编制了《贵州 21 世纪议程纲要》《向贫困宣战——贵州省贯彻〈中国 21 世纪议程〉行动计划》《贵州省生态建设规划》《贵州省自然保护区规划》《贵州省环境保护"九五"计划和 2010 年长远规划》等,把生态建设、环境保护和人口控制与开发扶贫紧密结合起来,有计划、有步骤地控制环境污染、生态破坏、资源浪费,加强生态建设,加大对污染严重的小型企业的关停和取缔力度,实施煤炭关井压产政策。其次,着重治理工业污染。遏制主要污染物排放总量快速增长势头,着力解决工业污染,治理河流、湖泊水质污染,保护饮用水源,遏制污染蔓延趋势。最后,积极开展国际环境保护合作与交流。先后实施联合国世界粮食计划署中国5181项目、与日本政府合作的中日环境示范城市、与世界自然基金合作的赤水项目等。全省城市空气环境质量有所好转,酸雨污染程度有所减轻。此外,建立和升级了贵州梵净山国家级自然保护区、桫椤国家级自然保护区、桐梓柏箐自然保护区等各类自然保护区。通过自然保护区对自然生态系统、野生动物、自然遗址进行保护。2000年,贵州累计建立了72个各类自然保护区,占全省土地面积的2.16%。

贵州可持续发展战略目标的提出,把环境保护、污染治理、节约资源放到更加突出的位置,是对"人口、粮食、生态协调发展"战略的拓展。在可持续发展战略的指引下,贵州加强了生态建设、环境治理、资源保护的力度,全省的烟尘、工业粉尘等污染物有较大幅度的削减,空气质量有所好转,水环境质量总体向好,森林覆盖率得到提高。2000年,贵州森林覆盖率提升到30.83%。

二、从可持续发展到生态立省、环境立省

进入21世纪之后,贵州以西部大开发战略为契机,加强生态环境建设。2004年7月,中共贵州省委九届五次全会(扩大)会议讨论通过《中共贵州省委、贵州省人民政府关于加大力度实施西部大开发战略的若干意见》(黔党办发〔2004〕13号)(以下简称《战略意见》)。该《战略意见》提出"坚持生态立省,扎实推进生态建设和环境保护,加快建设节约型社会,促进人与自然和谐发展"的战略。强调统筹兼顾,协调推进贵州经济社会的发展。一方面,提出要抢抓西部大开发机遇,加快发展,并把发展作为解决所有问题的关键,突出抓好"五个战略重点"。即新阶段扶贫开发、基础设施建设、支柱产业和特色经济发展、生态环境建设、"两基"攻坚,加快推进新型工业化、农业产业化和城镇化的步伐,努力保持全省经济增长高于全国平均速度。另一方面,指出要"大力推进经济结构战略性调整,加快形成以支柱产业为支撑、特色优势产业为依托、高新技术产业为先导的特色经济体系",紧紧依托本省丰富的资源优势,明确进一步做强以烟酒为主的传统支柱产业,发展能源、优势原材料、航天航空、电子信息、旅游、生物技术、生态畜牧业、民族制药和特色食品等优势产业,为构建贵州省生态特色经济体系指明了努力方向。此外,提出"以项目为载体,选择重点行业和领域,积极发展循环经济",

"积极稳步推进退耕还林还草,高质量实施各项林业生态建设工程","力争全省森林覆盖率每年增加 1 个百分点,到 2010 年达到 40% 以上,基本遏制水土流失和石漠化扩大趋势"等工作措施和奋斗目标。既坚持了贵州省长期以来的生态建设路子,又赋予了新的生态文明建设内涵。其新意在于:第一,立足实际,整体把握贵州省情,客观分析贵州发展的现实,既看到贵州的优势,又看到问题所在。提出贵州的基本省情是欠发达、欠开发,农民收入增长缓慢,部分群众贫困程度深,基于这样的省情,不发展不行,发展慢了也不行,必须始终坚持抢抓机遇、加快发展。第二,调整产业结构,推进环境保护。贵州清醒地认识到,作为资源大省,要实现经济社会发展的历史性跨越,必须大力发展优势产业,但天生生态的脆弱性,使得一旦开发和保护不好,也会付出沉重代价,必须既坚持开发与保护并重,不因保护而放弃开发,也不能因开发而忽视保护。必须把资源开发与保护有机统一起来,在开发中保护、在保护中开发,寓生态建设于资源开发之中,融资源开发于生态建设之中。基于此,提出加快调整产业结构,努力改变初级产品加工业多、资源消耗大的产业结构,走科技含量高、经济效益好、资源消耗低、环境污染少及人力资源优势得到充分发挥的新型工业化道路,努力修复过分依赖自身资源谋求发展的局面。这是对发展与保护认识的进一步深入,是对贵州可持续战略的深化。第三,"生态立省"战略以生态为根本,以提高资源利用率为目标,为经济增长方式转变为重点,加快发展循环经济,建立资源节约型、环境友好型社会。2002 年,贵阳市成为全国首个循环经济型生态试点城市,贵州以此为契机,着力开展清洁生产,在水泥、磷化工、铝及铝加工等重点领域循环发展,完善再生资源回收利用体系,建立资源循环利用机制,努力做好循环经济试点和示范工作。2004 年,贵阳市摘掉了酸雨帽子,当年在全国600 多个城市环境综合质量评比中上升到第 28 位[①]。与之前的战略重点相比,"生态立省"既是坚持也有完善,既是延续也有创新,更加符合当时贵州省经济社会发展的实际,是科学发展的思路。"生态立省"战略已经涉及经济结构调整,从"经济增长优先"转向"生态发展协调",是认识和战略的升华。

2007 年,贵州省第十次代表大会上,中共贵州省委作出了《全面落实贯彻科学发展观,为实现贵州经济社会发展的历史性跨越而奋斗》的决议。该决议强调要"树立保住青山绿水也是政绩"的理念,明确提出"坚持把改善环境作为立省之本,提高发展环境的竞争力。加快构建适应实现历史性跨越

[①]　佚名.循环经济的贵阳实践成为中共中央党校案例[J].理论与当代,2008(5):57.

需要的基础设施体系,逐步建设功能配套、景观良好、整洁文明、生活舒适的人居环境,始终保持山清水秀、人与自然和谐相处的生态环境"。环境立省战略具有以下三个特点:第一,把环境保护放在更加重要的位置予以加强。针对当时贵州省发展工业和保护环境存在的突出问题,明确坚持在发展中解决环境问题,更加注重环境污染的解决,探索与发展阶段相适应的生态环境保护体系。在"人口、粮食、生态协调发展"和"可持续发展"战略阶段,贵州提出协调经济和环境保护的理念,主要加强生态建设、工业污染防治来实现生态环境保护工作;在"生态立省"战略时期,贵州省认识到经济结构对生态环境的影响,所以,大力推进经济结构调整,尝试发展循环经济,努力建设资源节约型、环境友好型社会;在"环境立省"战略阶段,随着贵州工业发展速度的加快,环境污染加剧,因而,进一步突出要加强环境保护,注重对污染物的总量控制。不仅在宏观理念上把握经济与环境的协调关系,在实践中大力坚持把节能降耗、治污减排、生态修复作为战略性任务和基础性工作来抓,严格控制资源浪费、污染环境、破坏生态的项目。第二,提出树立保住青山绿水也是政绩的理念,是解决好经济发展和环境保护这一传统发展模式中"两难"矛盾的核心。长期以"经济成败论英雄"的 GDP 考核,使得部分地方政策执行者,重视发展经济,不关心或极少关心地方环境保护及生态治理工作。往往为了招商引资,"底线一让再让,条件一宽再宽",甚至为了地方眼前利益的发展,对明令禁止淘汰的工业生产建设项目置若罔闻,在实际的环境保护工作中走过场,搞形式主义。而保住青山绿水也是政绩的新理念,把生态文明建设与领导干部的政绩联系起来,明确环保不能让位于发展,环境保护也是干部的责任,纠正了干部对于发展思路上存在着的偏差,是发展理念的进步。第三,把生态文明建设与人民福祉联系起来,提出建设功能配套、景观良好、整洁文明、生活舒适的人居环境,坚持以人为本,走生产发展、生活富裕、生态良好的文明发展道路,这说明"环境立省"战略是全面推进生态文明建设,已经涉及政治、社会等方面。相比之前的战略更具有包容性,是认识的一次升华,是贵州生态文明建设战略的一次跃升。

此后,贵州省着力改善生态环境和控制环境污染,努力构建长江、珠江上游生态屏障。一是进一步大力实施石漠化治理工程。巩固退耕还林成果,认真实施植树造林,封山育林,天然林保护工程,保护生物多样性。其间,贵州 69 个县纳入天然林资源保护和退耕还林工程实施范围。相继启动森林抚育补贴,湿地保护,林木粮种补贴等试点,为巩固退耕还林成果提供了强有力的支持。2008 年,贵州有 55 个县列入国家石漠化治理试点工程试点县,获得国家大量的补助,生态建设得到极大保障。二是大力发展循环经济。完善鼓励发展循环经济的相关政策体系,构建产业协作平台和循环系统,提高资源综合利用水平,延伸产业增值链和劳动就业链,建设资源节约型、环境友好型社会,加快经济增长方式的转变,把经济社会发展引入全面、协调、可持续的科学发展轨道。三是强化改革试验。贵州把生态文明建设作为区域发展战略来推进,在多地开展了生态文明探索试验。省会贵阳市勇当先锋,率先开展了全国生态文明示范城市的建设。2007年,中共贵阳市八届四次全会通过《中共贵阳市委关于建设生态文明城市的决定》,以"为全国生态文明建设发挥典型示范作用"为己任,大胆进行体制机制创新,着力改善民生,创造良好的居住环境、人文环境、生产环境和生态环境,把贵阳市建设成适宜居住、适宜创业、适宜旅游的生态文明城市。编制完成《贵阳市生态文明城市总体规划》《贵阳市生态功能区划》,科学合理划定城市优化开发区、重点开发区、限制开发区和禁止开发区,明确各生态区功能定位及六区、一市、三县和金阳新区的功能定位,加大生态功能的保护。大力发展生态产业,把旅游、文化业发展放在重要的位置,打造"爽爽的贵阳、避暑天堂"品牌。研究并颁发实施了全国第一部生态文明建设专项地方性法规——《贵阳市促进生态文明建设条例》,创建全国第一个环保法庭。2009年举办首届"生态文明贵阳会议",并在之后连续多年举办等。贵阳市在生态文明建设实践的战略推进和系统推进,创造了多个全国生态文明建设的"首个"和"第一",走在我国生态文明建设的最前列。在省会城市的示范下,贵州各地相继开展生态文明建设。毕节试验区2009年被批准为建设国家可持续发展试验区,黔东南获批"生态文明建设试验区"。各地政府的强力推进、民众的广泛参与、媒体的积极引导,很快在全社会凝聚成一股强大的力量,推进生态文明建设融入经济、政治、文化和社会的各个领域,与新型工业化、农业现代化、新型城镇化紧密结合。这一期间,贵州在生态文明建设上的大胆创新,已超出了区域实践的局限,为我国生态文明建设进入"五位一体"中国特色社会主义事业总体布局做了积极的探索。

三、从环境立省到绿色发展、大生态战略

党的"十八大"报告提出以"美丽中国"为目标的生态文明建设思路。以习近平同志为核心的中共中央把生态文明建设放在全局工作的突出位置,全面加强生态文明建设,开展了一系列根本性、开创性、长远性工作,生态文明建设从认识到实践都发生了历史性、转折性、全局性的变化。

2012年4月,时任中共贵州省委书记栗战书同志在省第十一次党代会的工作报告中强调:"必须坚持以生态文明理念引领经济社会发展,实现既提速发展,又保持青山常在、碧水长流、蓝天常现。"在报告中还具体地阐述道:"贵州资源丰富,但毕竟有限;生态景象良好,但生态基础脆弱,迫切需要破解资源环境制约难题,要树立正确的资源观和科学的开发观,切实摆脱'资源路径依赖',避免掉进'资源优势陷阱'。"2013年12月,中共贵州省委十一届四次全会明确提出:"坚决守住生态底线,促进绿色发展、低碳发展、循环发展、全力打造生态文明建设先行区,建设生态贵州。"2014年1月,贵州省人大十二届二次会议提出:加快建设生态文明先行区。在加快发展的同时,我们要坚决守住生态保护这条底线,以对人民、对历史高度负责的态度,全力保护好贵州这片蓝天白云、青山绿水,多彩贵州拒绝污染项目。贵州生态文明发展的思路逐步完整、愈加清晰,目标也就越来越明晰。

2015年6月,习近平总书记在贵州考察时指示贵州要"守住发展和生态两条底线,培植后发优势,奋力后发赶超,走出一条有别于东部、不同于西部其他省份的发展新路"。①"守住两条底线"是习近平总书记对贵州的重要指示要求,也是贵州全面建成小康社会的根本保证,为贵州更好推动经济持续较快高质量发展指明了方向。2016年8月22日,中办、国办印发《关于设立统一规范的国家生态文明试验区的意见》,将贵州列为首批国家生态文明试验区,在生态文明建设体制机制改革方面先行先试,实现发展和生态环境保护协同推进,探索一批可复制可推广的生态文明重大制度成果。2016年8月31日,中共贵州省委召开十一届七次全会,专题研究生态文明建设。会议审议通过了《中共贵州省委贵州省人民政府关于推动绿色发展建设生态文明的意见》(以下简称《意见》)。这是一个指导性文件,又是一个贵州绿色发展的顶层设计,对贵州生态文明建设作出了系统的安排部署。《意见》提出:"建设生态文明试验区、做强做优大生态长板,要立足生态抓生态、跳出生态抓生态,把"绿色+"理念贯穿各个方面、融入所有发展,注重大生态与大扶贫、大数据、大旅游、大健康、大开放相结合。"并明确了贵州推动绿色发展、建设生态文明的五大任务。一是因地制宜发展绿色经济。发挥比较优势,发展生态利用型产业,优化路径模式发展循环高效型产业,突出节能减排发展低碳清洁型产业,聚焦重点领域发展环境治理型产业。二是因势利导建造绿色家园。营造山水城市,把生态元素体现到城市规划建设中,推进

---

① 李裴,陈少波.贵州生态文明建设报告绿皮书[M].北京:人民出版社,贵州人民出版社,2017.

城市建筑绿色化。打造绿色小镇,高标准规划建设一批体现山水风光、民族风情、特色风物的绿色小镇。建设美丽乡村,全面提升乡村生产效益、生活品质、生态价值,打造美丽乡村升级版。构建和谐社区,把绿色健康理念融入社区建设全过程,注重人与建筑、人与周边环境的协调,促进社区建设生态化。三是与时俱进完善绿色制度。要深化改革,坚持生态优先和绿色发展的导向,完善绿色发展市场规则,改革绿色发展管控机制,构建绿色发展指标体系。要厉行法治,健全生态文明地方性法规、规章体系。要严格考核,按照差异化评价考核的要求,制定实施生态文明建设目标评价考核办法。四是绵绵用力筑牢绿色屏障。大力实施"青山"工程、"蓝天"工程、"碧水"工程、"净土"工程,守住山青、天蓝、水清、地洁四条生态底线。打好生态建设"攻坚战",深入推进绿色贵州建设行动计划,全面实施新一轮退耕还林还草工程;打好污染治理"突围战",以铁的制度、铁的手腕做好治水、治气、治土、治渣各项环境治理工作;打好环境监管"持久战",坚持督政与督企相结合,以零容忍态度严厉打击环境违法行为。五是久久为功培育绿色文化。积极倡导绿色生活方式,深入开展绿色生活行动,推动绿色低碳出行。广泛开展绿色创建活动,让尊重自然、顺应自然、保护自然在全社会蔚然成风。显然,"绿色发展"战略系统而又完整地谋划贵州生态文明建设的蓝图,显现出贵州生态文明建设的内涵更加丰富,思想更加深刻、目标操作性更强。其新意在于:第一,突出绿色发展的理念和内涵,坚定不移走生态优先、绿色发展之路,守住发展和生态两条底线。守住发展和生态两条底线,是习近平总书记对贵州的重要指示和殷切嘱托,也是贵州推进经济社会发展的基本遵循,必须进一步处理好发展和生态环境保护的关系,守好山青、天蓝、水清、地洁四条生态底线,坚持经济发展和生态环境保护协同共进,实现经济快速发展和环境持续提升的双赢。基于此,贵州把"绿色+"理念贯穿各个方面、融入所有发展,强化统筹结合,明确五大任务,以实现有质量、有效益、可持续的发展。这对贵州省加快建设生态文明、推动实现绿色发展具有里程碑意义,也标志着贵州从"生态发展协调"全面转向"生态保护优先"之路。第二,突出贵州生态文明建设精准的战略定位和清晰的目标路径,就是以多彩贵州公园省为试验区建设的总体目标,加快建设国家生态文明试验区,努力实现百姓富与生态美的有机统一。立足本省生态资源条件和产业发展优势,坚持生态产业化、产业生态化,加快发展有技术含量、就业容量、环境质量的生态利用型、循环高效型、低碳清洁型、节能环保型"四型"绿色产业,加快构建具有贵州特色的绿色产业体系,显示出贵州生态文明建设的高远目标。第三,提出要构建党委统一领导、政府组织实施、人大政协监督、部门分工协作和全社会参与的生态文明建设工作格局,为生态文明纵深推进提供强大的组织保证和广泛的群众基础。"绿色发展"战略开启了贵州系统推进生态文明建设的新时代,标志着贵州生态文明建设站在新起点,迈上新的台阶,进入新阶段。

2017年4月,中共贵州省第十二次代表大会提出:"深入推进大生态战略行动,把'绿色+'融入经济社会发展各方面,发展绿色经济、打造绿色家园、构建绿色制度、筑牢绿色屏障、培育绿色文化,让绿色红利惠及人民。""大生态"战略的提出,具有下列三个显著特点:第一,以"五个绿色"为基本路径。结合生态文明建设理论要求的国家决策部署与省情的实际,将"大生态"战略行动列为继大扶贫、大数据之后的贵州第三大战略行动,至此,"大生态"成为贵州发展的主战略,并将其内容进一步具体化为发展绿色经济、打造绿色家园、完善绿色制度、筑牢绿色屏障、培育绿色文化等五个绿色。其目的是通过这五个绿色,让绿色红利惠及人民。第二,以"五个融合"为重要支撑。"五个融合"即:将大生态与大扶贫有机融合,实现百姓富与生态美的有机统一;将大生态与大数据有机融合,实现传统产业数据化转型升级,高质量高效率低污染发展;将大生态与大旅游有机融合,使生态建设与旅游互相支撑;将大生态与大健康有机融合,让绿色与健康相伴相随;将大生态与大开放有机融合,让绿色更加开放,一体推进国家生态文明试验区和国家内陆开放型经济试验区,达到"1+1>2"的效果。"五个融合"是大生态战略的核心要义,凸显了新时代生态文明建设的新思路。第三,以"五场战役"为行动先导。以问题为导向,根据当时的实际情况,提出防治污染是贵州实施大生态战略行动面临的重点任务,并提出打好污染防治攻坚战的"五大抓手",即坚决打赢蓝天保卫战役、碧水保卫战役、净土保卫战役、固废治理战役和乡村环境整治战役这"五场战役"。"大生态"战略是对"绿色发展"等贵州生态文明建设战略一以贯之的坚持,也是"绿色发展"等战略的进一步拓展创新,既体现了贵州生态文明建设的接力意识,又显现了新时代贵州生态文明建设的新境界、新径路;既结合贵州的实际,促进融合发展,又坚持铁腕治污,表明了贵州坚决走一条有别于东部、不同于西部的绿色发展新路的态度,彰显贵州力图实现环境建设高颜值、经济发展高品质的决心。

多年来,贵州省围绕着生态文明建设这条主线,不断深化生态文明建设的战略目标,持续用力、驰而不息,勇于改革,大胆开拓创新,积极推动生态文明建设。正是这种坚持一张蓝图干到底,一任接着一任干的接力精神,才使得贵州在经济持续高速增长的同时,在生态文明建设上走在全国前列,在生态文明建设中创造了多个全国第一,创造了多个全国率先,走出了一条西部欠发达地区的经济发展与生态改善双赢的可持续发展之路。

第二节　贵州生态文明建设的成效

贵州省把生态文明建设融入经济建设、政治建设、文化建设和社会建设各方面,坚持生态环境保护与经济社会发展协同共进,大力实施生态建设、可持续发展、绿色发展,全面建设国家生态文明试验区,在经济发展和环境保护上取得了明显成效。

一、生态环境质量根本好转

生态文明建设的基础是改善环境质量。生态环境质量是否好转是检验生态文明建设效果的重要标志。2009年以来,贵州省围绕解决突出环境问题,坚定不移地向污染宣战,全力抓好污染防治攻坚战,全面推进生态修复与保护。通过多年来不断的努力,贵州省水质总体优良、空气环境质量好转、森林覆盖率大幅提高。

(一)空气质量显著改善

大气治理是贵州省生态文明建设的重要领域。经过持续不断的铁腕治气、久久为功,贵州省这个曾经是全国酸雨最严重的地区,实现了空气质量的根本好转。空气中的二氧化硫浓度大幅下降,城市酸雨大量减少。2009年时,贵州省全省纳入城市环境空气质量监测的城市共有12个。其中,仅有贵阳市、六盘水市、安顺市、兴义市、毕节市、铜仁市和赤水市7个城市达到国家空气质量二级标准,占统计城市数的58.3%;遵义市、都匀市、凯里市、清镇市和仁怀市5个城市空气质量为三级标准,占统计城市数的41.7%。7个城市均不同程度出现过酸雨。到2021年时,全省环境空气质量总体优良,88个县(市、区)城市环境空气质量全部达到国家规定的二级标准,9个中心城市环境空气质量均达到《环境空气质量标准》(GB 3095—2012)二级标准,88个县(市、区)AQI优良天数比例平均为99.4%。① 表

---

① 贵州省环境保护厅.2020年度贵州省生态环境状况公报[EB/OL].[2021-06-05].P020210608399555630441.pdf.

1-1 为 2009 年到 2020 年间,贵州省空气中二氧化硫、二氧化氮、颗粒物的变化情况,可明显看出二氧化硫、二氧化氮、颗粒物在不断下降。

表 1-1　2009—2020 年间贵州省空气环境变化情况①

年份	二氧化硫（微克/立方米）	二氧化氮（微克/立方米）	颗粒物（微克/立方米）
2009	51	17	73
2010	48	18	77
2011	44	21	78
2012	38	21	69
2013	35	21	67
2014	26	20	66
2015	19	21	55
2016	15	22	53
2017	13	21	50
2018	12	20	49
2019	10	18	38
2020	10	15	33

（二）水环境质量明显好转

贵州省水环境质量不断变好,地表水水质得到明显改善,地下水水质各项指标保持良好,饮用水水源地水质得到保护。2009 年,贵州省对长江、珠江两大流域八大水系布设的 74 个地表水水质监测断面中,水质达到或优于所在功能区类别标准的断面有 49 个,占总监测断面数的 66.2%②。到 2020 年全省主要河流水质总体为"优",纳入监测的 79 条河流 151 个监测断面中：Ⅰ类—Ⅲ类水质断面（150 个）占 993 条,Ⅳ类水质断面（1 个）占 0.7%,无Ⅴ类水质断面。③ 表 1-2 显示,Ⅰ类—Ⅲ类水质占比从 2009 年的 67.6%增长至 2020 年的 99.3%；劣Ⅴ类水质从 2009 年的 21.6% 在 2019 年降为零。水质稳中向好,优质水数量逐年增加,劣质水越来越少,这是水环境质量明显好转的重要特征。

---

① 数据来源：根据 2009 年到 2020 年贵州省（生态）环境状况公报资料整理得到。

② 贵州省环境保护厅.2009 年度贵州省环境状况公报[EB/OL].[2010-06-05].http://www.gzzn.gov.cn/xxgk/xxgkml/jdjc_41144/hjbh_41145/201612/t20161208_23486143.html.

③ 贵州省环境保护厅.2020 年度贵州省生态环境状况公报[EB/OL].[2021-06-05].P020210608399555630441.pdf.

表 1-2 2009—2020 年间贵州水环境质量变化情况①

年份	Ⅰ类—Ⅲ类	Ⅳ类—Ⅴ类	劣Ⅴ类
2009	67.6%	10.8%	21.6%
2010	71.8%	9.4%	18.8%
2011	75.2%	8.3%	16.5%
2012	82.3%	4.8%	12.9%
2013	83.6%	3.6%	12.8%
2014	81.2%	7%	11.8%
2015	89.4%	3.5%	7.1%
2016	96.0%	2.0%	2%
2017	94.7%	4.0%	1.3%
2018	97.4%	2.0%	0.7%
2019	98.0%	2.0%	0%
2020	99.3%	0.7%	0%

（三）森林资源稳步增长

依托天然林资源保护、退耕还林还草、长江中上游防护林体系建设、石漠化综合治理等各项国家重点林业工程建设,贵州省全面实施人工造林、封山育林和人促封育。同时,全面开展全民义务植树、强化管理,实现了森林资源总量质量不断提高。从 2009 年到 2020 年的 12 年间,贵州省森林覆盖率提高了 21 个百分点。② 表 1-3 反映了 2009 年到 2020 年间贵州森林资源的变化情况。

表 1-3 2009—2020 年间贵州森林资源变化情况③

年份	森林覆盖率	年份	森林覆盖率
2009	39%	2015	50%
2010	40%	2016	52%
2011	41.5%	2017	55.3%
2012	42.5%	2018	57%
2013	48%	2019	58.5%
2014	49%	2020	60%

① 数据来源:根据 2009 年到 2020 年贵州省(生态)环境状况公报资料整理得到。
② 数据来源:根据贵州省林业厅官方公布的数据整理得到。
③ 数据来源:根据 2009 年到 2020 年贵州省统计年鉴资料整理得到。

二、绿色经济蓬勃发展

生态文明建设的核心是发展生态经济。生态经济是否健康发展是检验生态文明建设的核心内容。贵州省把绿色发展作为主基调，坚定不移地落实绿水青山就是金山银山的理念，激发绿色发展活力，启动绿色经济倍增计划，加快发展大数据、大旅游、大健康、现代山地特色高效农业等生态友好型、环境友好型产业，奋力推动绿色经济崛起，经济总量持续增长，产业结构不断优化。截至 2020 年年底，贵州省经济增速连续 10 年居全国前三。绿色经济占地区生产总值比重达到 42%，万元地区生产总值能耗降低率位居全国前列。既实现了绿色经济的蓬勃发展，又实现了城乡居民收入的持续提升。

（一）经济总量不断增长

1. 地区生产总值加快增长

过去的贵州，经济长期发展缓慢。2009 年时，贵州省地区生产总值仅为 3 893.51 亿元，落后于全国平均水平，地区生产总值增长速度位列全国第 26 位，慢于绝大多数省份。2015 年地区生产总值突破万亿元，2020 年达到 17 826.56 亿元，迈入全国 20 强。2010 年到 2020 年，贵州省经济增长速度连续十年位居全国前列，位于增速"第一方阵"。其中，2017 年、2018 年、2019 年地区生产总值增速位居全国第一位。表 1-4 显示，2009 年到 2020 年贵州省地区生产总值形成了稳中提速、稳中向好的发展态势。

表 1-4　2009—2020 年贵州 GDP 及人均 GDP 变化趋势①

年份	GDP(亿元)	人均 GDP(元)
2009	3 893.51	11 224
2010	4 602.16	13 119
2011	5 701.84	16 413
2012	6 852.20	19 710
2013	8 006.86	23 151
2014	93 00.52	26 531
2015	10 541.00	29 953
2016	11 792.35	33 246

① 数据来源：根据 2009 年到 2020 年贵州省国民经济和社会发展统计公报整理得出。

（续表）

年份	GDP(亿元)	人均 GDP(元)
2017	13 605.42	37 956
2018	15 353.21	41 244
2019	16 769.34	46 433
2020	17 826.56	46 267

2. 人均 GDP 显著提高

在经济高速发展的同时,贵州的人均收入也有了显著提高。2009 年贵州省人均 GDP 仅为 11 224 元,2020 年人均 GDP 为 49 204 元,11 年时间提高了 3.38 倍。曾经是全国贫困人口最多、贫困面最大、贫困程度最深的省份贵州,2020 年终于完成消除绝对贫困的艰巨任务,与全国一道进入小康社会。表 1-4 显示了贵州人均 GDP 从 2009 年到 2020 年间的增加情况,平均年复合增长率为 13.74%。2020 年,省会贵阳市人均 GDP 约 86 729 元,排名全国内地城市人均 GDP 百强中的第 65 名。"人无三分银"的贵州已经成为历史,一去不复返。

3. 财政收入持续增加

2009 年贵州省的财政总收入为 779.58 亿元,一般公共预算收入仅为 416.46 亿元,同年广东省、江苏省财政总收入突破 8 000 亿元,一般预算收入分别为 3 649 亿元和 3 228.78 亿元,贵州省远远落后于全国。通过 10 多年的努力,2020 年贵州省的财政总收入达到 3 082.20 亿元,增加了 2.95 倍,一般公共预算收入达到 1 786.78 亿元,增加了 3.29 倍。这既是贵州经济快速发展的结果,也为贵州省持续不断地开展生态文明建设提供了强大的财力支撑。表 1-5 显示,贵州省财政总收入与一般公共预算收入在 2009—2020 年间得到快速增长。

表 1-5　2009—2020 年贵州省财政收入及一般公共预算收入变化情况①

年份	财政收入(亿元)	一般公共预算收入(亿元)
2009	779.58	416.46
2010	969.57	533.73
2011	1 329.99	773.08
2012	1 644.48	1 014.05

---

① 数据来源:根据 2009 年到 2020 年贵州省统计年鉴资料整理得到。

(续表)

年份	财政收入（亿元）	一般公共预算收入（亿元）
2013	1 918.23	1 206.01
2014	2 130.90	1 366.67
2015	2 291.82	1 503.38
2016	2 409.35	1 561.34
2017	2 648.31	1 613.84
2018	2 973.36	1 726.85
2019	3 051.52	1 767.47
2020	3 082.20	1 786.78

（二）产业结构持续优化

贵州坚持生态产业化、产业生态化,把"绿色＋"理念融入经济发展,围绕高质量绿色发展配置资源,完善制度,提供支撑,发展产业,强化生态产品供给,着力把生态优势转化为产业优势、经济优势,把青山变成金山,把绿水变成富水,把林地变成宝地,把田园变成公园,产业结构持续不断优化、绿化。

从贵州产业结构来看:2009 年第一产业、第二产业、第三产业的比例为14.20∶37.91∶47.92;2018 年为14.04∶35.86∶50.09,第三产业比重首次超过 50%;2020 年为14.21∶34.83∶50.96,第二产业比重有所下降,第三产业比重上升,第三产业占 GDP 的一半以上,成为推动经济增长的主要拉动力。表 1-6 显示,2009 年以来,贵州省第三产业即服务业发展稳步提升,在 GDP 中的比重也不断增加,产业结构的调整不断趋向优化合理。

表 1-6　2009—2020 年间贵州产业结构比例变化情况①

年份	第一产业比例	第二产业比例	第三产业比例
2009	14.27%	37.83%	47.90%
2010	13.68%	39.21%	47.11%
2011	12.74%	38.48%	48.78%
2012	13.02%	39.08%	47.90%
2013	12.86%	40.53%	46.61%

---

① 数据来源:根据 2009 年到 2020 年贵州省统计年鉴资料整理得到。

（续表）

年份	第一产业比例	第二产业比例	第三产业比例
2014	13.82%	41.63%	44.55%
2015	15.58%	39.61%	44.81%
2016	15.83%	37.87%	46.30%
2017	14.93%	36.54%	48.53%
2018	14.04%	35.87%	50.09%
2019	13.63%	35.66%	50.71%
2020	14.21%	34.83%	50.96%

从第一产业、第二产业和第三产业的内部结构看：贵州省的产业结构不断向多元化发展，且不断优化升级。

1. 工业结构调整显绿化

（1）"四型"产业发展初见成效。以高端化、绿色化、集约化为主方向，大力推进生态利用型、循环高效型、低碳清洁型、环境治理型"四型"产业培育发展，努力推动工业在规模总量、结构优化、技术创新等方面实现突破，构建绿色产业发展新格局。2016年以来，贵州瞄准产业绿色发展关键点，以项目化、产业化、实物化的方式精准推进"四型"产业发展。省发改委结合资源禀赋、生态条件、产业基础和发展优势，研究出台了《贵州省绿色经济"四型"产业发展引导目录》，将绿色产业具体细化为包含山地旅游业、大健康医药、电子信息制造业等15个大项产业400项具体条目，发布300余个与大生态及绿色制造等相关的项目，总投资达到2 500亿元，目的在于全面培育新动能、新业态、新经济。同时，大力实施"千企引进"工程。在各级党委和政府的大力推动下，贵州绿色经济异军突起，快速成长。绿色经济占比从2016年的33%提高到2019年的42%，平均每年提升3个百分点。

（2）大数据产业发展方兴未艾。大数据本身具有生态亲和的特质，是低碳产业。贵州省以建设国家大数据综合试验区为抓手，深入推进大数据战略行动，以政府数据"聚通用"为突破口推进政务数据共享开放。通过政府数据共享开放，带动产业发展，促进数据要素市场化；通过实施"产业培育"工程、"项目裂变"工程等，推动大数据技术产业发展，培育市场主体；开展"万企融合"等行动，推动大数据与工业、农业、服务业融合，培育发展新动能，取得了卓有成效的成绩。大数据集聚效应逐步凸显，贵州成为中国南部规模最大的数据中心集聚区，贵阳贵安新区成为全世界聚集超大型数据中心最多的地区之一。贵州数字经济加速崛起,增速连续 6 年位居全国第一。2020 年,大数据电子信息制造业总产值达 818.05 亿元,不仅成为引领贵州经济社会发展的新引擎,而且成为贵州工业结构优化绿化的助推器。

(3)传统产业绿色化改造成效明显。大力实施"千企改造"工程,推动传统产业生态化、数字化改造,升级传统产业转型,持续转换新旧动能。重点推进煤炭、电力、化工、冶金、有色和水泥等一批十大千亿级传统企业产业的技术升级、设备更新、低碳改造,提升了能源资源节约集约利用效率,降低了这些传统大型企业主要产品的单位能耗。2016 年到 2019 年 3 年间,全省共改造企业 1 597 户、项目 1 643 个。2019 年,贵州能耗总量和强度"双控"目标评价考核获国家通报表扬、万元地区生产总值能耗降低率位居全国第一。表 1-7 为 2009—2020 年间贵州工业排放指标变化情况,可以看出贵州工业固体废物、工业废水排放量、二氧化硫排放量呈总体下降的趋势。

表 1-7 2009—2020 年间贵州工业排放指标变化情况[①]

年	工业固体废物 (万吨)	工业废水排放量 (亿吨)	二氧化硫排放量 (万吨)
2009	54.49	1.35	117.55
2010	59.76	2.55	116.17
2011	28.88	2.07	110.42
2012	14.05	2.34	104.11
2013	43.74	2.29	98.64
2014	1.46	3.27	92.58
2015	0.92	2.92	85.30
2016	0.07	1.64	64.71
2017	2.70	1.74	68.75
2018	0.79	1.80	55.61
2019	0.01	1.84	41.9
2020	0.02	2.00	37.74

2. 服务业发展取得新成效

生态旅游持续增长。生态旅游被称为"无烟产业",也是贵州省服务业发展的重要方面。依托秀美的自然山水、多彩的民族文化,贵州大力发展山

---

① 数据来源:根据 2009 年到 2020 年贵州省统计年鉴资料整理得到。

地旅游、全域旅游、乡村旅游,重点打造喀斯特观光度假旅游、原生态民族文化旅游、历史文化旅游、避暑和温泉休闲度假旅游、美丽乡村旅游等产业集群。通过充分挖掘旅游资源,推进旅游精品建设、开拓旅游市场、加强旅游基础设施建设、提升服务质量和水平等措施,不断丰富旅游业态,打造具有贵州特色的旅游产品,促进生态旅游持续增长。进入新时代以来,贵州以大交通带动大旅游、以大生态提升大旅游、以大数据助推大旅游、以大健康丰富大旅游,坚持"全景式规划、全产业发展、全季节体验、全社会参与、全方位服务、全区域管理"的"六全理念"引领全域旅游发展壮大,强化政策支持,打造世界级山地旅游产品,发展山地康体养生、山地特色乡村旅游,形成"旅游＋"融合发展新格局。经过多年持续不断的发力推动,贵州旅游业实现了旅游资源从小到大,从单一类型到多种类型,从以建设旅游项目为主到构建多彩贵州公园省的巨大转变。2016年以来,全省共创建国家5A级旅游景区8个、4A级旅游景区126个。如今,贵州拥有荔波喀斯特、赤水丹霞、施秉云台山、铜仁梵净山4个世界自然遗产地,总面积为376.5万亩,占全省土地面积的1.42%,成为全国世界自然遗产最多的省份。贵州省花溪区、乌当区、赤水市、盘州市、百里杜鹃管理区、荔波县和雷山县先后成功创建了国家全域旅游示范区。2009年贵州旅游收入仅为805.23亿元,但是通过10年的努力,全省旅游人数、旅游总收入年年增长。2019年全省旅游总收入为12 318亿元,跃居全国第三位,旅游接待总人数113 526万人,旅游业产值占全省GDP的比重增至11.6%。2020年受疫情影响有所下降,但仍然实现旅游总收入5 785.09亿元,生态旅游业已成为贵州省国民经济的支柱产业。

绿色金融向纵深推进。积极建设国家绿色金融改革创新试验区,全力推进贵安新区绿色金融改革创新试点。出台了较为完备的绿色金融创新发展政策支撑体系,紧紧依托在贵州的全国性金融基础设施机构和省内外金融机构,大力发展绿色信贷、绿色债券、绿色保险、绿色信托、绿色投资、绿色基金等;探索绿色金融项目标准及评估认证办法,发布了绿色项目认证体系"贵安标准";建立了绿色金融监管体系;创新绿色金融服务模式,创建全国首个"绿色金融"保险服务创新实验室;推进绿色金融信息化,打造了"绿色金融＋大数据"的绿色金融综合服务平台等,努力推进大数据、绿色产业、绿色金融深度融合的绿色金融项目库等,初步搭建了绿色金融组织体系、产品创新和服务体系、多层级政策支持体系、绿色标准认证体系、绿色金融风控体系这"五个体系",实现了区域金融改革的突破,为推进绿色发展提供了金融支持。到目前为止,贵安新区实现的绿色金融产品和服务创新达62项。

3. 特色生态农业跃上新台阶

贵州从调整农业产业结构入手,结合比较优势,大规模进行农村产业结构调整,坚定不移发展茶叶、蔬菜、食用菌、中药材、精品水果及生态养殖等12个高效特色生态产业,大力推动林下石斛、林下食用菌、林下养鸡等林下经济产业发展。采取一个产业一个领导小组、一个工作专班、一个专家团队、一套推进方案的措施,推动山地特色高效作物种植形成规模,加快发展绿色农产品精深加工业,促进农业产业价值链、产业链、供应链"三链合一",着力把生态优势转换为农业发展优势。12个重点高效特色绿色优势产业不断做大做强,绿色有机农产品品牌影响力日益提升。目前,绿色农产品的无公害、有机、绿色及地理标志产品的产地面积达到51.2%,有机农产品认证量排名全国第二。随着特色生态农业的发展,贵州农村产业结构不断优化,已经实现从"主要种植低效作物向种植高效经济作物转变、从粗放量小向集约规模转变、从"提篮小卖"向现代商贸物流转变、从村民"户自为战"向形成紧密相连的产业发展共同体转变、从单一种植养殖向第一产业、第二产业、第三产业融合发展的"六个转变"。

(三) 城乡居民收入不断增加

2009年,贵州省城镇居民人均可支配收入为12 862元,农村居民人均可支配收入为3 005元。到2020年,贵州省城镇居民人均可支配收入为36 096元,农村居民人均可支配收入为11 642元,分别增长了1.8倍和2.9倍,年增长率分别为9.84%和13.10%。其中,农村居民人均可支配收入快于城镇居民人均可支配收入的增长,城乡居民人均可支配收入差距逐步缩小。表1-8显示2009—2020年间贵州省城乡居民收入的变化情况。自2009年以来城乡居民人均可支配收入持续提高,城乡之间的居民收入差距逐渐减小。这充分说明,贵州省各项扶农、惠农政策拓宽了农民增收渠道,起到了有效促进农民增收的作用。

表1-8 2009—2020年间贵州城乡居民收入变化情况①

年份	城镇居民人均可支配收入(元)	农村居民人均可支配收入(元)
2009	12 863	3 005
2010	14 143	3 472
2011	16 495	4 145

① 数据来源:根据2009年到2020年贵州省统计年鉴资料整理得到。

（续表）

年份	城镇居民人均可支配收入（元）	农村居民人均可支配收入（元）
2012	18 702	4 753
2013	20 667	5 434
2014	22 548	6 671
2015	24 580	7 387
2016	26 743	8 090
2017	29 080	8 869
2018	31 592	9 716
2019	34 404	10 756
2020	36 096	11 642

三、生态建设与保护纵深推进

生态文明建设的基础是生态建设与保护。生态空间是否得到保障、生态功能是否有所增强、生物多样性是否得到保护、生态环境是否改善关系着国家生态安全、关系着人民群众对美好生活的新期待。贵州省作为国家重要的生态屏障，持续开展生态修复保护，努力提升生态系统质量，坚决守好贵州这片宝贵的生态环境。经过多年持续不断的努力，全省生态恶化趋势得到遏制，自然生态系统稳定向好，服务功能逐步增强，构筑起了长江、珠江两江上游绿色生态屏障。

（一）生态修复效果显著

1. 石漠化综合治理和水土保持取得好成效

石漠化治理是贵州生态建设和保护的首要任务，从 2008 年开始，贵州省正式启动石漠化治理浩大工程，通过多年不懈的努力，石漠化扩展得到有效遏制。2005—2018 年间，贵州共减少石漠化土地面积 84.59 万公顷，面积减少率达 25.56%，石漠化面积减少的数量和幅度均居全国岩溶地区首位。[1] 2004—2016 年间，贵州省石漠化面积占比从 81.7%下降到 61.4%，其中，中、重度石漠化面积从 61.4%下降到了 38.1%。[2] 2016—2020 年间，累

---

[1] 国家林草局.全国第三次石漠化监测成果公报[R][2018-12-13].
[2] 文林琴,栗忠飞.2004—2016 年贵州省石漠化状况及动态演变特征析[J].生态学报,2020,17;5933.

计完成营造林 2 988 万亩,森林面积达 1.58 亿亩,实施治理石漠化 5 234 平方千米。贵州山高坡陡,暴雨多、强度大,水土流失十分严重,治理难度大。20 世纪 90 年代以来,扎实推进水土流失治理工程。通过实施国家水土保持重点治理、退耕还林还草、排水工程、坡改梯工程、封山育林、小流域综合治理、调整农村能源结构以及发展生态经济型林果等,水土流失面积和强度逐年下降。水土流失面积由 2011 年的 55 269 平方千米减少到 2020 年的 47 053 平方千米,减少 8 216 平方千米,减幅 14.87%。中度及以下侵蚀由 44 057 平方千米减少到 38 502 平方千米,减少 5 555 平方千米;强烈及以上侵蚀由 11 212 平方千米减少到 8 551 平方千米,减少 2 661 平方千米,水土流失实现面积强度"双下降"。在国家对省政府的考核评估中,2018 年、2019 年连续两年获得优秀等次。

2. 生态保护修复和地质灾害综合防治取得新进展

贵州以改善环境质量,增值自然资本为目标,大力推进生态保护与修复重大工程,陆续开展了石漠化综合治理、国土绿化行动、低效建设用地整理、裸露边坡修复、矿山环境治理及弃土场修复,长江经济带废弃露天矿山生态修复、山水林田湖草生态保护修复等工程,扭转生态环境恶化,提高生态环境质量。昔日荒山秃岭成为郁郁葱葱的山林。2016 年,成为国家生态文明试验区以后,积极推进国土空间规划体系建设,探索空间分期管控。通过划分主体功能区、调整区域土地利用方向和布局、严守生态保护红线、自然恢复与人工修复相结合等措施,让全省环境再现勃勃生机。目前,已经编制完成全省国土空间生态修复规划,持续推进乌蒙山、武陵山等区域山水林田湖草生态保护修复,恢复治理历史遗留矿山面积 3 000 亩以上,开展了 20 个乡镇全域土地综合整治试点,整体推进农用地整理、建设用地整理和乡村生态保护修复。另外,以全国地质灾害综合防治体系建设重点省份为抓手,深入推进地质灾害综合防治体系建设,实施地质灾害详细调查、风险评价和综合治理,严格执行矿产资源开发利用、土地复垦、矿山环境恢复治理"三案合一",加强地质灾害监测预警防范,启动生态宜居(地质灾害避险)移民搬迁工程,有效提升贵州省生态系统的质量和稳定性。

3. 生态保护体系建设迈出新步伐

加强顶层设计,在科学评估的基础上全面划定生态保护红线。现已划定生态保护红线面积 4.59 万平方千米,占全省国土面积的 26.06%。通过生态保护红线,将具有保护价值的绿水青山和优质生态产品,以及事关生态安全的"命脉"保护起来,既有效保护了全省自然资源和重要的自然景观,又有效保障了重要生态空间的完整性,为维护生态安全、促进经济社会可持续发展提供了有力保障。同时,建立完善的自然保护地体系,实现了自然保护地从小到大,从单一类型到多种类型,从以建设保护地为主转移到构建区域生态安全格局的巨大变化,逐步形成了由自然保护区、风景名胜区、森林公园、地质公园、湿地公园等组成的自然保护体系。加强自然保护地内资源开发活动的监督管理,严格控制在自然保护地区的各项设施建设,不断提高自然保护地管理水平,推进自然保护地建设和管理从数量型向质量型,从粗放型向精细化转变。全省累计监测自然保护地 279 个,覆盖面逾 80%。

(二)城乡生态环境建设实现新突破

生态文明建设不是纸上谈兵,必须在空间上落地。城市与乡村生态系统正是生态文明建设的重要载体。作为我国唯一一个没有平原支撑的省份,面对境内山河纵横、地表破碎的地形地貌,贵州省以生态化建设和园林化建设为核心,以构建充满诗情画意的现代宜居空间为目标,坚持保护山体自然风貌,修复江河、湖泊、湿地,加强城市公园和绿地建设,形成了山水城市、绿色小镇、美丽乡村、和谐社区的多彩贵州格局。

从农村环境建设来看,通过农村人居环境治理,乡村面貌发生了深刻变化,初步实现了从"一处美""一时美"向"处处美""时时美"的提质转型。全省 88 个县(市、区)中 94.4%以上的行政村建立了"村收集、镇转运、县处理"的农村垃圾收运处置体系,生活垃圾无害化处理率达 94.6%,结束了随意倾倒垃圾的历史。率先在全国建立省级数字乡村生活垃圾收运监控平台,全省 1 121 个乡镇生活垃圾方方面面信息全部纳入信息监测平台,实现了全省村镇生活垃圾收运监管数据一张图管理。村级公共卫生厕所新(改)建 15 105 座,行政村公厕实现全覆盖,农村户用卫生厕所新建改建如火如荼。制定农村生活污水排放地方标准,积极探索符合实际的农村生活污水治理模式,有序推进农村黑臭水体排查整治,完成 3 000 个建制村环境综合整治任务,农村生活污水处理设施覆盖率 20.8%,受益人口约 323.69 万,农村生活污水治理率达 10.2%。涌现出碧江模式、开阳模式、盘县模式及息烽模式等,现在村庄干净整洁有序,农家小院恬静馨香,广大农村实现了美丽"蝶变"。"绿水青山"带来了"金山银山",越来越多的村庄成了绿色生态富民家园。

从城市生态建设来看,生态本底不断厚植。贵州省统筹协调发展与生态保护的关系,按照促进生产空间集约高效、生活空间宜居适度、生态空间山清水秀的总体要求,出台《贵州省加快推进山地特色新型城镇化建设实施方案》,提出全省的城镇化建设只能"蒸小笼",不可"摊大饼",要在"特"字上下功夫,推动绿色城市、森林城市、海绵城市、无废城市等建设,形成各具特色的山水城市。贵阳市突出山水城市的特色风貌,坚持节约资源和保护环境,促进城市建设和环境建设同步发展。积极开展城市修补和生态修复,一方面注重解决老城区环境品质下降、空间秩序混乱、历史文化遗产损毁等问题,另一方面制定并实施生态修复工作方案,有计划有步骤地修复被破坏的山体、河流、湿地和植被。结合水域自然形态进行保护和整治,提高水资源利用效率和效益,建设节水型城市。推行低影响开发模式,推动海绵城市建设,积极发展绿色建筑,加强绿化建设等,提高了城市发展的宜居性,重塑人与人、人与自然和谐共处的美丽家园。又如,遵义市坚持把生态作为城市建设发展的根本依托和最大优势,大力实施绿色发展行动,着力强化城市环境治理,大力推行绿色低碳生产生活方式。通过加强自然山体保护、强化水系保护和开发利用、积极推进低碳建筑、低碳交通建设,以及大力推广节能产品与技术运用,建设山中有城、城中有山,四季有花、处处闻香的宜居宜业宜游"三宜"生态山水城市。此外,贵州省积极探索试点示范,安顺市、遵义市成为全国"城市修补""生态修复"试点,兴义市、福泉市、威宁县成为绿色城镇省级试点。

从城乡融合来看,推进城乡生态建设,着力打造绿色家园,把加强城乡环境基础设施建设作为载体,改善人民生活条件。先后印发实施《贵州省"十三五"城镇污水建设规划》《关于大力实施基础设施"六网会战"的通知》《垃圾处理设施建设规划》,将城镇污水管网建设纳入基础设施"六网会战"(六网即路网、水网、电网、油气网、地下管网、互联网)。此外,全面推进污水处理,污水处理率93.1%。清理取缔网箱养殖,全省长江流域20个国家级和1个省级水产种质资源保护区实现全面禁捕,乌江、清水江等主要河流水质明显改善。大力推行生活垃圾焚烧发电,凯里市、铜仁市生活垃圾焚烧发电项目建成投产,贵阳市、六盘水市、都匀市生活垃圾焚烧发电项目基本完工。

(三)生态保护监管不断强化

按照"全面设点、全省联网、自动预警、依法追责"的要求,实现环境质量、重点污染源、生态状况监测全覆盖,建立统一的生态环境监测网络。2018年以来,陆续投入资金4 000万元,建设"由污染物排放自动监测设备、污染源现场端监控设备和监控信息管理系统构成的污染源自动监控体系"。通过建立智能监控设施、智慧管理系统云平台,创新构建以发现问题为核心的"互联网非现场"执法监管机制,严厉打击超标排污、自动监测数据弄虚作假违法犯罪行为,确保自动监测数据的真、准、全。2021年,贵州省污染源自动监控体系投入使用,全省重点排污单位实现自动监控全覆盖,监测数据全收集,不仅化解了监管部门面临问题发现难、取证难、查处难的难题,而且帮助企业掌握自身排污情况,及时调整生产治污工艺,提升管理能力。

依托"云上贵州"平台云资源建设生态环境数据中心、污染源数据库、生态环境执法办案宝、重点流域大数据管理系统、大气污染总量管理系统、环境应急智能感知分析系统、污染源自动监控管理系统等平台和系统,建立覆盖生态环境全工作要素的生态环境大数据系统。不断完善空气环境质量监测、水环境质量监测、集中式饮用水水源地水质监测、土壤环境质量监测、声环境质量监测、辐射环境质量监测、生态状况监测、污染源监测等"八大"生态环境监测网络。自2018年以来,累计建设201个区县环境空气质量自动监测站点位,完成区县环境空气质量自动监测网络建设任务。

四、生态文化繁荣发展

生态文化体系是建设生态文明的人文支柱,是引领生态文明建设的精神动力。贵州省大力弘扬生态价值观,积极培育生态意识,努力普及绿色文化。通过教化、示范、样板等进行生态文化培育,让生态文明理念深入人心,成为大众的精神追求,继而转变为人们保护生态、践行生态文明的自觉行动。

(一)生态意识日益增强

生态文明是一场涉及思维方式、生产方式、生活方式、消费方式的根本性转变过程,对思想观念、风俗习惯和道德产生极大影响,生态文明建设是一场革命,是一项基于理念支撑和公众参与的复杂而艰巨的系统工程。要实现这样的系统工程,任务艰巨,需要全社会共同努力,尤其需要发挥公众的主体作用,前提是大众对生态文明建设的价值认同。通过生态意识的培育,不断增强人们的环境危机意识、环保知识教化与生态情感认同,才能提高公众对生态文明建设的自觉性,增强生态文明建设的凝聚力和持久动力。生态意识是处理人与自然的关系的基本立场、观点和方法。生态意识强调从生态价值的角度审视人与自然关系的价值理念,主张尊重自然,顺应自然,保护自然。培育生态文明意识,核心是牢固树立生态文明理念,通过各种形式宣传教育,培育生态道德和生态行为,在全社会营造自觉保护生态环境的良好氛围。2004年贵州省提出生态立省战略,建设国家生态文明先行示范区;2007年实施环境立省战略;2016年实施绿色发展战略,贵州成为国家首批生态文明试验区;2017年提出大生态战略等,这些发展战略和重大举措及其实施,既是生态意识不断加强的结果,又反过来进一步增强了生态意识。省委、省政府先后组织出版了生态文明城市建设的干部读本、公民读本、学生读本,开设生态文明课程和生态道德讲堂,目的在于唤醒公众的生态觉悟,使大众的生态文明观念内化于心、外化于行,用生态理性审视自然、指导生活实践,增强生态责任感,自觉承担起对生态环境的道德义务,促进人与自然和谐共生。通过设立"贵州生态日",以及在"贵州生态日"举办各式各样的宣传活动,引导公众以实际行动参与生态文明建设和环境保护。通过积极传播生态文化,促进公众生态意识的提高。从2008年到2021年举办了十届生态文明贵阳国际论坛,不仅积极传播了生态文明理念,而且为塑造生态文明价值观、培育生态意识产生了重大而深远的影响。

(二) 绿色生活方式逐步确立

践行绿色生活方式以及绿色消费方式是生态文明建设的重要内容。绿色生活方式是指在生态意识支配下,通过衣食住行等方面的绿色消费,让人们在充分享受便利、舒适的现代生活的同时,切实履行资源节约和环境保护的责任,实现简约、环保、低碳、健康的生活方式。在贵州,绿色生态文化渗透到政府决策之中、企业经营之中、居民消费行为中。

贵州省委、省政府对推动绿色生活方式做了系统部署。如2016年9月《中共贵州省委、贵州省人民政府关于推动绿色发展建设生态文明的意见》,明确了推行绿色生活方式的方案和路径。按照省委、省政府要求,出台了公共机构节约能源资源管理办法、党政机关厉行节约反对浪费有关规定,促进党政机关、事业单位、国有企业带头厉行勤俭节约,降低能耗标准。深入开展绿色建筑行动,发布实施《贵州省绿色建筑评价标准》,2013年到2018年间,全省完成节能建筑3亿平方米,绿色建筑项目536个,建筑面积4 070万平方米,可再生能源建筑应用示范面积超过800万平方米。大力发展公共交通,出台了《关于加强全省交通运输万家企业节能低碳管理工作的实施意见》,颁布了绿色交通发展规划,加快应用推广新能源和清洁能源运输装备。2017年,贵州省新增和更新的公交车中,新能源车的比例高达85.5%。全省清洁能源、新能源公交车总量达6 682辆,占公交车总量的77.5%以上。[①] 通过以上的措施,着力厚植绿色文化,努力使绿色行动渗透到方方面面。

---

① 贵州省多举措推动绿色交通发展[N].贵州日报,2018-06-15(3).

推动践行绿色生活方式的一个重要表现是贵州省全面深入实施生态市县,生态文明城市、绿色学校、绿色社区、绿色单位、绿色机关、绿色家庭等群众性系列创建活动。通过大众参与创建活动,形成共建共享的生态环境治理体系,为生态文明建设提供广泛、强大、持久的动力源泉。截至 2019 年年底,贵州已累计创建国家级生态示范区 11 个、国家生态文明建设示范市 3 个、生态县 2 个、生态乡镇 56 个、生态村 14 个、"绿水青山就是金山银山" 29 个;省级生态县 7 个、生态乡镇 374 个、生态村 615 个。实施新农村环境治理与乡村建设项目 100 个,创建"四在农家、美丽乡村"省级新农村示范点 157 个,新农村环境综合整治省级示范点 192 个,①完成一大批绿色学校、绿色社区、绿色单位、绿色机关、绿色家庭创建。

(三)公众参与渠道不断拓宽

生态文明建设任务的艰巨性、复杂性、长期性,决定了不仅需要各级党委政府自觉地肩负起生态文明建设领导责任,努力当好绿色公共产品的供给者、环境污染的矫正者、绿色产品市场交易秩序的维护者,更需要多元主体协同合作,全社会共同参与,形成政府引导、企业主体、公众参与的生态文明多元共治局面。每个人都是生态环境的保护者、建设者、受益者,没有哪个人是旁观者、局外人、批评家,谁也不能只说不做、置身事外。让生态文明建设成为全体人民的自觉行动。除了不断增强全民节约意识、环保意识、生态意识,培育生态道德和行为准则,动员全社会以实际行动减少能源资源消耗和污染排放之外,还需要拓宽公众参与生态文明建设的渠道,提高公众参与生态文明建设的积极性,让大众为生态环境保护作出贡献,在点滴之间汇聚起生态环境保护的磅礴力量。

贵州省通过加强生态环境信息的披露、强化公众环境监督、广泛开展生态文明志愿活动和促进各类环保社会组织健康有序发展等,构建起政府机制、市场机制、社会机制三足鼎立、齐抓共管的生态文明建设机制体制。充分发挥工会、共青团、妇联等群团组织的作用,推进生态文明志愿者队伍建设,吸引更多的组织和个人参与生态环保活动。比如,团省委、省文明办、省志愿服务联合会积极组织广大人民群众和全社会力量担任河湖民间义务监督员。通过向全社会招募志愿者的方式,组建了省、市、县三级"青清河"河湖监督员队伍。招募的民间义务监督员成员来自各行各业,有环保专家、大

---

① 中共贵州省委党史研究室.奋进发展的贵州(1949—2019)多彩贵州[M].贵州:贵州人民出版社,2019.

学生、研究生、环保组织负责人和群众等志愿者,其中 11 220 名河湖民间义务监督员和 8 425 名河湖保洁员,大力实施"青清河"保护河湖志愿服务行动,义务监督员们"紧盯"着各自负责的河道,不断巡查监督,明察暗访,成为河湖治理的"宣传员""监督员""示范员"。又如,贵阳市通过政府购买服务的方式,引入社会力量进行环境监督,着力探索行政监管与公众监督相结合的监管方式,有效地推进环境监管中的公众参与。这些均表明了省委、省政府依靠群众、发动群众保护生态、推进环境综合整治的鲜明态度,体现了从"政府包揽"转到"共同建设",变"独唱"为"合唱",群众从观望到参与,从被动到主动的制度安排。如今,爱绿、增绿、护绿成为全社会的自觉行动,百姓的幸福指数不断提高。贵州在国家统计局发布的《2016 年生态文明建设年度评价结果公报》中,生态文明建设的公众满意度位居全国第二位。

五、生态文明制度体系初步形成

生态文明制度是生态文明建设的保障。贵州省坚持以体制创新、制度供给和模式探索为重点,在生态文明制度建设方面先行先试,先后实施 100 多项生态文明制度改革,35 项改革成果被列入国家推广清单,在绿色屏障建设、生态评价考核、生态产业发展、司法保障、生态补偿和环保公益诉讼等领域的多项试点走在全国前列,生态文明"四梁八柱"制度框架全面建立,为国家生态文明制度建设作出了重要贡献。

(一)生态文明制度建设加快

1. 生态文明建设的法律法规建立出成效

以促进环境保护为核心,加强生态文明领域立法,着力构建具有贵州特色的生态文明建设法律法规体系。率先在全国出台了省市级层面生态文明地方性法规《贵州省生态文明建设促进条例》《贵阳市促进生态文明建设条例》,完成了《贵州省环境保护条例》《贵州省水资源保护条例》《贵州省渔业条例》《贵州省湿地保护条例》《贵州省大气污染防治条例》《贵州省水污染防治条例》《贵州省环境噪声污染防治条例》《贵州省水土保持条例》《贵州省森林公园管理条例》《贵州省节约能源条例》《贵州省固体废物污染环境防治条例》《贵州省世界自然遗产保护条例》等立法工作。相继出台《贵州省林业生态红线保护工作党政领导干部问责暂行办法》《贵州省生态环境损害党政领导干部问责暂行办法》《贵州省关于开展环境污染强制责任保险试点工作方案》等一系列配套法规制度,生态文明建设的法规框架基本成型。见表 1-9。

表1-9　贵州省生态文明法规制度体系

时间	立法、行政法规、政策
2009	《贵阳市促进生态文明建设条例》
2009	《贵州省环境保护条例》
2009	《贵州省森林公园管理条例》
2010	《贵州省红枫湖百花湖水资源环境保护条例》
2010	《贵州省环境保护行政处罚自由裁量权细化标准（暂行）》
2010	《贵州省建设项目环境影响评价文件分级审批规定》
2013	《贵州省饮用水水源环境保护办法（试）》
2014	《贵州省生态文明建设促进条例》
2014	《贵州省义务植树条例》
2015	《贵州省湿地保护条例》
2016	《中共贵州省委、省人民政府关于推动绿色发展建设生态文明的意见》
2016	《贵州省水资源保护条例》
2017	《贵州省环境噪声污染防治策例》
2017	《贵州省气候资源开发利用和保护条例》
2018	《贵州省森林条例》
2018	《贵州省绿化条例》
2018	《贵州省饮用水水源环境保护办法》
2018	《贵州省建设项目环境准入清单管理办法（试行）》
2018	《贵州省大气污染防治条例》
2018	《贵州省新型墙体材料促进条例》
2018	《贵州省夜郎湖水资源环境保护条例》
2018	《贵州省森林条例》
2019	《贵州省节约能源条例》
2019	《贵州省生态环境保护条例》
2019	《贵州省河道管理条例（修订）》
2019	《贵州省生态环境损害修复办法》
2020	《贵州省固体废物污染环境防治条例》
2020	《贵州省节约用水条例》
2020	《贵州省环境影响评价条例》

（续表）

时间	立法、行政法规、政策
2020	《贵州省陆生野生动物保护办法》
2020	《贵州省赤水河等流域生态保护补偿办法》
2020	《贵州省关于构建现代环境治理体系的实施意见》
2020	《贵州省生态环境保护督察实施办法》
2020	《贵州省古树名木大树保护条例》
2020	《贵州省森林采伐限额管理办法》

2. 推进生态文明制度重点领域改革成效显著

在绿色屏障建设制度方面：全面推进国土空间规划体系建设，建成"多规融合"信息平台。实施主体功能区规划，划定生态保护红线面积4.59万平方千米。实行耕地数量质量生态"三位一体"保护、完善森林生态保护补偿机制、落实水资源总量和强度双控，建立覆盖省市县三级的总量控制、用水效率控制、水功能区限制纳污"三条红线"指标体系。深入推进污染防治"五场战役""双十工程"，污染防治攻坚战成效显著。

（1）在促进绿色发展制度创新方面：深化农村产业革命，大力发展12个农业特色优势产业。加快十大工业产业发展，实施绿色经济倍增计划，深入推进"双千工程"，对传统产业进行绿色化改造。大力发展生态利用型、循环高效型、低碳清洁型和环境治理型绿色经济"四型"产业，做大做强生态领域市场主体。实施服务业创新发展十大工程，大力发展大数据、大旅游、大健康等生态环境友好型产业。推进国家级绿色金融改革创新试验区建设，创新环境污染责任保险模式，获"2020全球绿色金融创新奖"。

在生态脱贫制度创新方面：率先出台生态扶贫专项制度（实施退耕还林建设、森林生态效益补偿、生态护林员等十大工程）、创新水电矿产资源开发资产收益扶贫机制、单株碳汇精准扶贫机制、生态产业发展机制、"造血式"生态补偿机制、差额选聘生态护林员制度及捐赠生态护林员综合性安全保险制度。选聘18.28万名建档立卡贫困人口担任生态护林员，2019年全省承保生态护林员96 310人，提供保额409.94亿元，开发682个村单株碳汇资源，碳汇树446.2万余株，贫困户户均增收千余元。

（2）在生态旅游发展制度创新方面：优化全域旅游总体布局，组建世界上首个以山地旅游为主题的国际旅游组织"国际山地旅游联盟"。探索实施旅游项目扶贫工程、景区带动旅游扶贫工程、旅游资源开发扶贫工程、乡村旅游扶贫工程、旅游商品扶贫工程、"旅游＋"多产业融合发展扶贫工程、旅游结对帮扶工程、乡村旅游标准化建设工程及旅游教育培训扶贫工程等九大工程。建立生态旅游融合发展机制,积极发展股份合作型、劳动就业型、经营分红型乡村旅游景区景点,加快农特产品、手工艺品旅游商品化转换。

（3）在生态文明法治建设创新方面:设立全国首家专门化的环保法庭——贵阳市建立清镇市环保法庭,全国第一家生态环境保护执法司法专门机构,在法院设立了生态环境保护审判庭,推进环境资源保护司法机构全省覆盖。开展生态环境损害赔偿改革,发布全国首份生态环境损害赔偿司法确认书。实施生态司法修复,建立全国首个生态检察修复示范基地。率先开展由检察机关提起环境行政公益诉讼,共有8件案件列为全国典型案例,其中1件被列为服务保障长江经济带发展典型案例。成立"贵州省生态文明律师服务团",代理环境公益诉讼案件。与重庆、四川、云南联合开展赤水河乌江"两河"流域跨区域生态环境保护工作,四省三级检察机关建立跨区域生态环境保护检察协作机制,联合同级河长办开展"三级两长护河大巡察"活动。

（4）在绿色绩效评价考核机制方面:建立绿色评价考核制度,率先出台并实施生态文明建设目标评价考核办法,率先取消了地处重点生态功能区的10个县的GDP考核,对各市州生态文明建设开展评价考核,引导各级党委和政府形成正确的政绩观。创新开展领导干部自然资源资产离任审计,强化环境保护"党政同责""一岗双责",实行党政领导干部生态环境损害问责,不断完善生态文明建设责任体系和问责机制。率先开展领导干部自然资源资产离任审计试点,编制自然资源资产负债表,率先开展自然资源资产负债表理论技术研究,提出"由简到繁、由易到难、分步实施、分类推进"的工作原则,被中共中央、国务院《生态文明体制改革总体方案》采纳。在全国首次完成省级生态系统服务价值核算,形成具有贵州特色的生态系统服务价值评估指南,为联合国修订环境经济核算的国际统计标准贡献贵州智慧。

总的来说,贵州始终抓好落实将守住发展和生态两条底线作为政治任务,秉承绿水青山就是金山银山的理念,全方位加快生态文明建设,生态经济蒸蒸日上,生态环境显著改善,生态建设稳步推进,生态文化氛围浓厚,生态文明制度初步建成并日臻完善。贵州人民从生态环境保护中尝到了绿色福利,从绿色生态经济发展中收获了绿色效益,从生态建设中提升了幸福感,从生态文化繁荣中提高了多彩贵州的绿色品质。如今的贵州,绿色成为主色调,生态优势成为最大的竞争优势和发展优势。

第三节　贵州生态文明建设的经验及意义

贵州经济基础较差,生态环境基础较好,但生态脆弱。在这样的条件下,贵州大胆探索,推进生态文明建设,不仅守住两条底线,而且实现经济高质量发展,生态质量越来越好,为中国特色社会主义生态文明建设和践行习近平生态文明思想提供了鲜活的"贵州范本"。

（一）坚持正确发展观不动摇

生态文明建设的贵州经验之一:坚持正确的发展观,妥善处理人与自然的关系,努力走出一条生产发展、生活富裕、生态良好的绿色发展道路。

发展观是"一定时期经济与社会发展的需求在思想观念层面的聚焦和反映,是一个国家在发展进程中对发展及怎样发展的系统性的观念"。[①] 建设生态文明,必须始终坚持正确的发展观,2017 年,习近平总书记在党的十九大报告中指出,"坚持人与自然和谐共生,建设生态文明,这是中华民族永续发展的千年大计,这是建设中国特色社会主义的基本方略"。我们要牢固树立社会主义生态文明观,推动形成人与自然和谐发展现代化建设新格局。生态文明建设是当代人与当代人、当代人与后代人、人类与自然之间利益关系的再调整,特别需要正确的发展观和科学的方法指导。历史告诉我们,人与自然的命运是休戚与共的,自然界是人类生存发展的基础,破坏自然界就是破坏人类赖以生存和发展的根基。工业文明发展,遵循人统治自然的理念,导致了全球性的生态危机。因为人与自然的关系本质上是一种合作共生、和谐共生的命运共同体。人类可以利用自然、改造自然、创新自然,但必须敬畏自然、尊重自然、顺应自然与保护自然,我们需要确立和实行人与自然和谐共生的理念,不让经济社会发展站在生态自然的对立面,而是要推进经济增长与自然环境的协调发展。生态文明建设必须把人与自然作为一个整体系统来思考,正确处理自然、社会、人的发展等一系列关系,以系统的观点、整体的观点、可持续发展的观点来妥善处理自然、社会、人的关系,既要金山银山,更要绿水青山,努力形成人与自然和谐发展的现代化建设新格局。

贵州在改革开放以前,受物质匮乏等历史条件的影响,过分追求发展而盲目"向自然开战",人们在处理人与自然关系时强调征服自然,比如开山种

---

① 任宗哲.构建中国特色哲学社会科学的三点思考——学习习近平总书记在哲学社会科学工作座谈会重要讲话的体会[J].西安交通大学学报(社会科学版),2016(5):101-105.

粮,导致的结果就是生态环境受损严重,经济发展迟滞不前,生态环境脆弱,自然灾害频发,这也使贵州清醒地认识到生态文明建设的重要性和必要性。20 世纪 80 年代之后,贵州认识到生态系统、经济系统、社会系统"一损俱损、一荣俱荣",是相互联系的体系,必须要敬畏自然、顺应自然、尊重自然、保护自然,但是,一些领导干部不能正确认识和处理发展与保护的关系,常常把二者割裂开来、对立起来,一强调发展就认为没办法保护,一强调保护就认为没办法发展。有的"重发展轻保护",因此,贵州省委、省政府强调要正确认识和处理人与自然关系,持之以恒实施生态保护战略,更加自觉地推进绿色发展、循环发展、低碳发展。尤其是党的"十八大"以来,坚持"绿水青山就是金山银山"的绿色发展理念不动摇,始终坚决贯彻落实习近平总书记对贵州关于牢牢守住发展和生态两条底线的指示要求,以生态文明理念引领经济社会发展,将生态文明建设贯穿到经济建设、政治建设、社会建设和文化建设各方面及全过程,切实把生态文明理念落实为推进生态文明、建设"多彩贵州"的自觉行动,强调决不能走"先污染后治理"的老路,不能走"守着绿水青山苦熬"的穷路,更不能走"以牺牲环境生态为代价、换取一时一地经济增长"的歪路。在正确发展观的指导下,多年来,贵州省委一张蓝图绘到底,不因领导班子的变动而变动,一任一任地抓下去。不论是政策制定、制度设计、举措选择,都以有利于走好生产发展、生活富裕、生态良好的永续之路为根本前提,因地制宜发展绿色经济,努力摆脱路径依赖,持之以恒地推进生态产业化、产业生态化,发展和生态两条底线一起守、绿水青山和金山银山两座山一起建,让绿水青山带来源源不断的金山银山,促进经济与生态协调发展。不断创新生态文明体制机制,积极探索百姓富、生态美二者有机统一的路子,努力写好"绿水青山就是金山银山"这篇大文章。

(二)坚持生态修复保护决心不动摇

生态文明建设的贵州经验之二:坚持生态修复保护的思路,高质量推进生态建设,努力探索山水林田湖草生态修复保护,努力筑牢长江、珠江生态安全屏障。

生态环境破坏易修复难,生态修复保护投入多见效慢,导致一些地区持续开展生态建设的积极性不高、力度不大、效果不佳。然而,生态修复保护是功在当代、利在千秋的事业,不仅维护当地生态安全,助推经济高质量发展,而且有助于维护国家重要生态安全屏障。贵州从地形地貌看,在喀斯特地貌分布比较广的地方,生态极为脆弱,一旦破坏就很难修复;从地理位置看,位于长江、珠江上游,是重要的生态屏障,对保护好生态环境意义重大。

因为上游生态与下游生态密切相关,若上游生态被破坏,则对下游生态环境影响极大。贵州省委、省政府坚持把守好"两江"生态安全屏障作为重大的政治任务,坚决扛起生态保护的政治责任,按照中共中央部署,积极推进生态建设,厚植生态基础,守好这个国家重要的生态屏障。从 20 世纪 80 年代开始,根据贵州省生态系统的特点,采取立足生态、着眼经济、系统开发和综合治理的原则,先后启动石漠化治理、实施保护天然林、退耕还林还草、推进国土绿化、水土保持及河湖与湿地保护修复等工程,打造多元共生的生态系统,不断筑牢长江、珠江"两江"上游生态环境安全屏障。进入新时代,认真落实习近平总书记关于长江经济带"共抓大保护、不搞大开发"的指示要求,深入推动生态文明建设,深化生态文明体制机制改革,贯彻新发展理念,秉承"山水林田湖草是一个生命共同体"的系统思想,坚持生态优先、绿色发展,着力推进赤水河、乌江等重要流域、重点河湖、重要生态功能区和矿产资源集中开发区的生态修复,不间断地开展国土绿化行动计划,着力推进历史遗留矿山地质环境恢复治理、土地整治、石漠化综合治理和流域生态环境综合整治,进一步提升涵养水源、森林资源和生物多样性保护等生态功能,全面推进封山育林、退耕还林(草)、乡村绿化、流域两岸绿化和城镇周边绿化带等森林生态体系建设,打好生态建设攻坚战,守好山青、天蓝、水清、地洁等生态底线,做好治山理水的文章。几十年来,勤劳善良的贵州人民通过不懈努力,筑牢了"两江"上游绿色安全防线,提升了生态系统功能,使现在贵州的生态环境指标持续向好并保持在全国前列,全省主要河流出境断面水质优良,每年为长江、珠江输送优质水源 1 000 多亿立方米,为长江、珠江上游打造了取之不竭的"绿色宝库",有效保护了"两江"上游的重要自然资源和自然景观,维护了"两江"上游的生态安全。

(三)坚持绿色转型发展不动摇

生态文明建设的贵州经验之三:坚持绿色转型发展的方向,建设资源节约、环境友好的绿色发展体系,加快建立以产业生态化和生态产业化为主体的绿色生态产业体系。

绿色转型是指经济发展摆脱对高消耗、高排放和环境损害的依赖,转向经济增长与资源节约、排放减少与环境改善相互促进的绿色发展方式。绿色转型不是对传统工业化模式的修补,而是发展方式的革命性变革。长期以来,"高能耗、高污染、高排放"的经济增长方式形成了巨大的污染,解决环境污染的根本问题需要探索以低能耗、减排放、高效率为特征的内涵式增长模式,培养发展新动能,构建绿色产业体系,从源头减少污染源,推动环境治理从末端治理向源头控制、过程治理转变。

贵州长期是欠发达地区,贫困问题和生态问题突出,如何平衡发展与保护间的关系尤其困难。特别是长期粗放的发展方式,使得一些干部习惯于铺摊子上项目、走"先污染后治理"的老路,对推进绿色发展、将"绿水青山转化为金山银山"的办法不多、思路不活,把握不好发展与保护之间的"度",要在守住两条底线的前提下,实现经济的后发赶超非常不易。面对困难,省委、省政府坚定不移地走一条既要"赶"又要"转"新路,坚定不移推动绿色发展、转型发展。以经济与环境协调发展为目的:一方面,推进产业生态化。大力推进火电、钢铁、建材、化工和有色等重点传统行业绿色化改造,加强和改进技术,积极倡导清洁生产,循环发展、低碳发展,降低生产环节中能耗及污染的排放。大力培育发展绿色经济,因地制宜发展生态利用型、循环高效型、低碳清洁型、环境治理型"四型"绿色产业,做强做优大数据等新兴产业,培养发展新动能。坚决遏制"两高"项目盲目发展,坚持"多彩贵州拒绝污染",守牢"绿色门槛",坚持严把政策关、严把选址关、严把治污关,保证项目落地符合生态红线硬约束和环境容量可承受。努力实现"腾笼换鸟"和发展方式的转变,构建具有贵州本地特色的绿色工业体系。另一方面,推进生态产业化。积极探索绿水青山向金山银山转化的途径,把贵州良好的生态、秀丽的山水、清新的空气与生态旅游业、健康服务业发展相结合,充分利用贵州良好的自然生态资本,大力培育大旅游、大健康产业,把生态优势变成富民资本。这些措施助力贵州按下快捷键、跑出加速度,既发展得快,又发展得好,发展的结构不断改善,发展的质量在不断提高,发展新动能更加强劲。贵州的实践表明:经济与生态并不是此长彼消的关系,在尊重自然、顺应自然、保护自然的前提下推进经济绿色转型升级,是实现百姓富、生态美的根本路径。

(四)坚持生态惠民不动摇

生态文明建设的贵州经验之四:坚持生态惠民的原则,努力加快改善生态环境质量,为人民提供更多优质生态产品以不断满足人们日益增长的对优美生态环境的需求。

生态环境是关系民生的重大社会问题。习近平总书记指出,"人民对美好生活的向往,就是我们的奋斗目标"。我们发展经济是为了民生,保护环境一样是为了民生。对人们来说,金山银山固然重要,但青山绿水是人民幸福生活的重要内容,是金钱不能替代的。因此,坚持"以人民为中心",守护良好生态环境这个最普惠的民生福祉是各级党委政府的重要任务。

贵州各级党委政府把满足人民群众的生态环境需要尤其是优美生态环境需要作为生态文明建设的出发点和落脚点,积极回应群众关切、顺应民生需求,把解决突出生态环境问题作为民生优先领域,统筹兼顾、综合施策、两手发力、点面结合、求真务实,坚决打好污染防治攻坚战,加大生态环境保护力度,不断美化优化城乡人居环境。一直以来,贵州坚持生态惠民、生态利民、生态为民,重点解决损害群众健康的突出环境问题,确保生态环境质量只能变好不能变坏,真正为人民群众办实事、解难题。比如,深入实施十大污染源治理工程和十大行业治污减排全面达标排放专项行动("双十工程"),打好污染防治"五场战役"攻坚战等,这些就是要还给人民群众蓝天白云、繁星闪烁的天空,就是要还给人民群众清水绿岸、鱼翔浅底的景象,就是要让人民群众吃得放心、住得安心,就是要让人民群众看得见山、望得见水、记得住乡愁。又如,贵州大力开展农村人居环境整治和美丽乡村建设,就是要为人民群众留住鸟语花香的田园风光。在生态文明建设中坚持一切为了人民,尽力交出污染防治攻坚和生态环境优美的优秀答卷,为人民群众创造良好的生产生活环境。特别是贵州成为国家生态文明试验区之后,省委、省政府努力实现生产空间集约高效、生活空间宜居适度,生态空间山清水秀,奋力打造多彩贵州公园省,让百姓真真切切能够呼吸上新鲜的空气、喝上干净的水、吃上放心的食物,生活在宜居的环境中。

人民对美好生活的向往并非单一目标,而是经济效益、生态效益和社会效益等多重目标的统一。所以,贵州聚焦深度贫困,深入推进大生态＋大扶贫战略行动,实施全国最大规模的易地扶贫搬迁,化解生存、生态、发展"三重压力"。实施退耕还林建设、森林生态效益补偿、生态护林员、重点生态区位人工商品林赎买、自然保护区生态移民、以工代赈资产收益扶贫试点、农村小水电建设、光伏发电项目、森林资源利用、碳汇交易试点生态扶贫等十大工程,确保高质量完成脱贫攻坚目标任务,促进农民增收。支持贫困地区发展林下经济,全省林下经济产值超 365 亿元,惠及农户 285 万人。探索自然资源的开发利用收益分享机制,比如,对在贫困地区开发水电、矿产资源占用集体土地的试行给原住居民集体股权方式进行补偿,推出了横向生态环境保护补偿的政策,使贫困地区更多分享开发收益和生态红利,人民群众的获得感、幸福感、安全感不断上升。

(五)坚持真抓实干不动摇

生态文明建设的贵州经验之五:坚持真抓实干的作风,以抓铁有痕、踏石留印的劲头,咬定青山不放松,坚持不懈、大胆创新,努力用苦干实干在建设生态文明的征程中走在前列,奋勇争先。

生态文明建设,是一项长期的、复杂的系统工程,必须常抓不懈、久久为功,决不能光喊口号、知行脱节,决不能装点门面、挂空挡,决不能图省事、怕吃苦,否则再好的蓝图也只是一纸空文。生态文明建设是攻坚战、持久战,决不能也不允许紧一阵松一阵,更不能寄希望于"一阵风""一场雨",要从政策源头抓起,咬定目标、脚踏实地,埋头苦干、严格落实、一以贯之。

贵州省在中共中央的支持和关心下,在生态文明建设上开拓进取、先行先试,先后实施了人口粮食生态协调发展战略、可持续发展战略、生态立省和环境立省战略、绿色发展及大生态战略,这些战略是一脉相承、与时俱进的,充分体现了贵州省委生态文明建设的战略定力。多年来,贵州省委按照"一张蓝图绘到底""一任接着一任干"的精神,锲而不舍、驰而不息地坚持绿色发展、深化绿色创新,把牢绿色导向、做大绿色福利,努力建设机制活、产业优、百姓富、生态美的多彩贵州。贵州长期以来在生态建设、环境保护等生态文明建设领域所取得的进步得到了国家的肯定和鼓励。从 1988 年毕节成为国务院批准建立了"扶贫开发、生态建设"实验区,到 2009 年 6 月贵阳市被环保部列为全国生态文明建设试点城市、2014 年 6 月贵州省成为生态文明示范区、2016 年 8 月成为首批国家生态文明试验区,先后获批展开多个重量级的国家试验试点方案。能在生态文明建设方面获得国家层面的多方面政策支持,除了贵州生态环境脆弱与其自身经济发展之间的压力矛盾、作为两江上游生态屏障的重要生态区位特征外,贵州全省上下不畏艰难、解放思想、拼搏进取,且坚持不懈地努力和久久为功也起了很大的作用。尤其是省第十二次党代会以来,贵州接二连三打出了污染防治"五场战役""双十工程""三水共治""百千万"清河行动、发展"四型"产业等系列组合拳,以抓铁有痕、踏石留印的劲头狠抓落实,坚决克服浮躁心态和唯 GDP 政绩观,真正把人民群众的福祉为己任,把优美的生态环境作为最大的政绩,推动试验区大胆创新实践,开创了生态文明新局面,生态经济日益繁荣、生态环境显著改善、生态文化日渐浓厚。在生态文明建设的真抓实干中,贵州干部越来越有金点子,越来越有战斗力,贵州百姓越来越关心环境、越来越爱护生态。

（六）坚持体制机制改革创新不动摇

生态文明建设的贵州经验之六:坚持体制机制改革创新,加强生态文明制度建设,以制度利器推动生态文明建设,充分激励人们走绿色发展之路。

生态文明体制机制及制度建设是为更好发挥政府在生态文明系统建设中的主导和监管作用,发挥企业的积极性和自我约束作用,发挥社会组织和公众的参与和监督作用,从而保障生态文明建设的系统性、整体性和协同性发展。"生态文明体制改革主要是侧重于从'宏观'层面解决生态文明建设的管理体制、治理结构、治理体系等问题;生态文明机制主要是从'中观'层面解决以企业为主体的市场机制、以政府为主体的政府机制、以社会组织与公众为主体的社会机制的职能分工及相互制衡;生态文明制度建设主要侧重于从微观层面解决生态文明制度的设计、制度体系的构建、制度的优化选择、制度的实施机制等。"①推进生态文明建设必须依靠体制、机制和制度的保障。

贵州省在生态文明建设的不同阶段,先后建立了相应的环境保护和生态管理制度,从一项项的环境管理、生态保护、考核办法及奖惩机制等制度的建立到推动生态文明制度体系的建设,从狭义的环境保护制度拓展到广义的环境保护制度,从满足生态环境安全需要提升的制度建设到满足生态环境多元共治需要的制度建设等,不断从单向推动转向整体推进,不断在继承中创新。在生态文明制度建设中,省委、省政府不断加快推进资源有偿使用制度建设,让市场机制在资源配置中发挥决定性的作用,全面推进资源税改革实施方案,加快推动反映全成本的资源有效使用制度的建立,深入推动生态补偿、循环补助、低碳补贴等财税制度的建立及运用,率先建立长江经济带首个跨省域的横向生态保护补偿机制、推进矿业权出让制度改革、建立生态保护补偿机制及资源有偿使用制度等。随着生态文明建设向纵深推进,贵州省由重视制度建设转向制度建设和实施机制建设并举。不同区域有不同的功能定位,"不能以一把尺子丈量不同的区域"。因此,贵州实施差异化考核制度,率先取消了地处重点生态功能区的 10 个县 GDP 考核,为全国政绩考核制度的改革与创新提供了经验。科学有效的体制机制和制度避免了"头痛医头脚痛医脚"的短视行为,从源头化解积弊,保障了贵州的生态文明建设走出了一条有别于东部、不同于西部其他省份的绿色发展之路。

贵州省牢记嘱托、感恩奋进,坚持不懈地推动生态文明建设,在守好发展和生态两条底线上取得了积极成效,进入新时代、迈进新征程,贵州将努力走出一条生态优先、绿色发展的新路子,继续创新生态文明建设的贵州思路和贵州样本,奋力在生态文明建设上出新绩。

---

① 潘家华,高世楫,李庆瑞等.美丽中国——新中国 70 年 70 人论生态文明建设[M].北京:中国环境出版集团,2019.

第二章

生态保护修复

生态保护修复是建设生态文明和实现可持续发展的重要途径,是全面提升国家和区域生态安全屏障质量,促进生态系统良性循环和永续利用的前提。随着人口增加和社会经济的发展,人类对开发自然生态系统的能力不断提高,过垦、过牧及毁林等不合理的活动也不断增多,导致生态系统大面积退化,已严重威胁人类自身生存和经济持续发展。因此,加快生态保护修复,对于推进生态文明建设、保障国家生态安全十分必要。

贵州地处中国西南腹地,位于长江和珠江两大水系上游交错地带,是两江上游的重要生态屏障,在国家生态安全格局战略中具有重要作用。贵州也是世界上喀斯特地貌发育最典型、最强烈的区域之一,石漠化问题突出,生态环境脆弱,是我国重要的水土保持区和石漠化防治区。特殊的地理位置、脆弱的生态环境,让生态环境保护在贵州显得更为重要。与全国不少地区相比,贵州的生态环境一旦遭到破坏,修复起来就很难,不仅省内居民的生活会受到直接影响,长江和珠江中下游居民的生活也会受到相应影响。因此,贵州生态保护修复工作任重而道远。多年来,贵州把生态建设摆在突出的位置,像保护眼睛一样保护生态,高起点打造生态空间、高质量推进生态修复,在坚决守好这片生态环境的实践中,探索出了一条西部地区山水林田湖草生态保护修复治理模式。

第一节　生态保护修复主要内涵

自 20 世纪 70 年代以来,世界各国广泛开展了有关生态系统修复保护的理论研究与实践。我国是较早开始生态保护修复研究和实践的国家之一。20 世纪 80 年代,我国就已经开始生态保护修复工作,布局了黄土高原流域植被恢复、三北防护林保护工程及退化林修复、京津风沙源治理、喀斯特石漠化以及湿地景观生态修复工程、青藏高原生态安全屏障保护与建设工程及高寒湿地生态系统修复工程等一系列生态修复保护工程。早期多以生态系统重建为途径,在人为活动辅助下促进生态系统恢复,对象相对单一。党的"十八大"以来,生态保护修复的核心理念转变为节约优先、保护优先、自然恢复为主,重视从生态系统健康的角度进行生态保护修复的整体设计,强调山水林田湖草生态保护修复,更加注重生物多样性在生态恢复中的作用。生态修复的范围从干旱区到湿润区,热带到寒带,平原到高原山地等,对维护国家生态安全和经济的健康发展发挥了重要作用。

一、生态保护修复研究进展

生态保护修复是恢复生态学中出现的新词,是随着我国生态建设和生态保护实践而兴起的,在中国语境中越来越被广泛应用。学术界从内涵、理论框架、区域判断和成果评价等不同视角对生态保护修复开展了研究。目前,国内外的研究者对于生态保护修复的定义存在诸多争论。不同的学者从不同领域,赋予了生态保护修复不同的含义。如欧美学者提出"生态恢复"的概念,日本学者多认为,生态修复是指采用外界力量使受损生态系统得到恢复、改进、重建的活动,但是不强调要回到原来的相同状态。国内早期的生态保护修复研究大多围绕着具体的实践需求开展,研究对象通常为森林、矿山、土壤、湖泊和湿地等单一的生态系统。随着我国生态保护修复实践的开展,国土空间生态修复的概念被提出,和传统的生态修复不同,国土空间生态修复更关注多尺度整合与生态过程的系统性和完整性,强调对国土空间进行整体化统筹管理,从而促进区域的可持续发展。国内研究者中,周启星认为生态保护修复是在生态学原理指导下,以生物修复为基础,结合各种物理修复、化学修复以及工程技术措施,通过优化组合,使之达到最佳效果和最低耗费的一种综合的修复污染环境的方法[①]。艾晓燕、徐广军认为,生态保护修复是指将受干扰和破坏的土地恢复到具有生产力的状态,确保该土地保持稳定的生产状态,不再造成环境恶化,并与周围的景观(艺术欣赏性)保持一致[②]。邓小芳则强调生物保护修复是在人工条件下对原有破坏的生态环境进行恢复、重建和修整使其更符合社会经济可持续发展的过程。[③] 彭建等从景观生态学的视角对空间生态保护修复做了系统解

① 崔爽,周启星.生态修复研究评述路[J].草业科学.2008(01):25-29.
② 艾晓燕,徐广军.基于生态恢复与生态修复及其相关概念的分析[J].黑龙江水利科技,2010(03):51-52.
③ 邓小芳.中国典型矿区生态修复研究综述[J].林业经济 2015-(07):18-23.

读①。高世昌系统研究了国土空间生态保护修复的理论和规范②。方莹等基于生态安全格局的理论构建了国土空间生态修复区域的识别③。倪庆琳等开展了生态保护修复功能分区的研究④。

纵观当前的研究领域，越来越多的学者认为生态保护修复的概念应该包括生态恢复、重建、改建和保护。但也有学者认为应该包括再野化，使某一区域回归到野性、自主的状态，就概念而言尚未达成共识。对生态保护修复开展科学准确的成效评价，对于验证生态保护修复在自然资源管理中的作用、调整优化生态保护修复实践方案等至关重要，是研究的重点之一。目前对生态保护修复的生态成果成效评价的研究较多，主要关注了生态属性，比如国际恢复生态学会（SER）对于生态保护修复成功的标准强调了生态属性，恢复后的生态系统应满足结构、功能和动态方面的9个关键特征。另外，社会经济效益也逐渐被纳入生态修复的成效评价中，主要采用对社区成员环保意识、对生态保护、生态修复项目的参与意愿和参与程度等指标体系来衡量其生态服务功能恢复及生态系统的社会经济价值等。总的来说，对生态保护修复的研究已经从分散化开始走向系统性研究。

二、生态保护修复的经典理论

（一）生态位理论

生态位是指在自然生态系统中一个种群在时间和空间上的位置关系及其与相关种群之间的功能关系。1917年，Grinnell最早提出了生态位的概念，用来划分环境的空间单位和一个物种在环境中的地位。1957年，英国生态学家Hutchinson进一步完善了生态位的概念和内涵，并提出了生态位的N维超体积模型，为现代生态位理论研究奠定了基础，成为广泛应用的一种基础生态位理论。Young等和Wainwright等在探究生态恢复和生态学理论的关系时，提及生态位所发挥的重要作用。根据生态位理论，在生态修复过程中，首先要调查修复区的生态环境条件，根据生态环境因子选择适当的生物种类，同时避免只引进生态位相同或者相似的物种，使得各种群在群落

① 彭建,吕丹娜,董建权,等.过程耦合与空间集成：国土空间生态修复的景观生态学认知[J].自然资源学报,2020,35(1)：3-13.
② 高世昌.国土空间生态修复的理论与方法[J].中国土地,2018,395(12)：40-43.
③ 方莹,王静,黄隆杨,等.基于生态安全格局的国土空间生态保护修复关键区域诊断与识别：以烟台市为例[J].自然资源学报,2020,35(1)：190-203.
④ 倪庆琳,侯湖平,丁忠义,等.基于生态安全格局识别的国土空间生态修复分区：以徐州市贾汪区为例[J].自然资源学报,2020,35(1)：204-216.

中拥有自己的生态位,避免或者减少种群间的竞争,实现物种间共存,维持生态系统的长期稳定。①

(二) 生态系统稳定性理论

生态系统具有趋于平衡点的稳定特性,生态系统稳定性通常被定义为生态系统在应对干扰发生状态变化的同时并进行重组以维持生态系统功能的能力。生态系统稳定性由生态系统的抵抗力和恢复力两个独立的过程共同决定,抵抗力指引起生态系统结构变化的干扰的大小,而恢复力是指返回到生态系统最初结构的速度。这两个过程从根本上是不同的,但很少被区分开来。目前,生态系统稳定性理论已经成为自然生态系统管理和生态保护修复的核心概念。

(三) 群落构建理论

群落构建是一个群落中物种在空间和时间尺度上组合的决定因素,物种多样性越高,组合越复杂,生态系统就越稳定。群落构建研究对于解释物种共存和物种多样性的维持至关重要,生态保护修复工作越来越侧重于受干扰地区生物群落的物种组成多样性和功能多样性,通过物种结构、时空结构和营养结构的组合来指导生态保护修复工作。而过去,生态保护修复研究主要集中于如何提升生态系统功能,恢复生物多样性。群落构建在生态保护修复实践中得以较多的应用。

(四) 群落演替理论

群落演替一般指植物群落在受到干扰后的恢复过程或在裸地上植物群落的形成和发展过程。无论原生演替还是次生演替,都可以通过一定的人为操作进行调控,从而改变演替方向和演替速度,即只要克服或消除外界的干扰压力,将有助于对自然生态系统和人工生态系统进行有效地控制和保护,并且可指导退化生态系统恢复和重建。群落演替过程中,演替方向易受到干预,其中,营养级联效应在一定程度上显得尤为重要。营养级联是在多营养级中的自上而下的链式反应,生态系统中某营养级生物数量明显改变后,其他营养级生物数量会发生相应变化。在实践中,应当注意生态演替过程中的营养级联效应,使演替朝着合适的方向进行。目前群落演替理论被广泛用于退化森林、草原、湿地植被的保护修复中。

---

① 付战勇,马一丁,罗明,等.生态保护与修复理论和技术国外研究进展[J].生态学报,2019,39(23):331-344.

三、生态保护修复的定义、特点、目标

（一）生态保护修复的定义

生态保护修复是遵循人与自然和谐共生理念，对长期受到高强度开发建设、不合理利用和自然灾害等影响造成生态系统严重受损退化、生态功能失调和生态产品供给能力下降的区域，采取系统性或专项性的工程和非工程等综合措施，对生态系统进行生态治理、生态保护、生态恢复以及生态康复的过程和有意识的活动。生态保护修复是生态保护和生态建设中的一个重点内容，也是缓解人类社会和生态系统之间矛盾的重要途径。生态保护修复坚持节约优先、保护优先、自然恢复为主，与人工修复相结合，其目的是实现生态系统保护、结构与功能的恢复乃至提升，遏制生态恶化，实现生态系统的健康稳定，促进人与自然和谐发展。生态保护修复不同于生态重建，也不同于生态恢复。生态重建是指协助一个遭到退化、损伤或破坏的生态系统恢复的过程，其实质是人为地促进生态系统发展。生态恢复是指自然生态回复到原来局面，即生态系统被干扰之前的生态结构，是没有人直接参与的自然发生过程。而生态保护修复作为生态保护和建设中的一个重点内容，可以是自然恢复生态系统，也可以是人工重建生态系统；可以包括生态重建，也可以包括新建内容。生态保护修复比生态重建更具积极性和广泛的适用性，既具有恢复的目的性，又具有修复的行动意愿。

（二）生态保护修复的基本特点

（1）对象广泛。生态保护修复对象包括森林、草原、荒漠、山体、河流、湖泊、沼泽、海洋和湿地等受损及退化的生态系统。

（2）手段多样。由于不同的退化生态系统受外部干扰的强度、类型等各不相同，生态系统所展现的退化阶段、类型、相应的响应机制也各有差别，因此，所采用的修复技术和手段也多种多样。总体上来说，分为生态保护和人工修复两个方面，主要技术模式有保护保育、自然恢复、辅助再生或生态重建等。从生态修复对象和所采取工程措施类型来看，主要有石漠化综合治理、防护林体系建设工程、矿山地质环境生态修复、水环境和湿地生态修复工程、退化污染废弃地生态修复工程和统筹山水林田湖草生态保护修复工程等。

（3）措施综合。生态保护修复主要措施有生态红线的划定、国土空间功能区规划、自然恢复、自然恢复与人工修复相结合等。既包括封山育林等自然保护修复，又包括退耕还林还草的"结构调整"和"生态移民"等社会修复；

既包括传统单一的植树造林、石漠化治理等,又包括水、土、气、生结合进行的综合治理保护;既要兼顾全局、调和趋于失调的人地关系,也要整合现有分散的各种治理手段,通过有效方法和措施,达到区域内的生态功能改善,维护生态系统的健康和安全。

(三)生态保护修复的目标

(1)构建生态安全格局。强调空间规划和保护,优化配置生态系统和景观格局,为水源涵养、洪水调蓄、生物多样性保护、经济发展留足合理的空间,筑牢生态安全防线,提升生态系统功能,实现人类社会的可持续发展。

(2)强化生态系统基础网络建设。通过生态工程技术,衔接与贯通各类孤立分布的保护区,解决生态系统破碎、各要素功能发挥不充分等问题,通过使用核心区、缓冲区、生态廊道等,创造自然生境来连通以森林、湖泊、荒野为主的自然区,恢复或重建已退化或消失的生态系统,努力重现和增强干扰前生态系统所具有的结构以及服务功能。

(3)提升生态系统的功能。地球上现存的自然生态系统,包括森林、草原、荒漠、水域等,大多处在不同的退化阶段,需要不同程度的生态保育或生态保护修复。针对突出的生态问题采取行动,通过开展退化土地修复、水土保持、矿山绿色治理、水环境治理、石漠化防治、植树造林及生物多样性保护等措施,让受损或被破坏的生态系统得到修复,以改善生态系统的组成和结构,全面提升生态功能。

四、生态保护修复原则

(一)生态优先,绿色发展

牢固树立绿水青山就是金山银山理念,按照生态良好的要求,推动生态产品价值实现和生态保护修复高质量发展,不断满足人民群众日益增长优美生态环境的需要和对优质生态产品的需求。

(二)自然为主,人工为辅

根据生态系统退化、受损程度和恢复力,合理选择保育保护、自然恢复、辅助再生和生态重建等措施,保护生物多样性与生态空间多样性,加强区域整体保护和塑造。对于代表性自然生态系统和珍稀濒危野生动植物物种及其栖息地采取以保护保育为主的措施;对于轻度受损、恢复力强的生态系统采取自然恢复为主的措施;对于中度受损的生态系统,结合自然恢复采取辅助再生措施;对于严重受损的生态系统需进行生态重建,以恢复生态系统的结构和功能,增强生态系统稳定性和生态产品的供给能力。

(三) 统筹规划,综合治理

坚持长短结合、久久为功,按照整体规划、总体设计、分期部署、分段实施的思路,科学确定生态保护修复目标、合理布局各类项目、统筹实施各类工程,协同推进山上山下、地上地下、岸上岸下、流域上下游山水林田湖草一体化保护和修复,增强保护修复效果,努力实现生态系统的健康、完整和可持续发展。

第二节　贵州生态保护修复的主要举措

贵州很早就开展生态保护修复工作。20世纪80年代开始启动石漠化治理,之后,依托国家重大生态保护和修复工程,陆续开展了大规模防护林体系建设、大规模国土绿化、矿山生态修复、湿地与河湖保护修复、水土保持、土地综合整治及统筹山水林田湖草生态修复保护,形成点、线、面相结合的生态保护修复布局。多年持续不断的生态保护修复,植被结构得到改善,野生动物种群数量明显增多,生物多样性有效恢复,植被生态功能显著增强,全面提升贵州生态系统的质量和稳定性,保障了长江、珠江上游的生态安全。

一、开展石漠化治理

石漠化是指在我国南方湿润地区碳酸盐岩广泛发育的喀斯特脆弱生态环境下,由于人为强烈干扰造成植被长期丧失、水土资源流失,导致土地生产力下降,基岩大面积裸露于地表而呈一种土地退化的极端现象。[1] 石漠化被称为"地球癌症",是制约社会、经济、生态发展的重要因素之一。

贵州是世界上岩溶地貌发育最典型的地区之一,是全国石漠化土地面积最大、类型最多、程度最深和危害最重的省份。2010年,石漠化土地面积达3.3万平方千米,占全省国土面积的18.8%。全省88个县(市、区)有78个不同程度存在石漠化问题,尤其以毕节市、黔南州、黔西南州等地最为严重。遏制土地石漠化是摆在贵州生态建设上的主要任务。多年来,通过

---

① 王德炉,朱守谦,黄宝龙.贵州喀斯特区石漠化过程中植被特征的变化[J].南京林业大学学报(自然科学版),2003(3):26-30.

在石漠化山区持续实施植树造林、退耕还林、生态移民等治理措施,在遏制石漠化发展上取得明显成效。

(一) 贵州石漠化治理的历程

20世纪80年代以前的贵州,随着人口的增多,耕地面积越来越不足,为了解决不断增长的人口吃饭问题,长期毁林开荒,陡坡种植,致使石漠化加重,生态环境不断恶化。80年代末,全省森林覆盖率仅为13.5%,全省水土流失面积达7.3万平方千米,占总面积的43%。[①] 1985年,胡锦涛同志到贵州工作后,高度重视石漠化建设。1986年,贵州省委、省政府提出"人口、粮食、生态全面规划、综合治理、协调发展"的方针,开启了毕节地区石漠化治理的征程。2008年,国家启动石漠化综合治理试点工程,贵州省55个县(市)被列入第一批试点县,加大了石漠化治理的力度。2011年,全省78个石漠化县(市)全部被纳入国家石漠化综合治理范围。由此,进入大规模治理石漠化的阶段。贵州成立了由省长任组长、相关业务部门负责人为成员的贵州省防治石漠化领导小组及防治管理中心,统一领导和协调石漠化综合治理项目,出台了《关于加快推进石漠化综合防治工作的实施意见》,明确石漠化治理工作的指导思想、目标任务和建设措施,集中力量、集中资金,有序推进石漠化治理工程的实施。这一期间,主要是以石漠化地区区域治理为单元,围绕林业、畜牧、小型水利水保三大方面,综合采取人工造林、封山育林、中药材种植、人工种草及草地改良,修建田间生产道路、机耕道、引水渠、排涝渠、沉沙池、蓄水池和输水管道,以及通过河道整治、山塘治理等措施进行石漠化治理,生态环境恶化状况得到明显遏制。2005年至2011年,贵州石漠化面积减少29万余公顷,年均缩减1.47%;石漠化地区乔木型、灌木型植被增加157万公顷,草地面积增加2万多公顷,植被综合覆盖度提高5.61%。[②]

党的"十八大"以后,贵州秉持生态效益优先,兼顾经济和社会效益的原则,将石漠化治理与农业产业结构调整、扶贫开发有机结合起来,充分发挥岩溶地区的资源优势,在不改变原始地貌的前提下,因地制宜调整产业结构,大力发展特色生态农业、生态旅游业,在有效保护修复生态系统的同时,促进农民脱贫增收。这一时期,主要采取分区治理为主。即在强度石漠化地区采取生态移民、封山育林、自然恢复等生态修复措施,以恢复林草植被,

---

① 中共贵州省委党史研究室.奋进发展的贵州(1949—2019)多彩贵州[M].贵阳:贵州人民出版社,2019.

② 王新伟,吴秉泽.绿满荒山 家园秀美——贵州大力推进石漠化治理"双丰收"纪实[N].经济日报.2012-10-13.

减少水土流失,改善生态环境;在中度石漠化地区采取控制人口数量,加大劳务输出减少人口压力,加大坡改梯工程和人工造林种草力度,发展草地畜牧业、特色经果林和地道中药材产业、生态旅游业等生态修复措施;在轻度石漠化地区采取开发非耕地资源、发展生态农业,建立资源节约型经济体系的生态修复措施;在潜在石漠化地区将预防与保护相结合,加大产业结构调整,推进生态产业化等,发展经济促进生态富民。

2014 年,贵州以国家新一轮退耕还林还草政策为契机,进一步加大石漠化综合治理。各地根据不同地区自然条件、石漠化程度、地形地貌,发挥岩溶地区资源优势,加快产业结构调整,促进经济与生态的协调发展。如充分利用石漠化地区的自然资源和人文景观资源,大力开展特色旅游。再如,在半石山上发展生态型用材林、金银花、花椒、茶叶、核桃、油茶和各类中药材种植、特色林果等绿色农业,这些措施既有效改善了石漠化地区的生态状况,又有力促进了当地农民增收。

(二)石漠化综合治理的典型模式

贵州在治理石漠化中结合各地的实际,探索创新出大量石漠化治理模式,为全国石漠化治理提供可复制、可操作的经验。其中,最具特色的有毕节模式、顶坛模式、晴隆模式和绿化模式。

1. 石漠化治理的毕节模式

毕节位于贵州省西北部、滇黔桂连片岩溶腹心地带的乌江源头乌蒙山区,总面积 2.69 万平方千米,是极具典型性和代表性的岩溶贫困山区,也是贵州省喀斯特石漠化面积最大、分布最广、危害最严重的地区。1987 年的毕节,水土流失面积达 60% 以上,森林覆盖率仅 8.53%①。1988 年开始石漠化治理,毕节结合人口压力大,经济发展落后,贫困人口多的实际,将生态建设与经济发展紧密结合起来,以开发扶贫、生态建设、人口控制为三大建设主题,以实现经济效益、生态效益、社会效益共赢为总体目标,大力开展石漠化治理工作。并摸索创造出"五子登科"的典型经验,即:山顶植树戴帽子、山腰种地坡改梯挂带子、坡地种绿肥铺毯子、山下开展多种经营抓票子、平地科学种田种谷子。"五子登科"的综合治理举措,把生态建设、脱贫致富的长远利益和广大农民群众解决温饱的现实问题有机地结合在一起,把治标、治本有机结合在一起,使治理石漠化的基本思路变为看得见、摸得着的具体任务,协同推进山上山下一体化保护修复和经济社会的发展,毕节因此从石漠

---

① 石宗源.贫困地区的崛起之路［N］.求实,2008(18).

化严重、植被稀少、生态环境恶化的"恶水穷山"之地转变成了"绿水青山"的典范。2012年,毕节被原国家林业局授予"全国防治石漠化示范区"称号。[①]

2. 石漠化治理的顶坛模式

顶坛位于贵州省西南部贞丰县北盘江喀斯特大峡谷南岸,岩石广布,土地支离破碎,大于25度坡耕地占80%以上,且95%的耕地是石旮旯,石漠化相当严重,行政区划面积均为喀斯特地貌。极其恶劣的自然条件曾被许多中外专家认定为"不具备人类生存条件"的地方。为了尽快改变顶坛片区的贫困面貌,贞丰县根据当地温差大、空气湿度低的气候环境,筛选出根系发达、生命力强、原生于当地的花椒进行种植。在政府的大力支持和科技部门的帮助下,采取运土填平大面积的裸露岩层来种植花椒树,用一次性输液管将水引到根部进行灌溉,解决了缺土、缺水的问题,并将生物措施和林农技术等措施加以捆绑、组装和科学配置,在岩山上发展起花椒产业。仅2006年,就建成1 000公顷采种基地,花椒年收入一项超过5万元的人家有70多户,3万～5万元的有200多户,其他农户年收入都在1万～3万元,实现了经济绩效和环境绩效的双赢。[②] 顶坛通过大面积种植花椒,不仅恢复了石漠化地区的生态环境,而且促进了当地农民增收致富。这种不改变原始地貌,因地制宜,采取生物技术调整产业结构,恢复治理生态的模式被称为"顶坛模式"。在总结顶坛经验的基础上,贞丰县进一步研制出一套金银花、香椿乔灌藤混交种植等治理石漠化的模式,有效遏制当地石漠化发展。

3. 石漠化治理的晴隆模式

晴隆县地处珠江上游,是贵州省黔西南州石漠化最为严重的一个县。晴隆境内地表崎岖、山高坡陡。由于生存条件恶劣,2000年当地农民人均年收入仅为1 156元。2008年,被纳入国家石漠化综合治理试点工程之后,该县在高海拔岩溶山地以及半石山地通过人工种草、草地改良进行石漠化治理。并从新西兰引进纯种波尔山羊,组建试验基地,建棚围栏,大力发展草地畜牧业。累计投入草地畜牧业建设资金共计8 000多万元,人工种植牧草29万亩,改良草地19万亩,建成优良种羊繁育基地等示范点35个,项目覆盖14个乡(镇)、86个村,农民人均纯收入实现翻番,累计治理石漠化和潜在石漠化面积50多万亩。这种把草地畜牧业发展、石漠化治理与生态恢复融为一体,实现经济、生态、社会效益并举的模式,得到了吴邦国、曾庆红等国家领导的充分肯定,成为南方喀斯特岩溶山区治理石漠化的典范,被称为

① 吴学大,等.毕节试验区石漠化综合治理的思考[N].农业开发与装备,2015(7):33-35.
② 王平.西部生态经济研究综述[J].河西学院学报,2010(1):68-71.

"晴隆模式"。2010 年,国务院扶贫开发领导小组办公室在全国 13 个省和贵州 43 个县全面推开"晴隆模式"。

4. 石漠化治理的绿化模式

绿化乡位于贵州省黔西县东南面,土地石漠化严重。过去"开荒开到山尖尖,种地种到天边边;石旮旯里刨苞谷,哄饱肚皮不赚钱"是这里的真实写照。为改变贫穷落后的状况,绿化乡在有关部门的支持下,选择既有水土保持生态价值,又有较高经济效益的脆红李进行大力发展,并以猕猴桃、辣椒为辅,发展特色绿色生态农业。2015 年以来,绿化乡在石漠化区域种植脆红李,并充分套种辣椒等绿色矮秆作物。通过阿里巴巴、天猫等网络平台,推动这些绿色优质农产品走出贵州、走向市场。仅 2017 年,绿化乡年人均纯收入达到 8 000 余元。这种在石头山上种果树、石漠化治理、发展林业产业与农村电商相结合的模式,既恢复了植被,提高森林覆盖率,又发展了产业,增加了农民收入,被誉为"绿化模式"。

(三)石漠化治理的成效

在攻克石漠化问题上,贵州用脚踏实地、苦干实干换来了石山变绿洲、换来了满目苍翠,为全世界提供了"贵州样本"。一是生态环境大大改善。2018 年年底,国家林草局发布的全国第三次石漠化监测数据显示,贵州石漠化土地面积为 247.01 万公顷,比 2005 年第一次国家石漠化监测的面积净减少 84.59 万公顷,面积减少率达 25.56%,比 2011 年第二次监测的石漠化土地面积 302.38 万公顷减少了 55.37 万公顷,是全国岩溶地区石漠化面积减少数量最多、减少幅度最大的省份。石漠化扩展得到有效遏制,穷山恶水不断地变成绿水青山,有效支撑了石漠化地区的可持续发展。二是助力脱贫攻坚。长期以来,贵州农民群众主要栽种玉米、马铃薯,不仅加速了水土流失和石漠化,而且陷入了越垦越穷的怪圈。现在,通过种植经济林、中药材、特色农产品,发展人工种草和畜牧业、林下经济,极大地提高了农民群众的收入水平,绿水青山正在源源不断地变成金山银山。三是强化农业基础设施建设。在石漠化治理过程当中,各地广泛开展青贮窖、机耕道、引水渠、排涝渠、沉沙池、输水管道、河道整治及山塘治理等设施建设,大力开展节水供水重大水利工程,户用沼气池、小水窖、小水池等水利基础设施网络体系建设,加快实现"县县通高速""乡乡通油路""村村通硬化路"目标,彻底改变了石漠化地区落后的农村农业基础设施和人民群众的生产生活条件,为荒山石山变成绿水青山和金山银山打下基础,切实做到生态惠民、生态利民、生态为民。

贵州的石漠化治理赢得了国际社会的赞誉。2019 年,《联合国防治荒漠化公约》第十三次缔约方大会第二次主席团会议在贵阳举行,联合国防治荒漠化公约执行秘书易卜拉欣·蒂奥对贵州经济发展和石漠化治理等方面取得的成就表示赞赏。

二、推进绿色贵州建设

贵州省是长江、珠江上游,肩负着筑牢长江珠江上游生态屏障的政治责任和使命。省内属长江流域的面积为 11.57 万平方千米,占全省国土面积的65.7%,包括 8 个市(州)、69 个县(市、区),境内乌江、赤水河是长江上游重要支流;属珠江流域的面积为 6.08 万平方千米,占全省土地面的 34.3%,包括 7 个市(州)、35 个县(市、区)。因此,贵州省委、省政府把造林添绿作为筑牢两江上游生态屏障、守住国家生态安全的重要任务,久久为功,不断加强,为构筑"两江"上游生态屏障做出了积极的贡献,为建设美丽家园做出了艰辛努力。

(一)启动一系列重点工程,森林资源不断提高

由于历史的原因,贵州省森林资源一度遭受严重破坏,森林覆盖率低,水土流失严重,自然灾害频繁,严重制约了全省经济社会的发展。为了加快贵州造林绿化的步伐,20 世纪 90 年代起,省委、省政府就作出《关于十年基本绿化贵州的决定》,开始持续不断的大规模国土绿化行动。多年来,贵州依托退耕还林、长江中上游防护林体系建设、珠江防护林体系建设等国家重点生态建设工程,人工造林、飞播造林、封山育林一起上,用材林、经济林、防护林、薪炭林一起上,林、果、药、茶一起上,通过造、封、管、节相结合,工程造林、流域治理、群众性的绿化造林活动相结合的方式,使得全省森林资源面积不断扩大,用材林基地、经济林基地和种苗生产基础建设有了较大进展。

退耕还林工程。退耕还林工程是贵州涉及面最广、投资额最大、农户参与程度最高的一项生态建设工程。2000 年贵州启动实施退耕还林工程以来,已经累计完成退耕还林 3 080 万亩,其中新一轮退耕地造林 1 395 万亩,占全国总任务的 20.87%,居全国第一位。通过实施退耕还林工程,改善生态环境,减少自然灾害的发生,森林覆盖率大幅增加,取得了显著的生态效益。贵州省林业科学研究院自 2001 年以来,持续对退耕还林效益进行监测。数据显示:2002—2018 年间,贵州生态环境不断改善。在涵养水源方面,退耕还林工程涵养水源物质量 23.94 亿立方米/年,相当于贵州蓄水量 6 亿立方米的红枫湖水库容量的 3.99 倍;在保育土壤方面,退耕还林工程固土物质

量为 4 028.29 万吨/年,按照贵州省退耕还林生态效益计算面积测算,退耕还林工程每年每亩可固土 18 吨;在保肥方面,保肥物质量 26 482 万吨/年,相当于 2018 年贵州全年农业化肥总施用量的 0.94 倍。在固碳释氧方面,退耕还林工程固碳物质量 406.64 万吨/年、载物质量 950.18 万吨/年。相当于贵州省年碳排放量的 3.39%;在净化大气方面,退耕还林工程提供负氧离子物质量为 1 457.7×10^{22} 个/年、吸收污染物 22.03 万吨/年、滞尘 3 327.27 万吨/年、吸滞总浮颗物 266 181 万吨/年、吸滞 PM2.5 为 133.1 万吨/年;在保护生物多样性方面,退耕还林前陡坡耕地地表植被不包括农作物仅有 9 科 85 种,但是到 2018 年,达到 66 个科 338 个种,截至 2018 年,贵州省退耕还林、退耕造竹工程等生态服务功能总价值量为 901.87 亿元/年。其中:涵养水源30 487 亿元,保育土壤 109.88 亿元,固碳释氧 180.46 亿元,净化大气环境 172.14 亿元,生物多样性保护 117.71 亿元。在退耕还林工程中,贵州把侧重点放在发展经济林上面,因地制宜地选择一批优质、高效和市场前景好的经济树种,发展山地高效特色经济林,提高农民收入,推动农村社会发展,取得了较好的经济效益。

赤水市根据比较优势,实施退耕造竹工程,发展竹产业,并以竹产业为支撑,发展旅游、竹加工、竹饮食等产业,带动全市约 20 万人从事竹产业及相关产业。现在,全市竹业综合收入占全市 GDP 总量的 50% 左右,成为农民致富、财政增收的第一大产业。织金县马场镇在"百里乌江画廊"上游凹河大峡谷景区周边,实施退耕种树,种植了 1.6 万亩玛瑙红樱桃,覆盖贫困户 596 户 2 394 人。2019 年樱桃产值达到 4 000 万元,闯出了一条"生态 + 扶贫"的新路,一个曾经贫困的地区蝶变成了山清水秀、物阜民康的小康镇。贵州省林科院对全省 17 个县的 62 个乡镇的农户进行的监测数据显示:2018 年退耕农户人均纯收入 10 861 元,与 2001 年退耕前的 1 272 元相比,增加 9 589 元,充分表明通过退耕还林工程,农户的人均纯收入不断增加。总之,退耕还林工程实现了生态价值与经济价值的双提升。

长江防护林体系建设工程。长江防护林体系工程以恢复和扩大森林面积为中心,以遏制水土流失为重点,以改善农业生态环境、增强农业发展后劲、促进工农业发展和山区群众脱贫致富为目标而实行的长江流域的防护林体系,也是国家实施的重要生态建设工程。贵州开展长江防护林体系工程区范围涉及毕节、六盘水、安顺、遵义、贵阳、黔南、黔东南、铜仁 8 个市(州、地)的 70 个县(市、区),国土面积 131 586 平方千米,占全省国土总面积的 74.7%。在遵循长江流域防护林工程国家整体配置的前提下,贵州积极探索适合当地的配置模式,按地貌类型、水土流失现状、地带性植被和气候类型,结合贵州社会发展及林业生态建设,将工程区划分为2个治理区及4个治理亚区,按照各区域的主要生态问题开展防治。其中,对于水土流失较严重的威宁县治理区,主要以水土保持和水源涵养林建设为重点,发展经济型防护林,采取植树种草、人工促进天然更新等多种治理措施,加快退化森林生态系统的恢复,加强高原区原生植被和湿地生态保护,减少水土流失,推动草地畜牧业和核桃产业的发展;对于除威宁县以外的69个县治理区,划分为4个治理亚区。对乌江上游包括六盘水市、毕节市、安顺市的9个县市的石质山地治理亚区,采取以大力营造水土保持林为重点,积极发展核桃、漆树、茶叶、果品和林药等经济林,加快发展一般用材林和薪炭林,通过树种结构和层次配置结构的调整,实施低效林的改造,建立结构稳定、功能优良、效益兼顾的防护林体系;对中部包括贵阳市、遵义市、毕节市、黔南州、黔东南州、安顺市等24个市县的山原丘陵治理亚区,大力开展造林绿化,提高森林覆盖率,增强森林保持水土、涵养水源功能,积极发展木材加工、花卉苗木等产业等;对东北部及北部包括遵义市、铜仁市、桐梓县、绥阳县、凤冈县、湄潭县、余庆县、仁怀市、赤水等16个县市的低中山峡谷治理亚区,主要加快风景林和以竹类、茶叶为主的工业原料林基地建设,营造风景林、环境保护林,构建稳定的生态屏障,促进旅游、竹产业发展;对东部包括除玉屏县、凯里市、镇远、黔南州、黔东南州等20个县的低中山丘陵治理亚区,坚持生态优先,开发和保护相结合,加强对油茶等低产林的改造,在保护好现有森林资源的前提下,合理开发利用非木质资源,促进生态环境与地方经济协调发展。[①]

珠江防护林体系建设工程。珠江防护林体系建设工程是我国六大林业重点工程之一,其目标是为我国经济发展最快的区域建造以防护林为主的多林种、多树种、多功能、多效益的生态经济型防护林体系。主要特点为大、小面域治理相结合,突出石漠化和水土流失治理。该工程建设以保护现有植被、恢复和增加林草植被、改善流域生态环境为核心,以流域治理为单元、石漠化治理和水土保持为重点,治理与开发利用相结合,实行封山育林育草和综合治理。贵州省于1996年启动珠江防护林体系建设工程,其覆盖六盘水、黔西南、安顺、黔东南、黔南等5个市州的18个县市,工程区总面积44 059.2平方千米,占贵州省总面积的25%。通过该项工程,森林植被得到了迅速恢复,森林覆盖率提高,改变了单一的农业生产结构,经果林种植业、

---

① 曹小飞.贵州省长江流域防护林体系建设分区及治理对策[J].安徽农业科学,2013,41(15):6760-6762.

水面养殖业、林下种养业和森林旅游业蓬勃发展,珠江上域生态环境得到改善,河流水质得到提升,洪涝灾害得以减少。截至 2012 年年底,工程区累计完成营造林任务 32 万公顷,增加林分面积 19.6 万公顷;工程区森林覆盖率达到44.63%,提高 4.53 个百分点;增加森林资源蓄积量 594.8 万立方米,年净增长 35.0 万立方米。

(二)持续开展绿色贵州建设行动,森林资源扩面提质

2015 年,贵州成为国家生态文明先行示范区后,以提高森林覆盖率为重点,加快植树造林。省委、省政府以益林荒山、荒地、受损山体、退化林地为主全面开展国土绿化,通过全民义务植树、实施森林质量精准提升工程、加快低效林改造、禁止天然林商品性采伐、强化管理等措施,推动城乡绿化,实现森林资源总量持续增长、质量稳步增加。

1. 大力开展全民义务植树

把开展全民义务植树作为推进贵州绿化的重要途径,坚持各级领导干部带头、全社会人人动手、全民义务植树造林。2015 年省政府出台的《绿色贵州建设三年行动计划(2015—2017 年)》,对开展全民义务植树进行具体的安排部署,提出用 3 年时间,全面绿化宜林荒山荒地,提高森林资源总量,提升经营水平和管护成效。结合绿色贵州建设三年行动计划,省委、省政府全面推行五级干部植树造林。自 2015 年起,每年春节上班后的第一天以及每逢 3 月 12 日全国植树节,省委、省政府主要领导带头,省、市、县、乡、村五级干部上山植树,在领导干部的带领下,全省上下广泛参与义务植树。3 年来,累计营造林 1 928 万亩,2017 年年末,贵州省森林面积达到 1.46 亿亩、森林覆盖率达 55.3%。第一个绿色贵州建设三年行动结束后,在 2018 年又制定了《生态优先绿色发展森林扩面提质增效三年行动计划(2018—2020 年)》,接着开展第二个绿色贵州建设三年行动计划,进一步提出扩大森林面积、提升森林质量、强化生态保护等要求。全省划定 9 条林业生态红线,严把建设项目使用林地审核关。贵阳市出台《贵阳市建设项目使用林地"占一补一"实施意见》,规定建设项目使用林地后,需补充不少于被占用征收面积的林地,并通过植树造林恢复森林植被,弥补森林资源损失。如此,既守住林业生态红线底线,又兼顾了经济社会的发展需求。

2. 探索多种建林模式

贵州各地积极推行"先建后补""先退后补"等方式,通过造林资金补助、财政补贴、贴息贷款、表彰奖励等优惠政策,引导社会力量参与造林绿化,加快推进绿化建设。毕节市出台实施《毕节市林业生态工程先建后补管理办法》,可以由农民、承包大户、专业合作组织及企业等主体先行筹资承建林业生态工程,验收达到合格标准后,按标准给予补助,很好地调动了社会参与的积极性。六盘水市借鉴农村"三变"改革经验,采取存量折股、土地入股等多种形式,推动林业资产股权化,盘活退耕还林林地,加快种植特色经果林,促进了农业产业结构调整。松桃县推行"先建后补"模式,引进民间资本参与水土保持工程建设,有效破解了苗木栽植延迟、苗木品质不佳、后期管护不力等难题,提高实施效率和工程质量。持续 6 年的绿色贵州建设行动,使得在 2015—2020 年这 6 年间,全省森林覆盖率从 50% 提升到 60%,增长了 10 个百分点,增长速度全国领先。仅 2020 年贵州林业产业总产值达到 3 700 亿元,取得了良好的生态、经济、社会效益。

3. 加强森林资源的管理与保护

(1)加强森林资源管理。贵州先后出台实施了《贵州省森林条例》《贵州省古树名木大树保护条例》《贵州古茶树保护条例》《贵州省湿地保护条例》等法规,全面加强林业有害生物监测预警、检疫御灾、防治减灾体系建设,林草资源得到有效保护。在贵州,古树名木大树保护率达到 100%,草畜平衡占比达到 65%,松材线虫等重大林业有害生物除治率达到 100%,森林火灾受害率 0.005 9‰、林业有害生物成灾率 0.167‰,均远低于国家控制指标。全面开展自然保护地整合优化,调出了有矛盾的地块 4.7 万个。其中矿业权就有 1 730 个。全面禁止天然林商品性采伐,全面推行林长制,压实管理责任。

(2)加强执法专项行动。自 2014 年以来,全省持续不断开展森林保护"六个严禁"(即严禁盗伐林木、严禁掘根剥皮等毁林活动、严禁非法采集野生植物、严禁烧荒野炊等容易引发林区火灾行为、严禁擅自破坏植被从事采石采砂取土等活动、严禁擅自改变林地用途造成生态系统逆向演替),以及"绿剑"、自然保护区"绿盾"等执法专项行动,以零容忍态度严厉打击违法占用林地、乱捕野生动物、乱挖野生植物等损害生态环境的违法行为。加大涉林案件查处力度,通过部门联动、多警联动、形成打击合力,依法、准确打击处理违法行为。多年来,贵州涉林案件线索核实率、行政案件查结率、刑事案件移送率、行政案件处罚执行率均达到 90% 以上。重拳治理之下,贵州省森林覆盖率不断提高,有效保护了森林资源,保住了绿水青山。

(3)全力防治森林火灾。出台森林防灭火安全专项整治行动实施方案,对森林火灾安全风险隐患全面排查,建立问题隐患和整改责任"两个清单"。对照"两个清单"不断细化治理措施,跟踪整治。全面提高森林火灾防灭能力,最大限度减少森林火灾发生和灾害损失。为了全面、及时掌握全省森林资源保护管理和动态变化情况,贵州以大数据为支撑,运用卫星、遥感等先进技术,积极推动建立覆盖全省的森林资源监测监管机制,现在已经基本建成全省地质灾害防治监测预警平台实现森林资源"一张图"管理、"一个体系"监测、"一套数据"评价。同时,健全省、市、县三级地质灾害防治指挥体系,建立航空护林站,组建森林防火专业队伍,构建地下有网络,地面有队伍,空中有飞机的立体防火体系,全面加强森林防火的现代化、专业化水平。"十三五"期间,全省建成 2 502 处地质灾害自动化监测点,安装监测设备 1.3 万余台,解除近 40 万人生命财产的威胁,成功避让地质灾害 169 起,避免人员伤亡 14 957 人,避免直接经济损失 4.57 亿元,最大限度确保人民群众生命财产安全。

三、加快废弃矿山生态治理与修复

矿山资源开发利用为经济发展作出了重要贡献。对于资源型地区而言,矿山资源是地方经济的支柱产业,但在获取发展红利的同时,又面临开发模式粗放、弃矿废矿频出、土地破坏严重、生态环境恶化等突出问题,地区可持续发展压力巨大。中共中央《关于加快推进生态文明建设的意见》中指出,要对工业污染场地进行强化治理,对矿山地质环境、尾矿治理等进行恢复和综合治理。

贵州省是中国的矿产资源大省,对矿产资源的开发利用是贵州工业经济的重要组成部分。但是,随着矿产资源的开采,大量的煤矿、磷矿、铅锌矿等弃矿废矿遍布在各地,给环境带来破坏,不仅威胁民众的生命财产安全,而且也制约着贵州省经济社会的发展。为此,贵州省针对已闭坑矿山遗留的或因矿产资源开发对社会经济影响大、威胁人民生命财产安全的严重矿山地质环境问题,先后启动了万山汞矿、盘县特区火铺矿、开阳磷矿等矿山环境治理工程。之后,全面推进绿色矿山建设和矿山地质环境恢复治理,实施绿色勘查示范、露天矿山综合整治两年攻坚、绿色矿山建设、乌蒙山区矿山生态环境修复、长江经济带废弃露天矿山生态修复、绿色发展指标矿山地质环境恢复治理等六大专项行动。截至 2020 年 2 月底,累计完成投入 5 861.75 万元,完成治理面积为 4 048.74 万亩。

(一)推进废弃矿山从形态修复到功能修复

大力开展全省矿山地质环境现状调查,查明全省矿山地质环境问题现状,形成《贵州省矿山地质环境问题底数核查评估报告》。编制地质环境恢复计划与标准,相继编制印发《绿色矿业发展示范区建设要求》《绿色勘查示范项目评价验收标准(试行)》,研究发布我国绿色勘查领域第一个地方标准——贵州省地方标准《固定矿产绿色勘查技术规范》(DB52/T 1433—2019),规范矿产资源开发过程中的生态环境保护与恢复治理的指导性技术要求。出台《矿产资源绿色开发利用(三合一)方案审查备案工作指南(试行)》《贵州省国家生态文明示范区建设——矿山集中“治秃”行动方案》,大力开展废弃矿山的生态修复,还矿山以绿色美丽。

铜仁市万山区被誉为“中国汞都”,万山汞矿曾是中国最大的汞工业生产基地。汞矿开采、冶炼有两千多年历史,据统计,从新中国成立初期至2001年汞矿关闭破产的50年间,万山累计生产朱砂和汞3万多吨,上缴国家利税15亿多元,产值折合人民币达150亿元。20世纪60年代,万山汞为中国偿还国外债务发挥了巨大作用,被周恩来总理称作“爱国汞”。2002年,万山汞矿因资源耗竭而关闭。长期的汞矿资源开采,造成万山区地质环境破坏严重,废旧矿区满目疮痍,矿渣堆积体漫山遍野,地面塌陷不断,水土流失严重。面对严峻的形势,万山区持续对汞矿进行治理。2009年,万山区被列为全国第二批资源枯竭型城市,正式开启修复工作,最初的修复主要是矿山环境恢复。2010年后,贵州省印发《资源枯竭型城市贵州省万山特区转型规划(2010—2020年)》,要求万山区大力实施“产业原地转型、城市异地转型”发展战略,对万山汞矿的治理由单纯矿区恢复治理的形态修复转向山水林田湖草生命共同体的系统修复。通过实施生态、环境、地质灾害、重金属污染等多个大型治理工程,堆积如山的黑色废渣被绿草覆盖,破坏了的地貌景观得到修复,地下水污染得到治理。其间,治理地质灾害6处、尾矿库6座,稳固渣场20多万立方米。对农业生产区、重要生态区域进行沟坡丘壑综合整治,1 000余亩受污染的农田得到治理,8 000多亩耕地提质升级,土地利用率和产出率得到有效提高。在此基础上,万山区对矿业遗迹和地下坑道进行旅游开发,建设国家矿山公园。曾经的矿区废墟治理成了绿意盎然的景点,废弃多年的尾矿库成为了碧水绿树、湖光山色的景区,不仅矿山废弃地由城市伤疤变为城市亮点,美化了城市环境,而且矿区变成景区,改善了居民的生存条件。

对于矿山修复而言,虽然许多废弃矿山修复问题是全国范围内的共性问题,但也有相当一部分属于本地区的区域性、结构性问题。贵州聚焦本地区废弃矿山的修复,在抓重点、补短板、强弱项上下功夫,建立了“一矿一策”台账,依法开展露天矿山综合整治。依托大数据等技术,贵州省建成并运行

"空—天—地"一体化矿山地质环境治理恢复监测监管系统,以加强对因采矿、公路与水利建设等工程活动新增损毁的环境开展恢复治理。2016 年以来,取缔关闭 336 个、组织实施 662 个有责任主体的露天矿山生态修复,开展 22.94 平方千米的新增损毁面积矿山地质环境恢复治理,累计投入资金 4 570 万元,完成废弃矿山治理面积 3.5 平方千米,正在实施治理面积 6.4 平方千米。

(二)推进废弃矿山修复从功能完善到价值转化

由于长时间、大规模、高强度矿产资源开发的历史原因,全省需恢复治理的历史遗留矿山数量众多,生态环境损毁面积大,严重影响着矿山及周边的生态环境和经济社会发展。因而,在矿业修复过程中,不仅要思考如何把满目疮痍的矿山变成绿水青山,而且如何将矿山经济实现转型发展、持续发展成为贵州在推进废弃矿山修复中的主要问题,由此开启废弃矿山修复从功能完善到价值转化的探索。

毕节市金沙县新化乡化竹煤矿因长期炼硫,污染了环境。矿区周边区域寸草不生,地质灾害频发,严重影响当地村民的生命财产安全和生态环境。为此,贵州把化竹煤矿纳入长江经济带废弃矿山综合治理工作中,积极进行生态系统治理。分别采取了地灾治理、生态修复土地整治和高标准农田建设、景观再造工程等措施,不仅对污染和地质灾害影响区域进行了彻底的治理,消除了原来受开采活动而产生的地表开裂、塌陷、滑坡及地下水位下降等地质灾害,而且还大力推动矿山复绿复垦。将原有荒山、工矿废弃地全部进行了复垦复绿,又进一步将周边原来石漠化的荒山秃岭平整为可以耕作的农田。累计完成治理面积达 1 655 亩,完成平整面积 1 365 亩,完成复绿面积 1 287 亩,恢复林地面积 790 亩。2018 年,金沙县在煤矿修复生态区建立了化竹现代高效农业园区,规划面积达 3 415.67 亩,用于种植经果林和食用菌。园区引入投资公司,以入股的形式将生态修复区建设规划用地按照 27 738 元/亩的价格一次性给予农户土地承包期剩余年限土地流转费,让群众身边的资源变成了自己的资产。现在已建成高标准食用菌大棚 200 亩,按照"631"模式进行分红,即园区占 60%的收益分红,农户以土地入股占 30%的收益分红,村委会参与协调服务占 10%收益分红,解决了当地 766 个村民的就业问题,实现了"资源变资产、农民变工人、矿区变园区"的三变。此外,带动了当地旅游业的发展,促进农民收入增加。化竹煤矿由单一产矿转变为复合发展的农业生产园区的方式,体现了贵州"十三五"以来对废弃矿山修复的典型思路。"十三五"期间,贵州启动长江两支流两岸 10 千米范围内废弃露天矿山进行综合治理,被纳入的废弃露天矿山 364 处,面积636.82 公顷,涉及贵阳市、遵义市、毕节市、铜仁市、黔南州共 5 个市(州)的18 个县(市、区)。目前,完成治理面积达 461.1 公顷。在长江经济带的废弃露天矿山生态修复中,贵州省既注重推进废弃矿山功能完善,加强生态修复治理,还绿水青山给人民群众,更注重推进废弃矿山价值转化。加强转变矿区发展方式,让绿水青山造福于人民群众,实现了社会—经济—自然复合生态系统综合效能的提升。

(三) 推进废弃矿山修复从政府治理为多元治理

贵州作为矿产资源大省、国家重要的能源资源基地,废弃矿山恢复治理欠账严重;同时,矿山、交通、水电等开发建设项目多。面对大面积的生态环境损毁、大存量废弃物堆积等问题,一方面以矿山"治秃"和生态环境损毁修复为主要抓手,加强矿山、交通、水电等开发建设项目的水土保持与环境保护意识,抓好开发建设项目的治理修复,全力推进矿业经济的绿色化发展。加大对废弃矿山进行治理修复,聚焦突出的矿山生态破坏问题,组织开展集中"治秃"。另一方面,针对矿山生态修复的历史欠账、财政投入不足等突出问题,出台了《贵州省探索利用市场化方式推进矿山生态修复实施办法》,通过政府和社会资本合作、社会资本自主投资等模式,吸引社会资本参与矿山的生态修复,激发社会参与的活力,构建"政府引导、规划统领、政策扶持、市场化运作"的矿山生态修复新机制。2020 年,全省筛选 10 个重点县探索市场化矿山生态修复试点。开展对历史遗留矿山废弃国有建设用地,通过在满足一定条件下赋予矿山生态修复投资主体后续土地使用权等方式,激励和引导社会资本投入。对已有因采矿塌陷确实无法恢复原用途的农用地,在符合一定条件下,可变更为其他类型农用地或未利用地。对历史遗留矿山废弃国有建设用地经修复后,在符合一定条件下,可出让、出租,或用于发展旅游业、种养殖业、林业等。对修复为耕地及园林、林地等农用地腾退的建设用地指标可用于同一法人企业在省域内新采矿活动占用同地类的农用地等试点,以加快推进长江经济带废弃露天矿山治理。目前,826 个历史遗留矿山已治理恢复。其中,8 个矿山被列为全国绿色矿山。

四、推进山水林田湖草生态保护修复

(一) 推进水生态系统保护修复

山川秀美,关键在水。水生态环境是生态环境的基础和重要保障,水生态文明是生态文明的核心内容。贵州河流数量多,河网密布,全省共拥有

17.6 万平方千米的流域面积。其中,流域面积为 1 000 至 3 000 平方千米的河流有 46 条,3 000 至 5 000 平方千米的河流有 8 条,5 000 至 10 000 平方千米的河流有 4 条,大于 10 000 平方千米有 7 条,即乌江、六冲河、清水江、赤水河、北盘江、红水河、都柳江;水面面积 1 平方千米以上天然湖泊 1 个(草海)。贵州水环境的好坏直接关系着全省的生态环境质量。随着经济的发展,境内河流受到的负面影响日益增加,水污染严重、河湖萎缩、功能退化。为此,贵州颁布了《贵州省水资源保护条例》《贵州省水污染防治条例》《贵州省河湖管理条例》,在全省范围内开展湿地保护,全域取消网箱养鱼,实施水污染综合治理三年攻坚行动,推进水污染治理、水生态修复、水资源保护,水环境由此得到改善。

1. 加强乌江流域治理保护

保护乌江流域治理是贵州省水生态保护修复的重要内容。乌江横贯贵州,流域面积 8.78 万平方千米,约占贵州省面积的三分之一,是贵州的母亲河,是贵州发展的主动脉,也是长江上游南岸最大的支流和生态屏障。全省约有 2 300 万人生活在乌江流域,贵州省 GDP 和财政收入的 70% 以上都诞生于乌江流域。然而,由于沿岸工业企业经营粗放、沿河网箱养殖超载、两岸污水处理滞后等原因,乌江水受到了严重污染,特别是总磷超标问题一直难以解决。近年来,贵州省采取各种措施,加强乌江流域治理与保护,改善乌江水质及生态环境。2018 年,乌江干流中有 4 条纳入国家"水十条"考核的断面,近 10 年来首次总体达到Ⅲ类水质标准。2020 年,乌江干流流域整体水质均达到Ⅲ类标准,水质优良率为 98.2%,水质改善明显,乌江流域治理取得阶段性成效,主要做法如下。

(1)加强部署高位推动。多年来,省委、省政府高度重视乌江流域保护工作。省委主要领导靠前指挥,积极谋划、研究、部署、督导长江保护修复攻坚行动,大力推进长江流域生态保护。制定出台了《贵州省长江经济带环境保护规划》《贵州省开展长江珠江上游生态屏障保护修复攻坚行动方案》等一系列配套实施方案。建立省、市、县、乡、延伸至村的五级河长制,历届省委、省政府主要领导任乌江干流省级河长,各级河长主动担当、责任单位积极作为,为乌江治理保护提供了有力的组织保障。制定《贵州省跨界河流互派副河长试点工作方案》,在乌江流域跨市(州)界的上下游、左右岸所涉县(市、区)之间开展互派副河长工作,基本实现横向到边、纵向到底的流域全覆盖的管护体系。聘请河湖民间义务监督员、河流巡查保洁员,实现了从"没人管"到"有人管",从"多头管"到"统一管",从"管不住"到"管得好"的转变。

（2）多措并举"铁腕护江"。深入开展乱占、乱采、乱堆、乱建"清四乱"专项行动、长江经济带固体废物专项整治行动、垃圾围坝专项整治行动。实施磷化工企业"以渣定产"，持续治理磷石膏渣场渗漏和含磷废水，推进磷污染防治。整治乌江流域非法网箱养鱼，全面拆除网箱养殖。乌江流域息烽县投入5 700万元，拆除网箱1 500多亩；瓮安县拆除575.03亩；遵义市播州区拆除753.2亩；铜仁市拆除境内所有网箱，涉及652户业主1 509.69亩，全省乌江流域1201名退养退捕渔民全部转产上岸。建成98座城乡污水处理设施，实现污水处理全覆盖，补齐环保基础设施短板。持续推进农村环境整治、农业面源污染、养殖污染控制，不断改善两岸农村人居环境和生态环境。开展鱼类增殖放流、水土流失治理等，确保"河畅、水清、岸绿、景美"。

（3）编制规划完善协作机制。编制实施乌江流域保护利用规划。完成省内乌江河道岸线保护与利用规划，共划定29个"保护区"、47个"保留区"、7个"控制利用区"和26个"开发利用区"，既规范了乌江流域开发利用，又为保护留白。划定乌江河道管理范围，通过开展划界和编制岸线规划，进一步明确管理保护边界，为乌江水域岸线管理提供了基础和依据。加强涉河项目审批和监管，严格按照乌江岸线保护与利用规划，对乌江涉河建设项目建设方案进行严格审批，有效保障了河道行洪安全。加强与重庆、四川、云南相邻省协作，签订《关于建立长江上游跨区域环境资源审判协作机制的意见》《关于赤水河乌江流域跨区域生态环境保护检察协作机制》等协议，建立案件移送、审判支持、检察协作等机制，形成协同共治的流域司法保护新格局。建立联合执法机制，加强其流域生态环境保护修复的联合防治、联合执法，有效解决乌江流域治理面临的难题和痛点，合力共筑长江上游生态环境保护屏障。

2. 加强湿地保护

湿地被称为地球的"肾"，具有保持水源、净化水质、蓄洪防旱、调节气候和维持生物多样性等重要生态功能，与森林、海洋并称为地球三大生态系统。不仅为人类提供丰富多样的物质产品和文化产品，而且在维护生态安全、气候安全、淡水安全和生物多样性等方面发挥着不可替代的作用。加大湿地保护是生态文明建设的重要内容。2016年，贵州省人大颁布《贵州省湿地保护条例》，全省湿地保护步入法治化轨道。随后，出台了《贵州省湿地保护修复制度实施方案》，提出要加强湿地保护，明确目标要求和路径措施。2016年以来，全省各地投入资金40.80亿元，用于保护和修复湿地。目前，湿地公园总数已达 53 个,其中国家湿地公园 45 个,形成了湿地类型自然保护区、湿地公园、湿地保护小区等不同保护形式的保护体系。全省湿地保护率达 53.61%。草海位于贵州省威宁县城西南,水域面积 25 平方千米,是典型的喀斯特浅水湖泊,是境内最大的高原天然淡水湖、国家一级湿地,也是毕节地区生态文明建设的基底和社会经济可持续发展的重要基础,在调节气候、净化水质、蓄洪抗旱、涵养水源及为野生动物提供栖息地等方面发挥着巨大作用。随着经济社会迅速发展,城镇化发展步伐加快,人口的增多,草海水质恶化,湿地面积缩小,生态环境破坏严重。2013 年、2014 年,草海水质均处于Ⅳ类、Ⅴ类和劣Ⅴ类。因此,草海治理成为贵州湿地保护修复的重点内容。2015 年以来,贵州采取退城还湖、退村还湖、退耕还湖、治污净湖、造林还湖"五大工程",全力推进草海综合治理。按照"治山、治水、治环境"的要求,全面推进截污治湖、退耕还湿、调水补水、造林绿化、移民搬迁,有效改善草海水质,减少人为干扰。2020 年水质检测指标结果显示,15 项指标达到Ⅰ类,3 项指标达到Ⅱ类,2 项指标达到Ⅲ类,仅有 2 项指标为Ⅳ类。草海国家级自然保护区鸟类种类也因此增多,近年来,草海保护区鸟类种类已由 2015 年的 228 种增至 2018 年的 246 种,2019 年到草海越冬的鸟类超过 10 万只,黑颈鹤数量占全国总数的 15%左右。

（二）统筹山水林田湖草生态保护修复

针对生态保护修复对象单一,缺乏系统性、整体性的问题,党的十九大提出要"统筹山水林田湖草系统治理,实施重要生态系统保护和修复重大工程,优化生态安全屏障体系,构建生态廊道和生物多样性保护网络,提升生态系统质量和稳定性"。因而,改变传统单一治理手段,综合考虑自然生态的系统性、完整性,积极开展山水林田湖草生态保护修复试点项目,成为新时代贵州生态保护修复的指导思想。贵州紧扣山水林田湖草生命共同体理念,于 2019 年 9 月出台了《贵州省山水林田湖草生态保护修复实施意见》,包括厘清修复技术路径、提升科学创新能力、构建联结机制措施等 8 个方面共24 条。贵州省自然资源厅专门组织力量编写了《贵州省山水林田湖草生态保护修复工作指南（试行）》,全面系统制定了项目工作流程、具体技术要求、相关管理要求,科学合理地指导全省山水林田湖草生态保护修复工作。同时,积极申请山水林田湖草生态保护修复工程国家级试点,着力构筑起功能较为完善的"两江"上游重要生态安全屏障。

2018 年,贵州乌蒙山区山水林田湖草生态保护修复重大工程被纳入全国第三批山水林田湖草生态保护修复工程试点。该工程位于贵州西北部,以毕节试验区为核心,涉及毕节市 7 个县(区)、遵义市 3 个县(市)和六盘水市 1 个区共 11 个县(市、区),总国土面积 3.5 万平方千米。工程的重点内容是修复"一湖、一山、一河",即对高原喀斯特湖泊(草海)、乌江源矿山生态环境、赤水河生物多样性进行保护修复。具体包括矿山、水环境、山林、湖泊、草地五大类工程,共 79 个子项目,总投资 65.98 亿元。贵州省通过抓好以下几个方面,顺利完成该项目。

(1)制定针对性强的生态保护修复方案。充分运用航测、物探等技术手段,扎实做好基础地质环境、土地利用现状、矿产资源、基本农田、生态保护红线等基础资料收集工作,查清区域生态本底情况,从生态系统质量、生态系统服务功能、生态空间格局、生物多样性、生态系统稳定性等方面进行问题诊断,提升保护修复的针对性。针对识别出的生态问题,从系统工程和全局角度,提出全方位、全区域、全过程开展一体化保护和修复项目实施的总体目标,明确工程空间布局与时序安排,因地制宜选择保护修复模式与措施。

(2)建立专家库。为确保项目实施的系统性、整体性和科学性,建立了各行业专家组成的省国土空间生态修复专家库,为项目的实施提供专家咨询服务,对项目决策与实施提供技术支撑。委托贵州省地质环境监测院组织专家组对项目进行技术指导,每月对各项目进行实地检查指导,对项目实施全程跟踪监测。

(3)加强管理。坚持"每月一调度一通报"制度,研究解决项目实施过程中存在的实际困难,并协调解决工程在推进过程中遇到的问题。对项目进展缓慢的县级人民政府进行点名通报,严格督促任务的落实。通过这些措施,保质保量地推进项目的实施。

现在乌蒙山区山水林田湖草生态保护修复试点工程共复垦土地 7 500 亩、恢复林地 2.85 万亩、新增草地 1.8 万亩、治理石漠化 2.55 万亩、山林封禁保护 7 500 亩、治理河道 100 千米、退耕还湿 4.2 万亩。[①] 通过项目实施,恢复和提升了乌蒙山区生态服务功能,对筑牢长江、珠江上游两个生态屏障取得积极的作用。

2021 年,武陵山区山水林田湖草沙一体化保护和修复工程被列为国家第一批山水林田湖草沙一体化保护和修复工程,总投资 53.82 亿元,其中,获中共中央财政奖补 20 亿元。该项目将通过 3 年时间,在贵州省武陵山区

---

① 刘苏颉.贵州省全力推进生态保护与修复[N].贵州日报,2020-10-23(1).

17个县(区)开展山水林田湖草沙一体化保护和修复,主要采取林地补植、改培、抚育、建立人工生态廊道,增加生态系统连通性,保护梵净山"动植物基因库"等,维护生态系统原真性、完整性,提升武陵山区长江流域的水源涵养功能。

五、实施污染防治"双十工程"

环境问题本质上是发展问题,在发展中产生,就需要在发展中解决,既需要分步骤解决问题,也需要创新发展理念。贵州实施的"双十工程"就是将分步解决和创新发展理念结合起来,力求解决复杂的环境问题。"双十工程"是指十大污染源治理工程和十大行业减排达标治理工程,是贵州省破解全省突出生态环境问题的重大创新举措。因为过去长期的经济粗放式发展,导致了主要污染物的排放已经超过全省环境容量,环境质量因而不断下降。因此,贵州省下决心加大污染治理力度。2017年的贵州省政府工作报告明确提出,要"强力推进十大污染源治理工程"和"实施重点行业治污减排专项行动",解决群众关心的突出环境问题,改善生态环境质量。贵州在全面梳理产业的基础上,针对制约高质量发展和生态环境质量的突出污染问题,制定实施"双十工程",分阶段打好污染防治攻坚战。即每年经甄别,选择出10个重大突出的生态环境问题列为十大污染源治理工程后开展治理。每年从磷化工(含磷矿开采)、火电、煤矿、水泥、城镇生活污水处理、城镇生活垃圾处理、化工、有色金属、黑色金属(含铁合金、电解锰)、酿造、屠宰、工业渣场、危险废物处置等13个重点行业中安排3~4个行业开展滚动治理。"双十工程"由省委、省政府系统进行安排部署,印发了《贵州省环境保护十大污染源治理工程实施方案》《贵州省十大行业治污减排全面达标排放专项行动方案》《全省十大行业污染源排查评估监测工作方案》和各年度工作方案,明确治理目标、治理任务、工作标准和达标要求,实行"挂图作战",通过集中专项攻坚、省级领导负责督查,确保当年目标完成。其目的在于倒逼企业升级改造和产业结构调整,大幅减少主要污染物排放总量,有效管控环境风险,促进发展方式转变和生产力布局优化,不断提高发展质量和效益。

(1)建立督察机制。省委办公厅、省政府办公厅印发《贵州省推进十大行业治污减排全面达标排放市(州)领导包干负责工作方案》,建立领导干部环保突出问题包干督察机制。每年确定十位省级领导对十大污染源实行分片包干负责,督导推动年度治理任务,各市(州)长包干负责十大行业减排达标治理,对本区域十大行业减排达标治理工程负总责。省主要领导带头督办,协调解决重点难点问题,其他省级领导采取约谈、"一对一、点对点"方式推动落实,市、县和省直相关责任部门以专题会、推进会、实地督查及现场指导等方式推进整治工作,形成了领导推动、政府负责、部门督导和企业落实工作机制。

(2)坚持制度推进。建立甄别选择制度。明确纳入"双十工程"治理的年度任务必须与中共中央生态环保督察反馈问题、省级明察暗访发现问题,以及人民群众反映强烈的突出问题衔接统筹,同时规范选择程序。建立督导检查制度。在坚持实行十大污染源治理省级领导分片包干负责制和十大行业治污减排市(州)长包干负责制的同时,将"双十工程"任务纳入省级生态环保督察,进一步明确省级生态环境、工业、国资、自然资源和住房城乡等部门治理职责。建立指导服务制度,明确省生态环境厅等相关行业主管部门针对地方和行业推进治理的实际需求,提供法律、政策、技术、资金方面的指导帮扶。建立验收评估制度。印发《贵州省十大行业污染源达标排放评估技术指南》,明确"双十工程"治理技术支撑、牵头实施单位,以及验收评估主体、内容、程序和要求。严格按照国家和省级排放标准进行综合评估分析,根据评估结果实施分类超标排放整治。

(3)坚持统筹推进。以"双十工程"为主要抓手,统筹推进污染防治重点任务和难点问题。首先,统筹污染防治攻坚和生态环保督察整改。把污染防治攻坚战涉及的城市黑臭水体整治、工业废气、渣场渗漏、城市扬尘、重金属污染及乌江磷污染等重点难点任务纳入"双十工程"推动治理,把中共中央生态环保督察反馈意见、长江经济带曝光问题等国家层面反馈的突出生态环境问题纳入"双十工程"推动整改治理。其次,统筹点源治理和行业流域区域治理。比如,实施交椅山渣场、乌江34号泉眼、瓮福集团磷肥废水、瓮安河总磷污染等治理工程,带动乌江、清水江流域上下游磷污染治理,系统推进流域磷污染问题整治。又如,实施仁怀市赤水河流域白酒企业废水治理工程,推动仁怀市片区白酒企业污染治理。再如,实施万峰湖污染源治理工程,带动黔西南州境内北盘江、红水河等流域网箱养殖全面取缔,辐射推动全省流域养殖网箱拆除,全省实现流域"零网箱"等。最后,统筹环境监管和污染治理。坚持从严基调,开展"六个一律"环保"利剑"执法专项行动、重点行业从严全面排查执法监管行动,通过从严排查监管执法与污染治理互动互促,推进以管促治,以治提管,推动行业企业环境污染治理,减少污染物排放。

2017年以来,全省完成贵阳市小寨坝片区开磷集团污染源、贵阳市开阳县洋水河磷矿开采及磷化工企业污染源、老干妈遵义分公司污染源、毕节市威宁县草海生活污染源等十大污染源治理项目 30 个,完成十大行业治理企业 1 302 家。通过实施"双十工程",乌江流域、清水江流域水质优良率实现了达标,9 个中心城市环境空气质量优良天数比率为 99.5% 以上、集中式饮用水水源地水质达标率保持 100%,守住了生态环境质量底线。解决了群众反映突出的六盘水市水城河治理、安顺市贯城河治理、老干妈油烟治理等问题,生态环境保护群众满意度位居全国前列。

六、优化空间布局

优化国土空间布局,建立生态环境分区管控体系是落实国家安全和主体功能区战略,建设生态文明的重要内容。通过生态红线的划定、国土空间功能区划,区域土地利用方向和布局的调整,形成国土空间开发、保护、利用、修复的合理布局,是生态保护修复的前提。依据不同国土空间不同的自然属性以及适宜承担的不同功能建立功能分区,是尊重自然、顺应自然和保护自然生态文明理念的运用与落实。

随着全省生态保护修复的实践的深入,贵州省越来越重视国土空间开发格局优化,要求把生态文明理念贯穿于城乡总体规划、分区规划、详细规划中,落实到城市空间布局、基础设施、产业发展、人口发展及环境保护等各个专项规划,渗透到城市道路、建筑、景观和住宅小区等城市设计的各个环节。通过将绿地、湿地、公园、森林及湖泊等将各片区有机连接,彰显"最美贵州"的特色。通过科学合理划定城市优化开发区、重点开发区、限制开发区和禁止开发区,定位其功能,形成各具特色的区域发展格局。这也是贵州省生态文明建设的重头戏,推进力度大,成效显著。

(一)合理划分区域发展格局

划定生态环境功能分区,实施差异化管理是生态保护修复的基础。党的"十七大"要求到 2020 年基本形成主体功能区布局。国家印发《国务院关于编制全国主体功能区规划的意见》(国发〔2007〕21 号),对编制规划提出了具体要求。贵州省按照中共中央的部署、国家政策的要求,结合本省的自然状况,于 2013 年编制出台了《贵州省主体功能区规划》,以构建高效、协调、可持续的国土空间开发格局。《贵州省主体功能区规划》结合贵州的实际,按开发方式,将全省国土空间划分为重点开发区域、限制开发区域和禁止开发区域三类,未设优化开发区域(表 2-1),其中 21 个县被列为国家重点生态功能区。同时,深入推进荔波、册亨国家主体功能区建设试点示范,加快构建以市县级行政区为单元,由空间规划、用途管制、差异化绩效考核等构成的空间治理体系。此外,还建立了生态空间管控制度(见第六章第二节)。

表 2-1　贵州省主体功能区分类统计表

序号	主体功能区域类型	县级行政单元数(或乡镇教)	面　积		人　口	
			面积(平方公里)	占全省国土面积比重	2010年末总人口(万人)	占全省总人口比重
一	重点开发区域	32 个县	43 919.25	24.93%	1 540.55	36.77%
1	国家重点开发区域(黔中地区)	24 个县	30 602.06	17.37%	1 140.29	27.22%
2	省级重点开发区域	8 个县	13 317.19	7.56%	400.26	9.55%
二	国家农产品主产区	35 个县和90 个镇	83 251.01	47.26%	1 839.35	43.91%
1	以县级行政区为基本单元的国家农产品主产区	35 个县	74 233.07	42.14%	1 610.17	38.44%
2	纳入国家农产品主产区的农产品主产乡镇	90 个镇	9 017.94	5.12%	229.18	5.47%
三	重点生态功能区	21 个县	48 997.70	27.81%	809.15	19.32%
1	国家重点生态功能区	9 个县	26 441.00	15.01%	449.43	10.73%
2	省级重点生态功能区	12 个县	22 556.70	12.80%	359.72	8.59%
	合　计		176 167.96	100.00%	4 189.05	100.00%

注:1. 县指县(市、区、特区),镇指镇(乡);2. 人口数为户籍人口。

(二)划好生态保护红线

划定生态保护红线是贯彻实施生态空间用途管制、提高生态系统服务功能、维护生态安全的有效手段,是保障和维护国家生态安全的底线和生命线。2014 年,贵州省出台了《贵州省林业生态红线划定实施方案》,划定红线区域面积共 9 206 万亩,其中林地 8 891 万亩、湿地 315 万亩,划定 9 条林业生态红线。2016 年贵州省印发《贵州省生态保护红线管理暂定办法》,2017 年 3 月,贵州省启动了全省生态保护红线划定工作。2018 年 6 月,省政府发布了《贵州省生态保护红线》,此文件的出台标志着贵州省生态保护修复观念由末端治理向生态空间严格管控、生态系统整体保护修复的转变,也标志着贵州省形成了较为完善的生态环境保护制度。

《贵州省生态保护红线》根据自身特殊的地理地质条件,共划定生态保护红线面积为 45 900.76 平方千米,占贵州省国土面积 17.61 万平方千米的 26.06%。为确保全省重点生态功能区域、生态环境敏感脆弱区、重要生态系统和保护物种及其栖息地等得到有效保护,划定了五大类 14 个片区生态保护红线功能区,即:水源涵养功能生态保护红线,包括武陵山水源涵养与生物多样性维护片区、月亮山水源涵养与生物多样性维护片区和大娄山—赤水河水源涵养片区 3 个生态保护红线区;水土保持功能生态保护红线,包含南、北盘江—红水河流域水土保持与水土流失控制片区、乌江中下游水土保持片区和沅江—柳江流域水土保持与水土流失控制片区 3 个生态保护红线片区;生物多样性维护功能生态保护红线,包含苗岭东南部生物多样性维护片区、南盘江流域生物多样性维护与石漠化控制片区和赤水河生物多样性维护与水源涵养片区 3 个生态保护红线片区;水土流失控制生态保护红线包含沅江上游—黔南水土流失控制片区和芙蓉江小流域水土流失与石漠化控制片区 2 个生态保护红线片区;石漠化控制生态保护红线,包含乌蒙山—北盘江流域石漠化控制片区、红水河流域石漠化控制与水土保持片区和乌江中上游石漠化控制片区 3 个生态保护红线片区,形成"一区三带多点"生态保护红线格局。"一区"即武陵山—月亮山区,主要生态功能是生物多样性维护和水源涵养。"三带"即乌蒙山—苗岭、大娄山—赤水河中上游生态带和南盘江—红水河流域生态带,主要生态功能是水源涵养、水土保持和生物多样性维护。"多点"即各类点状分布的禁止开发区域和其他保护地。初步建立了生态安全屏障骨架,为全省保护修复好生态系统奠定了重要基础。

(三)推进国土空间规划体系建设

国土空间规划是全面统筹经济社会发展、合理高效配置资源、协同发展与保护关系的重要手段。其主要内容是划定城镇、农业、生态空间以及生态保护红线、永久基本农田、城镇开发边界(简称"三区三线"),优化城镇化格局、农业生产格局和生态保护格局,注重开发强度管控和主要控制线落地,统筹各类空间性规划,形成国土空间开发、保护、利用和修复的空间格局,实现国土空间开发保护一张图。

贵州推进国土空间规划体系建设从开展空间性规划"多规合一"试点工作起步。通过整合国民经济规划、土地利用规划、生态空间规划和城市发展规划等各类空间布局资源,避免规划冲突,实现协调发展。作为"多规合一"

试点省份,2016年,贵州启动县域"多规合一"试点工作。三都县、六盘水市、铜仁市等地结合自然环境和经济社会发展的实际情况,梳理并化解规划矛盾,推动"多规合一"信息资源共享,形成生态保护、产业布局、项目安排的战略规划空间有机结合。六盘水市通过构建市级"多规合一"空间规划基础信息平台及相关业务运用系统,优化当地空间开发格局,建立科学高效的行政决策、政务服务、空间管控的体制机制,提高政府空间治理能力,提高依法行政效率,提高依法行政水平,从而实现"一本规划、一张蓝图、一绘到底",有效整合土地利用、城镇建设生态保护、林业、交通、水利等各类空间规划,形成覆盖全域的一本空间规划,统筹全局发展。铜仁市以梵净山保护管理"多规合一"作为突破口,编制《梵净山区域国土空间规划》,构建以梵净山国土区域空间规划为主体的"1+N"规划体系。将梵净山区域国土空间规划纳入城镇规划体系,做到同地区城乡规划、土地利用总体规划、旅游发展规划和其他专项规划相互衔接,与梵净山内已依法被批准的自然保护区、风景名胜区、世界自然遗产等规划相互匹配。

2018年,贵州进一步探索国土空间的规划建设,出台了《关于加强国土空间规划体系建设并监督实施的意见》,成立全省国土空间规划委员会,统筹协调过渡期主体功能区规划土地利用总体规划、城乡规划的专项规划,统筹各类公园建设用地和耕地空间布局,制定印发市(州)、县级国土空间总体规划编制技术指南,全面推进省、市、县三级国土空间总体规划编制。目前,省级规划形成初步成果和16个专题研究成果,化解各类规划标准不统一、数据"打架"、图斑冲突、审批繁杂等突出问题,不断优化开发空间布局,避免区域间同质化低效竞争,以促进区域协调发展,构建全省生态安全格局。

第三节　贵州生态保护的经验启示

长江、珠江"两江"生态屏障保护修复是贵州的政治责任,生态系统本底脆弱、石漠化较为严重是贵州的实际省情,因此,几十年来,贵州省委、省政府把生态保护放到重要位置,坚定落实筑牢长江、珠江上游生态屏障的国家战略,持续发力开展生态保护修复,攻坚克难,勇于创新,在建设美丽贵州和长江、珠江上游生态屏障的进程中发挥了重要作用。

一、坚持常抓不懈，守好生态屏障

以改善生态环境质量为核心，采取多种措施，增强生态系统的生态功能，不断提升人民群众对环境的获得感，筑牢两江生态屏障一直是贵州省几十年如一日的核心任务和首要任务。历届省委领导都清醒地认识到贵州天生生态环境脆弱的特点，十分重视、牢牢把握生态保护修复这个主题，不断创新思路，循序渐进，持续用力，锲而不舍地扎实推进。从贵州生态文明建设的方向来看，先后提出的人口、粮食、生态协调发展、可持续发展、生态立省、环境立省、生态文明引领、绿色发展和大生态战略等战略目标，始终都把生态保护修复作为中心任务，大力实施生态修复工程，致力于生态环境的修复重建。由于贵州人地矛盾突出，生态保护与发展压力大，加上生态环境建设历史欠账较多，20世纪80年代末，水土流失严重、生态环境恶化，生态修复任务艰巨。但是，在省委的坚强领导下，全省干部群众牢记肩负的责任，知难而行、坚持不懈、苦干实干地推进生态建设持久战，先后实施了退耕还林、天然林资源保护、石漠化综合治理、绿色贵州建设及废弃矿山修复治理等10多项生态保护修复工程，实现了森林覆盖率年均增长1个百分点以上的目标。早期贵州省的生态环境保护修复主要是修复天生脆弱的生态系统和由于不科学不合理的人为开发带来的生态损害，以资金投入、技术投入向生态建设的倾斜安排，激发各方的力量，逐渐实现生态系统的良性循环，解决水土流失、减少自然灾害。随着城镇化步伐的加快，基础设施大量建设和矿产资源开发强度加大，提供水源涵养、生物多样性维护、水土保持等功能的生态功能区域受到挤占，一些地区生态安全边界受到挤压，对此，贵州省不因经济建设而放松生态保护，不因经济发展压力大而放弃生态建设与修复，而是树立生态优先、绿色发展的理念，在坚守生态建设上，初心不改、矢志不渝，大胆探索。一方面，带领各族群众继续加大生态系统治理及修复力度；另一方面，积极优化空间布局，探索生态环境空间管控，严守自然生态安全边界，防范重大生态安全风险，确保重要生态系统能够提供人类所需的基本生态服务功能。比如，加快编制实施主体功能区规划和国土空间规划，划定并严守生态保护红线，落实好主体功能区战略，严把准入门槛。又如，坚持因地制宜、分类施策，不搞应急式生态修复，而是常抓不懈，凝神聚力推动各项保护修复工程，不搞"半拉子"修复，而是统筹谋划，充分利用各种手段，全面提高生态系统修复质量。再如，加强对矿产资源开发、基础设施建设、农业发展等空间布局的生态安全管控，严格防控无序挤占和破坏生态空间的行为,坚决遏制各类破坏自然生态的违法违规活动。

岩溶生态环境系统破坏容易,恢复难。因岩溶强烈发育,溶蚀空洞、裂隙广布,地表漏水严重,"有水难存"。因岩体皱褶、变形和断裂,导致山岭河谷交错,土地破碎,不仅可利用土地面积小,而且保水保肥能力差,水土流失严重。目前的治理方式主要是通过植被恢复达到保护和修复的目的,周期长。现有的研究表明,岩溶地貌生态环境从退化的草本群落阶段恢复至灌丛、灌木林阶段需要近20年,至乔木林阶段约需47年,至稳定的顶极群落阶段则需近80年,石漠化防治形势非常严峻。如果没有坚定的意志,坚忍不拔的毅力,将难以取得有效的成绩。贵州历届领导高度重视,全省上下干部群众几十年毫不动摇地攻坚克难、埋头苦干,不负重托,才成就了今天的荒山披绿,百姓开颜。

二、坚持问题导向,着力解决关键突出矛盾

紧紧围绕自然生态系统保护和修复建设的主要问题和突出难点,优先解决当前紧迫需求,统筹考虑长远发展要求,进一步提高相关措施和政策的针对性,围绕各个重点区域、重点领域的突出问题,部署实施重点任务,不追求全域覆盖,也不搞面面俱到,将着力点集中到构筑和优化生态安全屏障的体系上来,在抓重点、破难点上持续发力是贵州生态保护修复取得成效的重要经验之一。

贵州省岩溶地貌广泛分布,石漠化严重,遏制和治理石漠化是贵州生态保护修复最为紧迫重点的问题。因而,省委、省政府紧紧围绕着石漠化治理这一主题,采取多种措施着力加强全省的生态保护修复工作,以维护区域生态安全、恢复和提升生态系统服务功能,有效遏制石漠化扩展趋势。

(一)探索建立多元投入机制

生态保护修复公益性强,盈利能力低,项目风险大,缺少激励机制,导致社会资本投入意愿不强。目前主要以政府财政投入为主,生态保护修复资金投入总体不足且来源渠道较单一。然而,生态保护修复的艰巨性、系统性、长期性,以及生态方面的历史问题积累多、现实矛盾大,一些地区生态压力叠加,而人们对解决生态问题要求更强烈、期望值更高,必须创新激励机制,调动各类主体和社会资本参与生态保护修复。贵州针对突出矛盾,坚持"两条腿走路",一方面,积极争取中共中央预算内投资,加大全省财政投入,统筹各级国土空间生态修复、林业改革发展、生态环境保护等相关专项资金,集中支持生态修复工程建设,形成资金投入合力。"十三五"期间,累计

争取中共中央支持 29.5 亿元。各级各部门累计投入资金 130 亿元,完成新增水土流失治理面积 2 004.15 万亩。另一方面,注重运用激励性政策,为社会力量投入生态修复增加动力、激发活力、释放潜力。从出台《贵州省探索利用市场化方式推进矿山生态修复实施办法》,通过政府和社会资本合作、社会资本自主投资等模式,吸引社会资本参与矿山生态修复,到颁布《贵州省坡耕地水土流失综合治理试点工程村民自建管理实施意见》,在全省广泛推行村民自建模式,赋予项目区群众最大建管权,再到兴仁县、松桃县、毕节市等地推行的先建后补、以奖代补,引进民间资本参与生态保护修复工程建设,以及六盘水"三变"改革、金沙新化乡化竹煤矿"资源变资产、农民变工人、矿区变园区"等创新,其主要目的都是对以有限资金撬动社会力量参与生态治理的探索。

(二)创新发展思路形成新动能

贵州适合耕作的土地面积少、人均保灌面积小。过去,人民群众为了生活,毁林开荒,过度樵采、滥用资源,导致了严重的生态危机,陷入了"越穷越垦,越垦越穷"的恶性循环,发展受到制约。自开始生态修复以来,贵州一直在创新思路,努力达到治"荒"致"富"。针对农业农村基础设施落后的实际情况,着力抓好基础设施建设。在生态保护修复工程中,长期广泛地开展青贮窖、机耕道、引水渠和排涝渠等农田设施建设、土地整治及高标准农田建设,提升土地的生产力,大力开展各种大小水利基础设施网络体系建设,加快建设农村公路,形成了"外联顺畅、内联快捷"的现代交通立体网络体系,彻底改变了石漠化地区落后的农村农业基础设施和人民群众的生产生活条件,为荒山石山变成绿水青山和金山银山打下基础。同时,充分挖掘本地生态资源优势和生态文化特色,因地制宜发展生态农业、生态旅游,实现了生态修复保护与经济发展两不误、双促进。

(三)强化机制保障与衔接

应对石漠化生态保护修复任务实施的难点和痛点,以"规划、标准、监测、行动"为工作链条,以全面协调为导向,创新组织保障、职能分工、区域协同等机制,加强上下工作融合、部门资金整合,各方力量聚合。比如,成立了以贵州省人民政府常务副省长为组长的工作领导小组,切实加强生态保护修复项目建设工作统筹领导。制定细化实施方案、管理办法、工作指南等,压实各级责任。建立部门联络员沟通协调机制,完善项目审批、验收、监管、督办通报及资金管理等制度,全面加强项目建设管理。有关市、县均组建工作专班,制定工作实施方案,明确部门职责、资金筹措、进度安排、质量把控及工作要求等内容,有效保障项目顺利推进。

三、坚持系统思维,统筹推进实现多赢

坚持系统思维,以系统思维战略指导全局谋划与重点推进;以系统思维机制引领整合资源与统筹管理,整体推进生态环境治理修复工作。从整体谋划国土空间开发保护、调整空间结构、综合利用等,严守生态红线,提升生态功能保障的同时,实现生态修复价值最大化。

(一)用系统思维引领生态治理

生态是统一的自然系统,是相互依存、紧密联系的有机链条,森林、草原、湖泊、滩涂、荒漠等要素,对一个生态系统的构成和稳定都具有重要作用。因此,生态环境治理和修复需要进行科学谋划,搞好顶层设计,要把国土空间的开发格局设计好。贵州在推进生态环境治理修复中,坚持整体性、综合性原则,按照生态系统内在规律,以系统思维考量,注重以"源头预防"和"空间规划—用途管制—保护修复"的综合性保护修复,注重对空间格局失衡、自然资源开发利用不合理的生态空间开展多方面治理,对生态功能退化、生态系统受损的地区保护修复,强化底线约束,给自然多"种绿",给生态多"留白",比如,开展"多规合一"试点、出台《关于加强国土空间规划体系建设并监督实施的意见》,积极推进省、市、县三级国土空间规划编制,调整完善全省 88 个市县(区)土地利用总体规划等,旨在制定既管当下又管长远、既抓具体又抓全面、既整体推进又重点突破有机结合的科学发展路径,这正是系统思维的重要体现。

(二)用全局思维调配资源要素

随着贵州经济社会的快速发展,面临发展少空间、落地缺资源、后备资源稀缺等问题,在如何解决经济发展与生态保护之间的关系上,贵州转变过去铺摊子上项目、卖资源的传统粗放型增长方式的思路,坚决不以牺牲环境来换取经济增长,不让生态保护让步于经济发展。而是坚持走统筹生态效益、经济效益与社会效益的协调发展,妥善处理保护和发展、整体和重点、当前和长远的关系,通过统筹项目全方位调配资源要素,充分发挥功能区划、国土空间规划在生态保护修复工作中的源头管控,实行规划先行、综合整治,以"一盘棋"思维,全方位、全地域、全过程整体施策,充分发挥生态保护红线在维护区域生态安全中的重要作用,积极调整不符合自然地理格局的土地利用方式,整合优化自然保护空间。通过科学布局生产空间、生活空间和生态空间,推进自然资源全要素与生活、生产空间深度融合;通过控制开

发强度和调整空间结构,促进生产空间集约高效、生活空间宜居适度、生态空间山清水秀,给自然留下更多修复空间;通过严守资源消耗上限、环境质量底线和生态保护红线,确保资源消耗、环境质量和经济社会发展的动态平衡;通过优化生态保护空间结构,增强山体、水域、森林和湿地等生态用地的自然修复能力和生态功能,将减少人类活动及经济建设对生态脆弱区的影响降到最低,以实现生产、生活、生态空间的和谐统一。

（三）用多元思维挖掘综合利用

山多耕地少是贵州的特殊省情之一,也是造成全省农村经济发展水平的相对滞后的因素之一。因此,贵州省一方面在把生态保护修复放在生态建设的首位,依托国家重大的生态治理工程,重点围绕水源涵养、水土保持、生物多样性保护等生态系统服务功能,布局生态保护修复重点任务,着力提升生态安全保障;另一方面,深度挖掘生态修复功能综合利用,科学务实地推动生态治理,不断探索在紧凑的用地空间中实现生态修复价值最大化的有效途径。比如,充分挖掘生态环境的空间以及土地的多样化、立体化综合运用,大力探索"生态修复 + 绿色经济"模式,提高生态保护修复附加值,打造区域经济发展新的引擎。又如,结合石漠化治理、退耕还林、国储林建设等项目,将生态治理与发展山地特色高效农业相统一,以提高林草植被覆盖率为中心,以调整产业结构为方向,以增加农民收入为目的,以解决人地矛盾突出为根本,以竹、油茶、花椒、皂角和中药材等特色林业为抓手,在全省各地重点布局,攻克"地球癌症"。通过在石漠化土地上积极引导区域的群众种植经果林、发展林下经济等,着力发展地方名特优产业,实现低附加值产业向高附加值产业方向迈进。石漠化治理的毕节模式、顶坛模式、晴隆模式和绿化模式等无不是以提高林草植被覆盖率为中心,以调整产业结构为方向,以增加农民收入为目的,既重视治理生态系统,又致力于致富,积极推动生态产品价值实现与转化,探索打通绿水青山向金山银山转化的通道,推进生态与发展双赢。再如,矿山修复中改变以复垦、绿化为主的地质修复转变以多产业融合发展为特征的方向,就是要解决好国家要"被子"（植被）和农民要"票子"（收入）这一对主要矛盾。通过开展生态修复工程,安置大量剩余劳动力,改善提升了农民生活状况,促进社会稳定。由此启示我们,只有一手抓生态建设,一手发展新产业,方能让生态保护修复走得稳、落得实、出成效,实现生态修复保护与经济发展双促进。

第三章

生 态 扶 贫

第一节　生态扶贫的实现路径

一、生态扶贫的丰富内涵

（一）生态扶贫概念的界定

生态扶贫是我国脱贫攻坚中的重要政策创新,是基于可持续发展思想、贯彻生态文明理念而开启的聚焦生态环境质量提升,深挖绿水青山的内在价值转化,致力于帮助贫困地区重建生态防护体系,发展生态产业的一种绿色减贫模式,是具有鲜明中国特色的扶贫减贫模式。

我国对生态扶贫的研究起步较晚。"生态扶贫"一词较早出现在 1999 年沈斌华《谈"生态扶贫"和"组织扶贫"》一文中。文章提出"生态扶贫,从本地区的实际出发,发展有地方特色的林业、草业、药材业和沙产业,是贫困地区群众彻底脱贫的必由之路,那种不惜以牺牲环境为代价来脱贫致富的短期经济行为,是到了该纠正的时候了"。[①] 随着我国扶贫实践的开展,理论界开始关注生态扶贫研究。2002 年,杨文举对生态扶贫作了阐述,指出"生态扶贫是在既定资源环境状况和经济发展水平下,提高贫困户的生态环保意识,通过生态建设和生态产业,使贫困地区的经济、社会和生态协调一致"[②]。2015 年 10 月,十八届五中全会提出,生态扶贫是精准扶贫的重要方式之一,要坚持因地制宜、科学发展,在生态特别重要和脆弱的贫困地区实行生态保护扶贫。同年 11 月,中共中央、国务院出台的《中共中央国务院关于打赢脱贫攻坚战的决定》中进一步指出,农村扶贫开发不能以生态环境为代价,要探索贫困人口脱贫新途径,让贫困人口更多地受益于生态建设和生态修复。随后,对生态扶贫的研究开始加快,学者们从不同视角对生态

---

① 沈斌华.谈"生态扶贫"和"组织扶贫"[J].北方经济,1999(8):4-5.
② 杨文举.西部农村脱贫新思路——生态扶贫[J].重庆社会科学,2002(4):15.

扶贫的概念作出了界定。如沈茂英等提出生态扶贫是"以保护和改善贫困地区生态环境为出发点,以提供生态服务产品为归宿,通过生态建设项目的实施,发展生态产业、构建多层次生态产品与生态服务消费体系、培育生态服务消费市场,以促进贫困地区生态系统健康发展和贫困人口可持续生计能力提升,实现贫困地区人口经济社会可持续发展的一种扶贫模式"。① 陈甲等则认为"生态扶贫是基于绿色发展理念,从生态产品价值的角度出发,将贫困地区的生态产品价值转变为农户的生计资本与发展资本,搭建合理的生态资源利用保护体系,形成生态环境保护与贫困地区人口可持续生计能力发展相协调的扶贫方式"②。李双成则认为"生态扶贫,是通过生态系统服务和产品的经济开发、市场交易使居民获得收益,或者对居民保护和修复生态系统而产生的成本进行货币补偿或生态管护劳务安排,而使其脱贫的一种政策工具或公共服务"。③ 曾贤刚指出:"生态扶贫是指在绿色发展理念指导下,将精准扶贫与生态保护有机结合起来,统筹经济效益、社会效益、生态效益,以实现贫困地区可持续发展为导向的一种绿色扶贫理念和方式。"④

综上所述,生态扶贫是践行"绿水青山就是金山银山"理念,坚持脱贫攻坚与生态保护并行,在加大贫困地区生态保护修复力度的同时,通过国家专项政策、各方面资源投入和各级地方政府的有效组织,实现贫困人口可持续生计提升和贫困地区生态改善相结合的一种模式。

（二）生态扶贫的本质

生态扶贫作为一项治理贫困的具体措施,其核心是以扶贫开发措施与生态保护措施相融合的方式,减轻贫困地区人民群众的生产生活对生态系统的压力和化解生态系统脆弱对贫困地区生产生活的制约,实现贫困地区人口资源环境的协调发展。⑤ 从本质来说,生态扶贫是将"金山银山"和"绿水青山"结合起来,通过理念、技术、产业和组织的集成创新,实现贫困人口脱贫致富的过程。生态扶贫以生态文明建设带动脱贫减贫。一方面保护绿水青山,另一方面开创金山银山,二者相互融合、协调推进,既可以从绿水青山中激发出环境效益、经济效益、社会效益和文化效益等,又有助于增强内

① 沈茂英,杨萍.生态扶贫内涵及其运行模式研究[J].农村经济,2016(7):3-8.
② 陈甲,刘德钦,王昌海.生态扶贫研究综述[J].林业经济,2017(39):31-36.
③ 李双成.生态何以扶贫?[J].当代贵州,2020(35):80.
④ 曾贤刚.生态扶贫:实现脱贫攻坚与生态文明建设"双赢".[EB/OL].[2020-09-29].https://baijiahao.baidu.com/s? id=16791591270348328968&wfr=spider&for=pc.
⑤ 李周.中国的生态扶贫评估和生态富民展望[J].求索,2021,9.

生发展能力、帮助贫困地区朝着高质量、可持续的方向发展,具有"在同一个战场打赢生态治理和脱贫攻坚两场战役"的效果。生态扶贫在贫困地区改善生态环境的过程中,实现贫困人口同步增收,体现了既要绿水青山,也要金山银山,绿水青山就是金山银山的理念,揭示了"保护生态环境就是保护生产力,改善生产环境就是发展生产力"的道理。

生态扶贫不同于救济式扶贫模式。救济式扶贫是将扶贫资金直接发放给贫困农户,仅在短期内缓解贫困农户的生产生活困难,生态环境虽然得到保护,但对提升贫困农户脱贫致富的能力没有太大帮助,是一种"输血"式扶贫。生态扶贫则是在尊重生态系统演化规律的原则下,通过人为干预,生态系统保育强化、改进生态系统利用行为,促进生态再生产和经济再生产互容互补,提高人的生计需求与自然生态系统演化的相互适应性,恢复和提高生态系统的承载力,达到减缓或消除贫困的目标。

生态扶贫也不同于资源开发式扶贫。资源开发式扶贫指利用贫困地区的自然资源,通过政府给予的政策、资金、技术以及市场流通方面的支持,帮助贫困人口提高自我积累、自我发展的能力,是一种"造血"式的扶贫。但是,在发展的过程中,往往忽视了生态环境,其特点是一味强调"金山银山",而罔顾"绿水青山"。生态扶贫则让贫困人口从生态保护与修复中得到更多实惠的可持续、绿色减贫,关键是提高人为干预的适应性,以较少的冗余度、较高的质量和较短的时间达到干预的预期目标,寻求人与自然的协调发展,实现百姓富、生态美的有机统一。

(三) 生态扶贫的特点

生态扶贫具有"创新性、包容性、低碳性"的显著特点。

1. 创新性

针对我国生态脆弱与农村贫困相互叠加的难题,将扶贫与生态环境治理结合起来,通过转变传统扶贫思路,创新动力机制,解决贫困地区贫困人口的生产生活困难、生态环境问题,促进经济社会和生态协同发展,注重长远效益。比如,实施以扶贫和生态环境保护为目标的生态移民搬迁,从根本上改善他们的生存环境和发展条件,打破生态恶化和贫困之间的循环,阻断贫困代际传递,改变群众世代贫困的命运。

2. 包容性

生态扶贫是一种注重低碳、绿色、友好的扶贫新方式,以区域协调发展、经济包容性增长为新型动力,改变盲目和过度向自然生态索取,导致生态资源匮乏、经济与生态不良循环的线性思维,努力实现由原来生存与生态之间的"对抗"走向相互促进,积极探索经济发展、群众增收与生态建设之间的共赢。生态扶贫不仅改善了自己的福祉,而且能为外人和后人的福祉改善提供支撑。不仅改善生态、推动经济稳步增长,还注重各区域贫困人口间机会平等、公平合理共享发展成果的机遇。比如实施生态补偿,形成受益者付费、保护者得到合理补偿的机制,弥补了生态功能区限制发展的机会。

3. 低碳性

生态扶贫遵循可持续发展理论和生态经济理论,立足资源禀赋、因地制宜推进绿色发展。通过产业结构调整、依靠生态补偿制度和生态价值实现机制来使陷入生态贫困的贫困人口增加收入。相比传统的资源开发式扶贫,这种方式减少了污染与浪费,走出了一条低污染、低排放、低能耗的经济可持续发展道路。

二、生态扶贫的五种模式

我国的生态扶贫实践路径多元、模式多样,一般而言主要有生态工程建设扶贫、生态公益岗位扶贫、生态产业扶贫、生态移民扶贫和生态补偿扶贫五种模式。

(一)生态工程建设扶贫

生态工程建设扶贫指通过政府财政转移支付等方式,对退耕还林还草工程、风沙治理工程、水土保持工程、环境综合整治工程、自然保护区和国家公园建设等生态保护修复及环境改善项目进行大规模的投资,以实现贫困地区生态良好、生产改善、人口安居的生态扶贫方式。生态工程建设扶贫的特点是把国家重大生态工程建设与精准扶贫工作结合起来,使贫困人口在生态建设过程中增加收入,实现贫困地区生态建设与精准扶贫相协调。自2016 年以来,我国在中西部的 22 个省份实施了退耕还林还草、退牧还草、以工代赈生态建设、京津风沙源治理、天然林保护、三北等防护林建设、水土保持、石漠化综合治理、沙化土地封禁保护区建设、湿地保护与恢复、青海三江源生态保护和建设等重大生态工程。在实施的这些重大生态工程中,国家要求向贫困地区倾斜,并且必须吸纳一定比例具有劳动能力的贫困人口参与工程建设,通过参与工程建设获取劳务报酬,增加其收入。目前,生态工程建设扶贫是我国贫困地区涉及范围最广、实施力度最大的生态项目。

(二)生态公益岗位扶贫

生态公益岗位扶贫指在贫困地区设置一批生态建设与生态治理的公益岗位,运用政府购买服务的方式予以现金补贴,拓宽贫困人口的就业和增收路径,使无法外出、无业可扶的贫困劳动力获得就业机会,从而实现脱贫减贫。生态公益岗位扶贫在增加贫困人口收入的同时,也增加当地的公共服务供给,有效保护了生态。比如,生态护林员、乡村巡河员岗位设置,充实了基层生态保护队伍,织牢了生态脆弱区的自然资源保护网,深山老林的森林资源、湿地、流域生态因此得到妥善保护,森林火灾、违法排污、侵占河道等现象大大减少,乱砍滥伐、乱捕滥猎、非法捕捞现象得到有效遏制。

生态公益岗位设置主要集中在森林、草原、水源等生态要素管护领域,主要有生态护林岗位、草原湿地生态管护员和沙化土地封禁保护管护员、水生态保护岗位、农村生态环境保护岗位等,旨在为生态保护区有劳动能力,但是文化水平低、劳动技能差、外出务工难及就业门路少的贫困群体提供就业机会,引导贫困农牧民向生态工人的转变,在提高贫困户收入水平的同时,能够帮助弱势群体获得社会认同。我国于2016年开展了对贫困人口进行选聘建档立卡、担任生态护林员的扶贫工作,从2016年到2019年年底3年时间,累计安排中共中央财政资金140亿元,省级财政资金27亿元,选聘了100万建档立卡的贫困人口来担任生态护林员,精准带动300多万贫困人口脱贫增收。

(三)生态产业扶贫

生态产业扶贫指以调整和升级产业结构的方式重新整合贫困地区的自然资源、物质资源和人力资源,发展同生态保护紧密结合、市场相对稳定的特色产业,将贫困地区丰富的生态资源优势转化为产业优势、经济优势,带动贫困人口脱贫致富、促进生态与扶贫良性互动的一种扶贫方式,具体包括生物资源开发产业、生态农业及其加工产业、生态旅游等。生态产业扶贫结合贫困地区的资源优势,通过合理开发利用自然资源,变绿水青山为金山银山,给生态贫困地区带来源源不断的收入,从根本上帮助贫困人口摆脱贫困,是实现贫困地区"金山银山"减贫经济效益与"青山绿水"长远生态保护相统一的有效途径,是生态扶贫的较高形态。自1986年我国开展大规模有计划扶贫以来,发展依托当地资源的、环境友好的生态产业扶贫,一直被作为一种重要的扶贫增收形式。在我国30多年的扶贫开发中,各地都探索和开展了切合当地生态环境条件的产业,大体可以分为三个类型:①发展经济林业。通过栽种植经济林、果树等经济价值较高的林木来获取收益。②发展林下经济。通过在林下种植适合当地的特色中草药,比如丹参、黄芩、天麻和竹荪等,以及因地制宜地在林下养殖牛、羊、鸡鹅等特色禽畜获取收益。③发展乡村旅游、乡村康养。通过开发当地景观资源、民族风情和充分利用清新的空气、优质的水源、宜人的气候发展乡村民宿获取收益。林果种植、特种养殖、生态旅游等,成为贫困农户脱贫致富的重要收入来源。

（四）生态移民扶贫

生态移民是对生存条件恶劣、生态环境脆弱、自然灾害频发,无法为当地人提供基本的生存条件的贫困地区,采取的一种特殊易地扶贫搬迁的形式。在充分征求当地居民意愿的基础上,将生态重要区域、自然资本短缺、人居环境恶劣地区的贫困人口集中搬迁到安置点定居,并为他们提供重建家园的生活和发展条件,如经济适用房、就业机会等。

中国60%的国土是不适宜开发的①,这些地区一方水土养活不了一方人,更谈不上养富一方人。因此,从2001年开始,国家发展和改革委员会安排专项资金,在全国范围内,陆续组织开展以生态移民为主的搬迁工程。通过实施易地扶贫搬迁工程,降低迁出地的人口压力,减轻人类对原本脆弱的生态环境的继续破坏,使自然景观、自然生态和生物多样性得到有效保护,改变搬迁对象"越穷越垦,越垦越穷"的生产状况,有效遏制了迁出区生态恶化趋势。同时,贫困移民从生态条件恶化地区迁移到生态条件比较好的地区,生活条件得到很大改善,实现了脱贫致富与生态保护"双赢"。

（五）生态补偿扶贫

生态补偿扶贫指以保护和可持续利用自然资源为目的,通过生态受益地区向生态价值提供地区给予资金补偿、物质补偿、政策补偿等,鼓励贫困人口参与生态系统保护修复的扶贫方式,是破解贫困问题的重要途径。

"生态补偿脱贫一批"是我国解决生态贫困的重要决策安排,体现的是统筹协调共同发展、公平公正权责统一。建立公平合理的生态补偿制度是对生态价值提供地区农民保护生态成本的合理补偿,也是落实生态文明建设的必然要求,是贫困人口共享发展成果的制度保障。2018年,国家发展和改革委员会、国家林业和草原局、财政部、水利部、农业部和国务院原扶贫办联合印发了《生态扶贫工作方案》,要求各地探索建立多元化生态保护补偿机制,逐步扩大贫困地区和贫困人口生态补偿受益程度。同年,中共中央、国务院印发《关于生态环境保护助力打赢精准脱贫攻坚战的指导意见》,提出要扩大区域流域间横向生态保护补偿范围,在一系列政策的指导下,我国逐步建立了生态保护补偿机制,根据不同生态保护类型,确定了不同的生态补偿政策。目前,已经在森林、草原、流域、湿地、区域、海洋及矿区等七大领

---

① 杨伟民.生态文明建设的中国理念[J].城市与环境研究,2019,(04):5-22.

域开展了生态补偿,部分省市初步建立了省内及跨省的流域生态补偿机制。

三、生态扶贫的重大意义

扶贫济困是新中国成立以来党和政府的长期性目标任务。改革开放以后,我国组织实施了大规模的扶贫行动,生态扶贫为其中重要扶贫战略行动。我国生态扶贫思路最早出现在 1994 年。当年制定的《国家八七扶贫攻坚计划(1994—2000 年)》中,明确了贫困县的共同特征是生态失调,从国家层面首次将"贫困"与"生态"一并提出。2001 年,我国政府颁发了《〈中国的农村扶贫开发〉白皮书》,明确提出要将"扶贫开发与水土保持、环境保护、生态建设相结合"。之后,我国在扶贫战略行动上,特别关注贫困地区出现的生态脆弱和生态破坏问题,并积极寻求生态补偿、生态建设等方式,改善生态环境、消除贫困。2015 年 10 月,习近平总书记在减贫与计划发展高层论坛上,提出实施精准扶贫战略,要求根据具体情况采取"五个一批"扶贫政策,即"通过扶持生产和就业发展一批,通过易地搬迁安置一批,通过生态保护脱贫一批,通过教育扶贫脱贫一批,通过低保政策兜底一批"。同年 11 月,习近平总书记在中共中央扶贫开发工作会议上再次强调,打赢脱贫攻坚战要精准施策,实施"五个一批"工程,并指出"可以结合生态环境保护和治理,探索一条生态脱贫的新路子"[①]。同年 11 月发布的《中共中央、国务院关于打赢脱贫攻坚战的决定》,系统阐述了结合生态保护实现脱贫的任务要求。生态扶贫在我国得到了进一步的重视。2018 年 1 月,由国家发展和改革委员会等六部委共同制定了《生态扶贫工作方案》。此后,生态扶贫工作得以进一步全面推进。至此,在各项政策推动下,贫困地区全面实施了协同推进生态环境保护和脱贫攻坚的生态扶贫工作。

总的来说,生态扶贫是具有我国特色反贫困道路的重要政策创新的减贫路径,是新时代中国精准扶贫、精准脱贫战略的重要内容,集中体现了以习近平总书记为核心的中共中央在反贫困理念与行动上的政策创新,具有重要的意义。

(一)弥补传统开发扶贫的不足

传统开发扶贫过于依赖城镇化、工业化,偏重 GDP 增长,忽视环境承载力,甚至是以贫穷地区的环境牺牲为代价换取经济发展,解决贫困人口的温饱与增收。而生态扶贫推动贫困地区物质生产力和自然生产力的协调发

---

① 中共中央,国务院.关于打赢脱贫攻坚战的决定[M].北京:人民出版社,2015.

展,帮助其摆脱经济发展和生态保护的"两难困境"。其最直接的目的就是推动自然资本大量增值,使贫困人口从生态保护与修复中得到更多实惠,从根源上破除致贫因素,缓解贫困地区的生态压力,实现脱贫攻坚与生态文明建设双赢。既关注贫困地区当下的扶贫成效,又关注未来的长远发展;既有助于贫困地区群众实现脱贫致富,又有利于非贫困地区人民享受生态改善带来的环境福利,是解决贫困人口长期问题的治本策略。

(二)改善民生实现绿色红利共享

生态脆弱和农村贫困互为因果、相互叠加,国家生态脆弱地区往往同时是贫困地区,也是国家重点生态建设区。实施生态扶贫,破解生态恶化、避免贫困地区陷入生活贫困的恶性循环,促进自然资源使用权和收益权的公平分配,最终目标就是要消除贫困,实现共同富裕。比如,通过对贫困地区实施生态补偿,贫困地区生态环境明显改善,农民生态保护的积极性得到提高。再如,通过生态产业扶贫,生态资源富集区将生态资产转化为生态产品,实现当地乡村的振兴与发展,也给其他地区的百姓带来了生态红利。

(三)为全球绿色减贫贡献了中国方案

许多发展中国家在自然环境、致贫因素以及发展阶段与我国贫困地区有很多相同之处。我国在生态扶贫实践中不断创新的减贫理念,宏观层面上为他们提供了一种全新思路,启发发展中国家和地区对贫困因素的认识,避免他们重蹈西方工业国家发展不计后果、生存环境恶化的老路,避免掉进资源约束趋紧、环境污染严重、生态系统退化的发展桎梏,有利于他们高度重视自然生产力价值,走可持续发展的绿色减贫道路。在微观层面为生态扶贫提供可参考、可操作的模式、方法、路径及标准等,比如,生态移民、生态公益岗位、生态补偿和生态产业发展等方面的经验都可以为这些国家和地区的减贫工作提供有益的思考,为全球包容性发展贡献中国智慧。

第二节 贵州生态扶贫的主要做法

贵州曾经是全国贫困人口最多和贫困程度最深的省份。贵州境内"八山一水一分田",横亘绵延的高山深谷让贵州困囿其间。这里92.5%的面积为山地和丘陵,73%的面积为喀斯特地貌,是全国唯一没有平原支撑的省份。"连峰际天兮,飞鸟不通",500多年前,明代思想家王阳明被贬至贵州龙场驿时发出感叹。"无蔌泽之饶、桑麻之利,岁赋所入不敌内地一大县",

200 多年后,清代乾隆年间贵州巡抚爱必达这样评价。"黔处天末,崇山复岭,鸟道羊肠,舟车不通,地狭民贫",清代贵州学者陈法这样勾勒家乡的悲情轮廓。长期以来,贫穷一直是贵州沉重的标签,摆脱贫困、丰衣足食一直是贵州人民孜孜以求的梦想。新中国成立后,在中共中央的大力支持下,贵州拉开了有组织、有计划、大规模扶贫的序幕。经过大规模持续不断地扶贫,脱贫攻坚取得了重大成效,贫困发生率从 1978 年的 77.3% 下降到 2012 年的 26.8%,为决战决胜脱贫攻坚打下了坚实基础。党的"十八大"以来,贵州作为全国脱贫攻坚主战场之一,全省上下按照中共中央的重大决策部署,凝聚各方力量,聚焦深度贫困,深入推进大扶贫战略行动,举全省之力向绝对贫困发起总攻。通过多年不懈的努力,贵州与全国人民一道告别了延续千年的绝对贫困。66 个贫困县全部摘帽,923 万贫困人口全部脱贫,减贫人数为全国之最。在这场史无前例的脱贫攻坚大战中,贵州积累了重要经验,收获了深刻启示。由于特有的地理位置和生态特征,生态扶贫成为贵州扶贫的重要内容,贵州生态脱贫实践是全国生态脱贫攻坚的生动缩影,是中国减贫奇迹的实际体现,为全球生态减贫事业提供了有益借鉴和参考。

一、生态移民,改变发展环境

生态环境退化与经济贫困恶化往往相伴相生。据原环境保护部于 2008 年 9 月发布的《全国生态脆弱区保护规划纲要》指出,全国 80% 以上国家扶贫重点县和 95% 的绝对贫困人口分布在生态环境脆弱地区。后来的研究也发现全国 14 个连片特困区,平均生态脆弱性指数与贫困指数之间存在很高的相关性。这种现象在贵州更为典型,全省农村贫困人口大部分分布在连片贫困地区,其中 86.3% 的贫困人口集中分布在武陵山区、乌蒙山区、滇桂黔石漠化区三大集中连片特殊困难地区,这些地区或者缺水、或者地表水渗漏严重而无法利用,或是山高坡陡、水土流失、灾害频繁,农业长期处于广种薄收状态。生活在这些生态脆弱地区的贫困农民,居住地的资源状况使他们无法摆脱贫困状况,甚至维持生存都很困难,这些地区贫困的根本原因在于生态条件恶劣,一方水土养不起一方人。如贵州麻山地区,土如珍珠,水贵如油,山乱如麻,20 世纪 80 年代以来,麻山始终是贵州脱贫攻坚的主战场之一。政府不断建造小水窖、改造住房,打通出山路、培育养殖业等,麻山脱贫之战一直未停歇,虽然取得了不小成效,但苦于极端地理条件的限制,麻山地区乡亲的生产生活条件没有根本性变化,百姓为了吃上一口饭,长期从石头缝里刨土求生,导致土地大面积严重石漠化,生态条件更加恶化，陷入"越穷越垦、越垦越穷"的状态。

要解决居住在生存条件恶劣、自然资源贫乏、生态脆弱地区的贫困问题，需要实施以扶贫和生态环境保护为目标的生态移民。通过易地搬迁到生产生活条件较好的地区，重建生产生活方式，从根本上打破生态恶化和贫困之间的循环，阻断贫困的代际传递，创造摆脱贫困、走向富裕的发展条件，改变群众世代贫困的命运。从 2001 年开始，贵州在全省范围内陆续组织开展了以生态移民为主的易地扶贫搬迁工程。2001—2011 年期间，累计搬迁42 万人。2012 年，省委、省政府出台了《贵州省扶贫生态移民工程规划（2012—2020 年）》，加快对深山区、石山区、生态环境脆弱地区三个集中连片特困地区的贫困人口，实施生态移民。在 2012 年到 2020 年的 9 年间，全省组织对生态环境脆弱、生态区位重要、自然条件恶劣地区，以及居住分散、交通不便、基础设施和公共服务建设与运行成本过高区域的大规模生态移民，共搬迁了 47.71 万户、204.30 万农村人口。其中：武陵山区 96 628 户、406 884 人，乌蒙山区 82 132 户、354 906 人，滇桂黔石漠化区 216 004 户、939 275 人，其他地区 82 291 户、341 911 人。三大连片特困地区搬迁人口共计 1 701 065 人，占全省人口总规模的 83.26%，其他地区 341 911 人、占16.74%（图 3-1）。在 204.3 万移民搬迁对象中，贫困人口所占比重超过80%，少数民族人口所占比重超过 50%。"十三五"期间，全省加快生态移民工作，易地扶贫搬迁 192.07 万人，其中建档立卡贫困人口 157.8 万人；整体搬迁自然村 10 090 个，涉及迁入人口 70 万人，占全国搬迁人数近五分之一，平均每年搬迁 60 多万人，是全国搬迁规模最大的省份；累计建设集中安置点946 个，其中，县城安置点 354 个，安置人口 1 472 450 人，占 78.32%；中心集镇安置点 347 个，安置人口 318 315 人，占 16.9%；其他安置点 245 个，安置人口 89 248 人，占 4.75%。

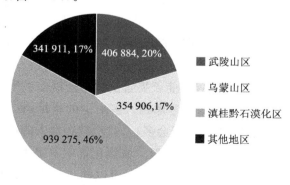

图 3-1 贵州省扶贫生态移民搬迁对象区域分布

（一）强化"四个坚持"，完成易地生态搬迁

实现这一繁重的易地搬迁任务，对于欠发达的贵州来说，是一个严峻的挑战。如何做好易地搬迁工作，确保搬迁群众能够搬得稳稳当当，贵州的经验是以"四个坚持"为根本遵循，用"绣花"功夫做深做细易地扶贫搬迁工作。

（1）坚持省级统贷统还。要完成移民任务需要较大的资金投入。针对资金投入缺口大的问题，贵州成立了省扶贫开发投资有限责任公司"统贷统还"全省易地扶贫搬迁资金。实行省级政府全额提供资金，地方政府集中精力抓搬迁，明确搬迁贫困群众自筹人均不超过 2 000 元，切实解决基层政府和搬迁群众负担。为了帮助贫困户顺利搬迁，实施差别化补助和奖励政策，即对建档立卡贫困人口人均住房补助 2 万元；对同步搬迁人口人均住房补助 1.2 万元；对签订旧房拆除协议并按期拆除的，人均奖励 1.5 万元；对鳏寡孤独残等特困户实行先由民政供养服务机构进行安置，不能安置的，由政府提供安置房，免费居住。为了防止贫困户因搬迁而负债，制定建房标准红线，规定城镇安置中人均住房面积不超过 20 平方米。同时，严格控制建设成本，规定在保障工程质量的基础上，县城安置每平方米控制在 1 500 元以内，基本做到了贫困户不花钱便可搬进新家。

（2）坚持整体搬迁为主。贵州的地形地貌非常复杂，有很多生态脆弱地区，如在这些地区盲目开发，带来的不仅是生态环境破坏，还是生态环境灾难。20 世纪 80 年代，毕节地区无序的开发就是极为典型的例子。这些贫困山区由于资源环境的承受力低下，农民长期向地"要钱"，导致"越穷越垦、越垦越穷"的负效应。为此，省委、省政府瞄准"一方水土养不起一方人"的生态脆弱的荒凉大山，作出坚持贫困自然村寨整体搬迁为主的决定，并根据实际情况，研究界定迁出地区域条件和搬迁家庭个体条件，即以 50 户以下、贫困发生率 50%或深度贫困地区贫困发生率 20%以上的自然村寨整体搬迁为重点进行整体搬迁。在深入调查、全面排查的基础上，全省决定整体搬迁贫困自然村寨 10 090 个名单，旨在斩断这些地方群众贫穷的根源，彻底摆脱环境资源困境。

（3）坚持城镇化集中安置。能否妥善安置搬迁群众关乎生态移民的可持续发展，其重要性不言而喻。考虑到人多地少的省情，省委、省政府选择经济要素集聚功能强、创业就业机会多、人口承载容量大的市（州）政府所在城市和县城为主进行城镇化集中安置。城镇化集中安置为贵州的实践探索和模式创新，其优势在于原居住地的农民可以同步享受城镇良好的基础设施、公共服务，又为搬迁群众的就业创业打开了更大空间，带动本身的进一步发展。然而,城镇化集中安置涉及面广,政策性强,困难挑战多,工作难度大。作为全国唯一全部实行城镇化集中安置的省份,贵州没有现成的经验可参考和借鉴,为此,省委、省政府进行了大量的研究,先后出台了《贵州省人民政府关于深入推进新时期易地扶贫搬迁工作的意见》《中共贵州省委、贵州省人民政府关于精准实施易地扶贫搬迁的若干政策意见》等17个文件,建立健全城镇化集中安置的系列制度和政策措施,指导各地大胆开展创新实践,保质保量完成搬迁任务。

(4)坚持以县为单位集中建设。全省所有易地扶贫搬迁安置点项目全部实行以县为单位集中管理,由县级人民政府按照统规统建的要求,根据项目建设规模、建设地点等情况确定项目建设业主,统筹相关资源要素、统一组织实施,对安置点实行集中建设和管理,避免了由乡镇实施,点多面广分散、制约资源集约化配置,以及因工作经验和技术力量不足带来的工程风险,为工程进度、建设质量、建筑成本和就业落实提供有效保障。通过严控住房建设面积、建设成本、个人自筹标准和高层电梯房"四个严控",牢牢守住了易地扶贫搬迁"保基本"的原则。

（二）建设"五个体系",谋划好群众未来生活

生态移民对贫困地区摆脱生态危机、协调人与自然的关系、缓解人口压力、促进地区经济发展具有重要作用。然而,生态移民不仅仅是简单的地域迁移和人口迁移,搬迁入住只是完成了第一阶段的目标,后期扶持和社区管理是决定成败的关键,必须解决好生计保障、社会融入、公共服务提供和社区治理等诸多问题。从安置人口的规模看,贵州安置点规模达1万人以上的管理单元就有34个以上。毕节市的安置点规模甚至高达2.5万人,基本上一个安置点就是一个新城区,如何解决大规模的贫困群众搬进城镇,群众就医、子女就学、劳动力就业,如何确保搬迁群众搬出后稳得住、能致富、能融入,如何做好安置点群众的后续工作,谋划好群众未来生活,这些都考验着贵州,也成了省委、省政府工作的重要任务。

根据工程移民学和社会学的相关理论,一般来说移民迁移必然经历政治、经济、社会、文化心理4个层次的融入过程,这是人口迁移和工程性移民的共同规律。贵州省紧紧围绕搬迁人口在城镇的政治融合、经济融合、社会融合和文化心理融合需求,坚持以人民为中心,构建基本公共服务体系、培训和就业服务体系、文化服务体系、社区治理体系和基层党建体系"五个体系",推动搬迁群众的社会融入和可持续发展,不断增强获得感、幸福感。

事实上,早在 2016 年易地搬迁起步之时,省委、省政府就对这些问题进行了全面的研究,组织 21 个省直部门和 4 个调研组,深入多个州市县开展了广泛的专题调研。在深入调研的基础上,省委、省政府于 2019 年 2 月颁发了《关于加强和完善易地扶贫搬迁后续工作的意见》及 7 个配套系列文件,即"1＋7"系列文件,为群众谋划好未来的生计与生活。"1＋7"系列文件是全国率先出台的比较系统、全面和完整的关于易地搬迁后续扶持政策体系,立足点是巩固搬迁脱贫成果、推动搬迁群众的社会融入和可持续发展,实现由农民到市民的转变;关键点是保障搬迁群众的合法权益,在一定时期内保持农民和市民"两种身份";重点是建设基本公共服务体系、培训和就业服务体系、文化服务体系、社区治理体系和基层党建体系"五个体系"。2018 年下半年,当搬迁任务基本落地之后,省委、省政府及时将全省易地扶贫搬迁工作重点从解决好"怎么搬"向"搬后怎么办"转变、从"搬得出"向"稳得住、能致富"转变,着力推动"五个体系"建设,解决好易地扶贫搬迁后续工作。

(1)构建基本公共服务体系,努力使搬迁群众在生活上过得顺心。重点完善公共教育、医疗卫生、社会保障、社区服务"四大要素",确保搬迁群众有同等城市配套、同等公共服务、同等市民待遇,实现基本公共服务均等化、标准化、普惠化和便捷化。截至 2019 年 12 月底,全省建成已新增配套学校 573 所、基层医疗卫生服务机构或县级医院 326 个,确保每个安置点有 1 个卫生服务机构。按照群众自愿原则,做好各类社会保障政策的转移接续,确保所有搬迁群众应保尽保。全省搬迁群众已迁移户籍 18.23 万户,办理居住证 6.23 万人,办理"易地扶贫搬迁市民证"5 563 万人;转移医保 135.8 万人,养老保险 665 万人,低保 2 798 万人。① 黔南州有 108 个安置点,24.73 万人搬迁群众配建学校 108 所(新建 76 所、改扩建 32 所),配备教师 4 760 人,4.1 万搬迁学生就近入学,同等享受城镇优质教育资源;为安置区配建 55 个卫生服务站,配备合格医务人员 357 人,让 24.73 万搬迁群众就近享受城镇优质的医疗资源和服务。全州 14.21 万搬迁群众缴纳养老保险,医疗保险缴纳率达 100％;4.39 万人享受最低生活保障,社会保障实现应保尽保、应缴尽缴。②

(2)构建培训和就业服务体系,努力使搬迁群众对后续发展充满信心。

---

① 中共贵州省组织部.贵州省贯彻落实习近平新时代中国特色社会主义思想在改革发展稳定中攻坚克难案例[M].贵阳:贵州人民出版社,2020.

② 贵州省生态移民局.黔南州举行易地扶贫搬迁后续扶持工作新闻发布会[EB/OL].[2021-12-29].https://baijiahao.baidu.com/s? id＝1720468806345794062&wfr＝spider&for＝pc.

随着易地扶贫搬迁人口的增多,贵州省围绕推动搬迁群众生计方式的非农化转变,结合企业用工需求和贫困劳动力的特点,以县为单位,整合教育、农业等 10 余个部门培训资源,围绕乡村旅游、民族工艺品制作、农村电商等技能对搬迁群众进行全员劳动技能培训,确保每个贫困劳动力掌握 1 门实用技术。通过就地就近就业、组织化劳务输出、返乡创业带动、强化产业配置、增加就业公益岗位及托底解决困难人群就业等方式,确保移民家庭实现至少 1 个劳力稳定就业,每个搬迁家庭有一份稳定收入,保障搬迁群众生计和可持续发展。同时,建立劳务就业扶贫大数据平台,确保易地扶贫搬迁户充分就业。截至 2019 年 12 月底,已组织技能培训 17.76 万户、29.03 万人,市民意识培训 18.49 万户、50.55 万人,已实现就业 40.89 万户、85.49 万人,100%的搬迁家庭实现每户 1 人以上就业。已累计推动 108.04 万贫困劳动力实现就业创业,其中输出到省外就业 50.04 万人。①

（3）构建文化服务体系,努力使搬迁群众精神上感到舒心。通过丰富搬迁群众精神文化生活,促进社会交往和社会互动,增强社区归属感和身份认同感,激发搬迁群众内生动力,强调扶智扶志,通过勤劳奋斗实现光荣脱贫。重点聚焦感恩教育、文明创建、公共文化、民族传承“四进社区”,增强文化引领能力和群众认同感,鼓励搬迁群众自强自立、不等不靠。剑河县易地扶贫搬迁安置点中主要为苗族和侗族等少数民族,占搬迁人口的 90%以上。因而,剑河县以民族团结宣传教育为主线,开展常态化宣传教育活动,广泛宣传党的民族理论方针和民族政策,教育引导社区各民族群众牢固树立中华民族共同体意识,增强民族团结引导力,扩散民族团结正能量。充分利用“新时代农民（市民）讲习所”、道德讲堂等平台,大力传播中国传统优秀文化,深入宣传爱好和平、勤劳勇敢和自强不息的民族精神。深入开展“感恩奋进”主题教育,教育引导搬迁党员群众感恩党、跟党走。在安置点规划和建设配套公共文化服务设施,利用民族节日、国家节庆假日等期间积极组织开展形式多样的文娱活动,丰富搬迁群众的精神文化生活,促进社区各民族交往和互动,增强社区归属感和身份认同感。培育良好风尚,提升搬迁群众的文明素质和精神风貌。

（4）构建社区治理体系,努力使搬迁群众在社区住得安心。通过机构设置科学化、社区管理网格化、居民自治规范化、治安防控立体化的“四化”建设,强基固本,实现政府治理和社会自我调节、居民自治良性互动。截至

---

① 中共贵州省委组织部.贵州省贯彻落实习近平新时代中国特色社会主义思想在改革发展稳定中攻坚克难案例[M].贵阳：贵州人民出版社,2020.

2019 年 12 月底,全省集中安置区已批准设立办事处 59 个,其余集中安置区并入相关办事处合并管理;已成立社区居委会 548 个、居(村)民小组2 545 个。黔南州为安置区配备了 812 名网格员和 3 690 名联户长;成立了 60 个社区警务室,配备警务人员 183 名,实施天网工程 92 个、雪亮工程 102 个,安装监控探头 2 870 个;62 个安置区引进物业服务,41 个安置区采取群众自治,安置区治理水平逐步提升。

(5)构建基层党建体系,努力使搬迁群众对未来坚定决心。以党建为引领,建强组织体系,形成纵向到底、横向到边的党的组织和工作覆盖。扩大党组织渗透力,提升组织能力,把安置点社区党组织建设成为宣传党的主张、贯彻党的决定、领导基层治理、团结动员群众及推动改革发展的坚强战斗堡垒,确保搬迁群众始终与党和政府同心同向同行。截至 2019 年 12 月底,全省安置点已成立党(工)委 85 个,成员 205 人;已成立党支部或党小组 1 529 个,成员 12 674 人;从搬迁群众党员中选举党支部(小组)成员 2 298 人,参与社区管理。铜仁碧江区坚持把安置区的各项工作置于党的领导之下,根据搬迁群众数量,合理设置组织机构,组建社区老党员工作队,加强和督促各安置点党支部建立健全"三会一课"、党员发展、民主评议等制度。以"党建引领 + 社区治理"为抓手,在全区易地扶贫搬迁安置点推行"一岗五组三联"组织体系,并以"三制度八岗位"机制探索深化大党建引领工作格局,着力发挥党员先锋示范作用。同时,成立区委易地扶贫搬迁安置点党的建设暨基层治理工作领导小组,实行领导干部联系包保安置点任务,围绕项目推进、就业创业、就学就医等问题开展蹲点调研,现场办公解决小区绿化亮化、附属设施配套等问题。广泛开展党员干部结对共建。全区 800 余名干部与搬迁群众结对帮扶,深入推进"包搬迁政策宣传解答、包搬迁群众尽快融入生活、包搬迁群众合理诉求、包搬迁群众纠纷化解、包搬迁困难户最低生活保障"的"五包"工作。以"区直部门 + 安置点"支部联建方式,每季度开展 1 次以上支部联建活动,从居规民约、议事协调、产业发展、纠纷调解等方面帮助制订务实的规章制度,培育群众的自治力。碧江区的工作经验被中共中央电视台《朝闻天下》栏目报道和农业农村部《中国村庄》杂志刊发。

(三)实施"五步工作法",保障移民工作的顺利推进

实施生态移民搬迁工程,是推进精准扶贫、打赢脱贫攻坚战、全面建成小康社会的有力保证,生态移民对于改善贫困状况和生态脆弱地区环境恢复具有积极意义。

人口迁移促进了贫困人口的脱贫致富。政府围绕解决"搬出来后怎么办"的问题,着力开展"五个体系"建设,着力做好易地扶贫搬迁后续扶持工作,实现搬得出、稳得住、能发展、可致富。绝大多数移民家庭收入与搬迁前相比有所增加,也促进了移入地区的经济发展。

基础设施得到明显改善。所有安置点都配套建设了水、电、路、通信、学校及医院等基础设施和公共服务设施,能够基本满足移民就近就医、上学,交通、生活便利,移民的住房得到了根本性的改善。

迁出地的生态环境得到改善。在部分人口从深山区、石山区、生态环境脆弱等地区搬迁以后,这些地方的人口压力得到一定程度的缓解,通过退耕还林等项目的实施,自然植被得到恢复,重要的水源地得到较好的保护,石漠化被有效遏制。然而,生态移民搬迁是一项涉及社会变迁、产业转型、治理转变的诸多领域复杂的系统工程,做好这项重要工作并不容易。前提是要抓好各项政策的落实,不能让政策躺在抽屉里"睡大觉"。习近平总书记反复强调,要崇尚实干、狠抓落实。要抓好落实,把各项工作落实到实处,取得实效,不仅要苦干实干、真抓敢抓,更要做到善抓巧抓。科学的方法对于抓落实尤为重要,不能眉毛胡子一把抓。省委、省政府结合贵州生态移民的实际情况,创新运用"五步工作法",抓好生态移民搬迁政策的贯彻落实。

"五步工作法"是指抓工作落实中,要按照政策设计、工作部署、干部培训、督促检查、追责问责五步一步一步进行,让各项工作任务有章可循,落到实处。"五步工作法"一环扣紧一环,缺一不可,是一个系统的思维方式和抓工作有效的科学方法。"五步工作法"源于贵州省抓落实工作中的重要经验总结提炼,也成为贵州省推动各项工作落地落细落实的"方法论"和关键招。易地扶贫搬迁后续工作就是"五步工作法"的一次生动实践。2019 年 2 月 15 日,贵州省委、省政府正式印发《关于加强和完善易地扶贫搬迁后续工作的意见》及 7 个配套文件,完成了"政策设计"的第一步。2 月 23 日,省委主持召开"全省易地扶贫搬迁后续工作推进会",省委书记、省长出席会议并作重要讲话。细化量化目标任务,并分解到省直 30 个部门和单位,由省易地扶贫搬迁工作领导小组负责统筹,各相关部门按照分工推进、省纪委监委进行重点监督,形成齐抓共管的工作格局,完成了"工作部署"的第二步。2 月底至 3 月下旬,由省委党校开展对相关干部进行后续扶持政策和业务知识的培训。通过培训为各地各部门厘清工作思路,提升工作能力,保障"1 + 7"政策的落实及扶贫搬迁"五个体系"建设,完成了"干部培训"的第三步。政策是否执行到位,工作部署是否落实,不仅要靠干部的自觉主动,更要靠制度化、常态化的督促检查机制来夯实各级干部抓落实的责任,查铺查哨,层层压实责任,确保工作任务高效推进。为统筹好易地扶贫搬迁工程建设、搬迁安置、后续扶持和资金管理,贵州省建立了四项重要制度。一是建立议事协调会议制度。每季度召开一次议事会议,听取"五个体系"牵头部门工作推进情况汇报。二是建立工作调度制度。实行双向调度,省易地扶贫搬迁工作领导小组办公室对后续扶持各责任单位工作推进情况进行横向调度,各责任部门按照责任分工对本系统工作推进情况进行纵向调度。三是建立督查工作制度。督促地方按照年初确定的项目和工作推进计划,制定工作措施,全面完成工作。四是建立信息共享制度。各责任部门及时向易地扶贫搬迁工作领导小组办公室报送有关工作信息。同时,省委、省政府严格对干部存在的"庸懒散""门难进、脸难看、事难办"等现象,以及政策落实不力进行追责问责,做到有权必有责、有责要担当、失责必追究,保证工作的圆满完成。

二、路子找准,发展生态特色产业

生态扶贫不同于其他扶贫方式之处在于,通过对生态资产善加利用,可以发展生态特色产业,把生态优势转化为产业优势、经济优势、扶贫优势,增强贫困地区造血功能,带动贫困群众增收致富,实现高质量脱贫。

贵州省依托生态良好,强调要念好"山字经"、种好"摇钱树",加快发展生态特色产业,把生态财富转化为发展财富,加快形成具有贵州特色的生态产业脱贫增收的发展道路,实现扶贫方式由"输血式"转变为"造血式"。

(一)大力发展特色林业产业

特色林业产业,是集生态效益、经济效益、社会效益和旅游效益于一身,融第一产业、第二产业、第三产业为一体,是生态富民产业。发展特色林业产业对于调整农村产业结构、促进农民就业增收、改善人居环境、推动绿色增长、维护生态,具有十分重要的意义。

贵州林业生态环境良好,森林经济林树种资源丰富、种植历史悠久、经济价值大、发展基础好,因此,省委、省政府把特色林业作为贵州12大农业特色优势产业之一来全力推动。2013年,贵州出台《关于加快林下经济发展的实施意见》,2019年,贵州省委十二届五次全会明确把"大力发展林下经济"作为贵州深入推进农村产业革命的五大重点任务之一,以项目化的方式着力在16个深度贫困县发展和推动林下经济,努力促进林下经济向集约化、规模化、标准化和产业化发展。

(1)大力发展特色竹产业。竹子是重要的森林资源之一,具有生长快、繁殖更新能力强、成材时间短、产量高和用途广等特点,在当今林业建设中具有重要的地位。贵州省气候温暖、雨量充沛,是竹子的适生区,有竹类20属80余种,总面积约470万亩,排全国第九位。全省20多个县市拥有集中成片的万亩以上竹林,赤水市是全国三个100万亩以上的县级市县之一,竹产业面积132万亩,排全国第二位。发展竹产业是贵州比较优势,为此,贵州省积极鼓励农民种植和加工竹类作物。目前,全省共有竹类生产加工企业420余家,主要产品有竹建材、竹工艺品、竹造纸、竹家具和竹笋等,2019年产值80亿元,提供稳定劳动就业岗位11.7万个,带动140.2万人实现增收,其中贫困人口8.83万人。赤水市竹业综合收入占到赤水GDP总量的50%左右,财政和农民收入50%以上来自竹业。竹产业的发展既增加了贫困农民的收入,又提高了竹乡森林的覆盖率,减缓了水土流失。

(2)发展油茶产业。油茶是世界四大木本食用油料植物之一,从油茶种子中提取的高级食用植物油——茶油,被称为"东方橄榄油"。油茶是贵州地区的乡土树种。贵州油茶栽培历史悠久,有文字记载的油茶栽培历史近600年,主要分布在铜仁市、黔东南州、黔西南州和毕节市等地区,山区群众具有丰富的油茶种植经验。1958年,铜仁玉屏侗族自治县被周恩来总理亲笔题名为"油茶之乡",2001年又被原国家林业局授为"中国油茶之乡"称号。2009年10月,国务院出台《全国油茶产业发展规划(2009—2020年)》中提出要加快油茶产业发展。贵州落实国家政策,将油茶列为12个重点产业之一来大力发展,着力把油茶产业建设作为促进山区农民增收致富和改善山区生态环境的重要支柱产业,各级政府成立了油茶产业发展领导小组,加大对油茶产业的引导和服务力度,鼓励农民群众广泛种植油茶树,开发油茶的食用、药用价值,培育油茶产业,取得了较好的成果。2019年,贵州省油茶种植总面积达323.4万亩,油茶产量7.22万吨,产值30亿元,提供稳定劳动就业岗位8.34万个,带动98.6万人实现增收,其中贫困人口10.9万人。现在,贵州已开发出"黔金果""三山谷""梵真坊"等26个优质油茶品牌。

(3)发展花椒产业。花椒是石漠化治理的主要树种之一,对其进行培养与种植,一方面可以提升当地群众的收入,另一方面对于改善当地环境,抑制石漠化的扩展和恶化,提升碳汇能力。贵州省是中国南方花椒主要产区之一,9个市(州)80余个县(市、区)均有分布。过去主要集中在遵义、铜仁、黔西南和安顺等地。目前,贵州省进一步扩大花椒种植,在务川、道真、德江、晴隆、贞丰和关岭等县布局花椒产业带,鼓励在全省花椒集聚区建设花椒产业园区和产业综合体,支持种植面积较大的务川、德江、贞丰等县引资引技,开展花椒精深加工。全省现有花椒面积103.97万亩,有各类生产加工企业、作坊 279 家,2019 年花椒鲜品产量 2.2 万吨,产值 4.35 亿元,提供稳定劳动就业岗位 2.3 万个,带动 23.8 万人实现增收,其中贫困人口 1.67 万人。

(4)发展皂角产业。皂角树根系发达,耐寒、耐干旱、耐瘠薄,为防护林和水土保持林的首选树种。同时,也是一种多功能生态经济型树种,具有药用、食用、化工、用材及观赏等多重价值。贵州省是皂角的适生区,境内野生皂角树分布普遍,其中毕节市织金县最为集中,总面积达 47.02 万亩。织金县依托资源优势,将皂角纳入全县"一县一业"主导产业,加快"产、加、销"全产业链发展,现拥有各类皂角加工企业、作坊 95 家。2019 年加工量1 300 吨,产值 4 亿元,提供稳定劳动就业岗位 9 000 个,带动 18.07 万人实现增收,其中贫困人口 2.17 万。织金县猫场镇现已成为全国皂角米加工、销售的重要集散地,年加工销售皂角精 1 000 余吨,占全国市场份额90% 以上。皂角产业作为贵州摆脱生态与产业发展困境的优势选项,近年来得到省政府的大力支持,加快了产业发展,目前贵州正在打造以织金、纳雍、黔西和大方为中心的皂角产业带,并鼓励以上 4 县以外的喀斯特山区适度种植和发展。

此外,贵州在林下种植太子参、天麻、黄精、重楼、竹荪和冬荪等,在林下养殖土鸡、绿壳蛋鸡、猪、牛和羊等,初步形成了林药、林菌、林果、林茶和林下养殖等林下复合发展模式。在林产品采集加工方面,形成了竹藤编织、松脂、竹笋、食用菌、林下药材、野菜和蜂蜜等生态产品,并将林下种植养殖业与森林旅游、康养等景观利用型服务业融合起来,形成集环保、高效、可持续为一体的林下经济复合生产经营体系,带动农民持续稳定增收。2019 年,贵州省林下经济面积达到 2 048.84 万亩,产值达到 220 亿元,带动 48.9 万贫困人口增收。2020 年,林下经济规模达到 2 200 万亩,带动 15 万贫困人口增收。

(二)发展贫困地区生态旅游产业

发展旅游既是脱贫攻坚的重要抓手,又是巩固拓展脱贫攻坚成果的重要载体。文化和旅游部在全国 25 个省、自治区、直辖市设立的乡村旅游扶贫监测点的监测数据显示,通过乡村旅游实现脱贫的人数占脱贫总人数的比例十分可观。

贵州喀斯特地貌有着得天独厚的瀑布、峡谷、湖泊、溶洞和石林等山水景观,大山深处藏着错落有致的古朴村寨、绚丽多彩的民族风情、秀丽的旖旎风光、深厚的红色文化。这些独特的旅游资源大都富集于贫困地区,为旅游扶贫提供了不可多得的优势。因此,生态旅游扶贫成为贵州生态产业扶贫的着力点,2017 年 9 月,省政府办公厅印发《贵州省发展旅游业助推脱贫攻坚三年行动方案(2017—2019 年)》,提出要实施乡村旅游、旅游商品、景区建设等旅游扶贫"九大工程",优先对全省深度贫困地区的旅游资源进行开发,推进贫困地区生态旅游的发展。通过金融支持、文旅融合、产业变革、社会力量帮扶等措施,鼓励各地优先推动贫困地区的旅游资源开发,把绿水青山变成金山银山,解决更多建档立卡贫困人员创业、就业,带动更多贫困人口致富。三年多来,贵州省深入推进生态旅游,其快速发展让诸多贫困村变成美丽乡村,贫困群众从靠天吃饭中彻底解脱出来,吃上了乐陶陶的"旅游饭",探索出一条"生态产业化、产业生态化"的生态旅游扶贫之路。

(1) 加快旅游扶贫项目的规划和建设。贵州通过对全省旅游资源进行大普查,以新发现未开发的 5.2 万处旅游资源、77 处优良温泉旅游资源为基础,结合深度贫困县、极贫乡镇和深度贫困村的旅游资源分布,编制了《全省全域山地旅游发展规划》《全省旅游扶贫规划》,以及各地《县域旅游扶贫规划》,优先对贵州 14 个深度贫困县、20 个极贫乡镇、2 760 个深度贫困村的旅游资源进行开发。统筹乡村旅游专项资金、少数民族特色村寨、"四在农家·美丽乡村"等相关项目资金,最大限度地把资金配置到旅游扶贫项目,积极引进战略投资者助推贫困地区旅游发展,建立和完善贫困地区步道、停车场、游客中心等旅游公共服务设施,鼓励配套建设风景道、骑行道等道路,不断打造精品旅游景区。2016 年至今,累计在 66 个贫困县开发旅游资源 19 495 处,其中在 16 个深度贫困县开发旅游资源 4 490 处,建成旅游项目 3 105 个,实施温泉旅游项目 31 个,113.87 万建档立卡贫困人口受益增收,20 个项目入选为全国旅游扶贫示范项目。

(2) 实施景区带动扶贫行动。一方面,省委、省政府将旅游扶贫工作列入全省 A 级旅游景区管理办法和 100 个旅游景区建设考核重点内容,引导全省 A 级旅游景区带动贫困人口就业。从 2017 年起,推行全省 4A 级及以下旅游景区质量等级评定与带动贫困人口就业增收挂钩,大力引导景区因地制宜,吸纳贫困户就业,增加贫困户收入。另一方面,充分利用对口帮扶省市资源优势,强化旅游推介、市场拓展、景区打造、旅游招商引资和人才培训等方面务实合作。通过实施门票减免、过路费减半等特惠旅游政策,引导对口帮扶省市的游客入黔旅游,广东、浙江、江苏等对口帮扶省入黔游客大量增加。

(3) 推进乡村旅游扶贫行动。大力推动"百区千村万户"乡村旅游扶贫工程,统筹经营山水风光、田园风光、民族风情、乡村风物,发展乡村农家乐,推动农业直接从第一产业跃升到第三产业,让更多贫困人口分享旅游发展的红利。重点打造 131 个省级乡村旅游示范区、1 104 个乡村旅游扶贫重点村,扶持 10 000 个乡村旅游扶贫示范户发展。深挖地域特色,用活古村落、民族村寨、特色文化等资源,从季节、风俗、美食、产业、自然景观和节庆等资源中选取最具差异化的特色亮点,大力开发茶园游、梯田游、湿地游、民俗游、赏花游和体验游,打造精品民宿、精品客栈、精品农家乐,形成一批"看得见山、望得见水、记得住乡愁"的休闲度假型、健康养生型、民宿体验型、文化艺术型、非遗技艺型和景区依托型等特色文旅乡村,积极构建类型丰富、功能完善、特色明显的乡村旅游发展格局。通过编制《贵州省乡村旅游村寨建设与服务标准》《贵州省乡村旅游客栈服务质量等级划分与评定》《贵州省乡村旅游经营户(农家乐)服务质量等级划分与评定》,形成贵州省乡村旅游村寨、客栈、农家乐经营户建设服务等三个省级地方标准,指导贫困地区开展乡村旅游工作,提升乡村旅游规范化发展水平,加快形成标准化、规模化、现代化的乡村旅游产业体系。各地强力推进,不断创新,形成了"美丽乡村"建设的"花茂路径"、特色产业发展的"杉坪路径"、"三变"改革推动的"娘娘山路径"、景区带动的"赤水路径"、民族文化创新的"西江路径"、互联网助推的"好花红路径"和产业融合的"云谷田园"路径等。其中,花茂村、海坪村、雷山县等 10 个乡村旅游扶贫案例入选《世界旅游联盟旅游减贫案例 100》。"十二五"期间,贵州旅游带动了 64.7 万人脱贫。2016 年,仅 100 个旅游景区建设就带动 13.4 万贫困人口分享旅游发展红利。2017 年实施发展旅游业助推脱贫攻坚三年行动以来,已实现旅游业带动就业 98.64 万人,帮助近90 万贫困人口增收脱贫。

(三)发展大健康产业

大健康产业是指维护健康、修复健康、促进健康的产品生产、服务提供及信息传播等相关产业的统称,具有产业领域广、链条长、成长性高等特征,是实现人类身心健康增益的产业,是成本较小、无环境公害、就业容量大及效益较高的大产业。相较于旅游产业,康养产业得人之工,吸纳就业能力强,扶贫增收效果好。相较于农业和工业产业,大健康产业属于第三产业,附加值高,扶贫增收效果好。相较于大数据产业,资源基础好,投资少见效快,不受高端人才短缺的限制。随着我国人口老龄化社会到来,大健康问题越来越得到重视。2017 年中共中央 1 号文件提出,要大力改善森林康养等公共服务设施条件、充分发挥乡村各类物质与非物质资源富集的独特优势,利用"旅游+""生态+"等模式,推进农林业与旅游、文化、康养等产业的深度融合。

贵州抓住这一历史机遇,依托良好的森林资源和环境质量,以及最适宜的维度和湿度等优势,将大健康产业作为未来发展的主打方向,纳入五大发展战略,结合大旅游、大数据、大生态,推进产业发展,努力实现生态脱贫。2016年以来,发展森林康养连续写入贵州省委、省政府《关于推动绿色发展建设生态文明的意见》《关于深入实施打赢脱贫攻坚战三年行动发起总攻夺取全胜的决定》和《关于深入推进农村产业革命坚决夺取脱贫攻坚战全面胜利的意见》等文件中。贵州出台了《关于加快森林康养产业发展意见》,在土地、投资、科研上给予支持,引导全省尤其是贫困地区发展森林康养产业。省政府连续4年安排财政专项资金,支持森林康养产业发展,打造全国森林康养产业大省。同时,开展"贵州省森林康养基地建设规划技术规程"和"贵州省森林康养基地建设规范"等标准的研究工作,为贵州加快发展大健康产业奠定坚实的基础。此外,通过创新机制和模式,充分发挥市场的作用,探索采用PPP等融资模式,积极引导金融资本和社会资本进入森林康养产业,促进投资主体多元化,形成国家、企业、民间资本等多渠道投资并举的局面,加快康养产业的发展。目前,已建成赤水天岛湖、息烽温泉、水城野玉海等省级森林康养试点基地52个,安顺药王谷、贵安新区云漫湖等国家级森林康养试点基地27个,荔波茂兰国家级自然保护区、梵净山国家级自然保护区、思南白鹭湖湿地公园和扎佐林场等"全国森林康养基地试点基地"也正在建设中。

三、多措并举,积极推动就业

增加贫困人口就业是最有效最直接的生态脱贫方式。通过促进贫困人口就业增收,缓解开发自然的压力,达到生态保护的目的。作为全国脱贫攻坚的"主战场",贵州省围绕促进贫困劳动力就业,不断探索实践,总结经验,完善措施,加大扶持力度,想方设法为贫困人口提供稳定就业机会,确保建档立卡贫困户、易地扶贫搬迁户和边缘户劳动力充分就业,用就业推动稳定脱贫、长久脱贫。

(一)有组织推动劳务就业

在省级层面,出台《关于进一步加强劳务就业扶贫工作的实施意见》《关于进一步加强易地扶贫搬迁群众就业增收工作的指导意见》,推进贫困群众就业扶贫。全省各地根据自身情况,按照省里的要求,采取多种措施来积极推动。

　　黔西南州主要做法为：积极探索党组织引导推动有组织劳务输出，着力解决贫困户靠"单打独斗"，靠亲带亲、友带友等松散、无保障的方式劳务输出。黔西南州委明确"外疏内拓"思路设立劳务就业扶贫工作专班，由县委组织部长任执行指挥长，整合相关部门力量推进贫困人口就业。①强化组织引领，提升就业扶贫组织化程度。在全州全覆盖成立县级劳务服务公司、乡镇劳务分公司、村劳务合作社的基础上，探索推行"村党支部＋村劳务合作社"模式，采取村"两委"班子成员与劳务合作社交叉任职，普遍推行村党支部书记兼任劳务合作社负责人，党支部重点负责加强对合作社领导、政策宣传、组织发动等工作，劳务合作社重点负责岗位收集推送、劳务输出、跟踪服务和稳岗就业等工作，着力推进就业扶贫。针对一些村组促进就业工作薄弱的实际，选派干部下沉攻坚，推动群众实现就业。②强化组织力量，抓好有组织劳务输出。坚持书记带头、党建引领，深化三省八市劳务协作。州委书记、各县市党委书记与宁波市等对口帮扶区市县委书记进行全面对接，加强沟通联系与协作，主要推进两地三级联合党组织建设、发挥组织优势来提升有组织劳务输出质量水平。通过签署协议、合作培训、共建劳务协作站和扶贫车间等方式，更好促进外出务工劳动力持续稳定就业、持续稳定增收、持续稳定提升劳动技能。同时，各级党组织深入推进农村产业革命，发展林下菌药产业，解决了 14 万人的就业，积极储备就业岗位和公共服务岗位，严防贫困劳动力失业减收。③创新制度机制，确保就业扶贫成效。推行就业服务卡制度。研究制定内容包含家庭劳动力数量、劳动力就业状况、联系党员干部信息等内容的就业服务卡张贴到户，明确专人每月进行情况核实更新，根据劳动力稳岗就业变化情况及时提供就业服务，构建起动态监测、专人推进、即时服务和末端管理工作机制，逐村逐组逐户逐人监测劳动力就业状态，及时准确掌握在外务工人员情况。④强化干部记实考核跟踪评估。将就业扶贫工作作为全州脱贫攻坚"两补"工作干部履职记实和专项考核的重要内容，每半月由主管干部填写《干部履职记实表》，对问题查找、整改落实情况自行记实，报组织部门备案考核，加强督查，确保工作有力有序有效推进。

　　威宁县主要做法为：探索"6＋N"模式，实现搬迁群众稳定就业。威宁县结合搬迁安置群众较多的实际情况，按照"宜工则工、宜农则农、宜商则商"的原则，坚持以产业发展和稳岗就业为导向，探索形成了"易地扶贫搬迁＋N"模式，顺利实现搬迁群众就业。①易地扶贫搬迁＋园区产业。依托威宁县五里岗工业园区的产业发展，将易地扶贫搬迁移民增收与园区产业企业用工相结合,帮助搬迁群众实现就业增收。截至目前,依托贵州威宁经济开发区内企业实现安置点移民群众就业达 2 000 余人。②易地扶贫搬迁+扶贫车间。通过"易地搬迁+扶贫车间"模式,利用本地产业资源和人力资源优势,顺应有为青年返乡创业的趋势,探索在易地扶贫搬迁安置点创建就业扶贫车间,实现搬迁群众在家门口就业。目前威宁县引导县内外劳动力密集型用工企业入驻扶贫车间生产,建成就业扶贫车间共 11 家,共计累计吸纳 600 余名贫困劳动力和搬迁劳动力就地就近就业。③易地扶贫搬迁+外转移就业。为搬迁户广泛收集招聘信息,鼓励搬迁群众外出务工,实现劳动力稳定就业。已在广东省建立了 2 个劳务协作工作站,在各集中安置点挂牌成立了就业创业服务中心,初步与广东、山东、浙江、福建、江西等地 13 家企业达成合作协议。④易地扶贫搬迁+公益岗位就业。结合"10+N个一批"就业扶贫公益专岗开发计划,开发护洁、护厂等公益性岗位,就近就地安置易地扶贫搬迁户中技能水平低、生活特别困难、无法实现劳务输出转移就业的劳动力就业。⑤易地扶贫搬迁+公共服务类就业。在各安置点的物业保安、保洁已 100%由搬迁群众承担。同时,加强对搬迁贫困户的公共服务类职业技术培训。⑥易地扶贫搬迁+零售业经营。将商铺、市场摊位等优先租给有开店创业意愿的搬迁群众,使其作为个体工商户获得经营性收益。在安置小区设置商业门面 300 余个,由威宁县易地扶贫搬迁后续扶持公司牵头运营,优先对移民群众出租。建设便民小吃街、平价农贸市场等。目前,全县 13 269 户 66 566 人的搬迁对象中,已就业 12 794 户 30 358 人。零就业家庭全部实现动态清零,一户一人就业率达 100%。

丛江县主要做法为:探索"365"劳务就业模式,实现精准就业扶贫。①建立劳务就业激励机制。研究制定适合丛江特色的劳务就业"六项补贴"政策,形成劳务就业激励机制,有效提升劳务就业组织化程度。"六项补贴"政策为:(a)统一配备行李补贴。凡经过组织发动实现劳务就业的在家农村剩余劳动力,县委、政府提供行李箱、被子、日常用品等行李配备。(b)劳务就业队长补贴。由能人担任劳务队长并根据具体情况给予补贴。(c)一次性求职创业补贴。凡是建档立卡贫困劳动力通过有组织劳务输出到县外省内、省外(含境外)稳定就业达 6 个月的,给予一次性求职创业补贴。(d)就业扶贫援助补贴。通过以工代赈方式,开发兜底岗位解决建档立卡贫困劳动力和易地扶贫搬迁劳动力就业。(e)以工代训职业培训补贴。通过吸纳建档立卡贫困劳动力就业的县内各类生产经营主体给予以工代训职业培训补贴。(f)能人创业带动就业补贴。对新增注册的实体企业,达到一定条件的给予3万至8万不等的补贴。②全力做好就业扶贫服务。采取"五个精准"措施,有效解决部分贫困劳动力"不想去、不敢去、不能去、不会去、去不好"问题。"五个精准"即(a)精准采集。一方面是精准采集劳动力信息。发挥网格化管理优势,精准采集劳动力信息及就业意愿19.25万人。另一方面是精准采集就业岗位。通过中国贸促会、澳门特区政府、杭州萧山区等"对口帮扶单位"采集岗位,通过省交通厅和省直帮扶部门推送岗位,通过县劳务专班采集就业岗位,通过乡镇和村指挥所及群众自己寻找就业岗位"四种方式"采集就业岗位7.6万个。(b)精准动员。依托县乡村三级劳务合作社、指挥所所长、第一书记、驻村干部和结对帮扶干部等力量,进村入户"面对面""点对点"开展劳务就业政策宣传和就业岗位宣传,激发农村劳动力"走出去"思想动力,营造"要增收、去打工"的强大声势。(c)精准培训。依托县、乡、村三级劳务合作社和从江扶贫建设工程服务有限公司,坚持因人施训、因岗施训,先后开展感恩培训、职业技能培训10.08万人次,其中贫困劳动力培训5.36万人次。(d)精准就业。针对不同劳动力状况和岗位需求,采取个性化措施送人上岗,精准就业。(e)精准服务。依托县乡村三级劳务合作社、劳务队长、驻外劳务联络站、县乡帮扶干部等力量,抓好"一对一"跟踪服务工作,因地制宜,开展人文关怀,让贫困劳动力安心就业、稳定增收。

（二）开发生态公益岗位

开发公益性岗位,让贫困劳动力实现稳定就业,是最有效最直接的生态脱贫方式。贵州众多贫困人口分布在大山深处的林区,且少数民族居多。由于各种因素他们中的一些人无法离乡,但本地又无业可就,导致无力脱贫。如果仅靠兜底保障,不仅加重财政负担,而且久而久之还会让他们失去主观能动性,形成"等、靠、要"的观念。开发公益性岗位,激发贫困对象的内生动力,既让贫困户从服务里面获取收益,又有利于环境保护,实现生态保护与精准脱贫两不误。贵州省根据生态地区贫困户家庭实际情况,设立生态护林员、农村管水员、乡村保洁员、巡河员、护路员等不同类型生态公益岗位,破解大山深处就业难的问题,为山里群众创造更多的就业机会,让贫困乡亲从生态环境保护与修复中得到应有的补偿和更多实惠。

贵州公益性岗位的设置主要以生态护林员为主。2016年,贵州省出台了《贵州省建档立卡贫困人口生态护林员工作实施方案》,正式启动聘用生态护林员工作,着重为因病、因残和因学致贫的家庭提供在家门口就业的机会,实现山上就业、家门口脱贫。实践中,贵州省产生了不少好的做法,构建起一套具有地方特点的科学有效的选聘、考核管理体系。从管理方面看:实行省级统筹方案,县级制定实施方案,乡镇负责组织开展生态护林员选聘、监督、考核和管理,村委会制定巡护计划落实责任,管护小组实施巡护工作,形成省、县、乡镇、村和管护责任区五级协同的生态护林员管理结构。从主要思路看:坚持岗位设置合理、责任明晰、精准自愿。依托结合地方发展的实际情况,增加岗位数量,实现岗位设置动态化,做到因地设岗、因人设岗。在建档立卡贫困人口中选聘生态护林员,保证每1户建档立卡贫困家庭有1名生态护林员,保证每1名生态护林员年收入1万元,实现"一人护林,全家脱贫"。从工作特点看:①实行"差额选聘制度"按照生态护林员名额150%建立拟聘人员数据库,确保生态护林员的补进调出、考核续聘和护林工作无缝连接,这是贵州省的首创。②实行"七步工作法",通过公告、申报、审核初选、考察、评定、公示和聘用七步程序确定聘用人员,保证生态护林员的选聘公开透明、公平公正。③建立省、市(州)、县乡生态护林员的绩效考核机制。由省级部门进行年度专业检查评价、市(州)部门对县工作落实情况进行督察、县乡两级对生态护林员上岗巡护工作进行绩效考核,通过完善监管措施,切实提高扶贫公益岗位的扶贫效能。④建立保险机制,为建档立卡贫困户生态护林员捐赠综合性安全保险,助力解决护林员因公因灾致贫返贫的问题,让生态护林员"有险可依"。2019 年,全省承保生态护林员96 310 人,提供保额409.94 亿元,支付赔款125.57 万元。其中"差额选聘制度""七步工作法""捐赠综合性安全保险制度"等经验做法,得到了国务院扶贫开发领导小组的充分肯定,被写入全国《建档立卡贫困人口生态护林员管理办法》。2020 年,贵州生态护林员规模已达 17.25 万人,数量全国第一。按照每个生态护林员每年 1 万元收入能实现三个贫困人口脱贫的标准计算,全省生态护林员政策已带动 51.75 万贫困人口实现脱贫。除了设置生态护林员之外,近年来,全省各地结合人居环境整治、高标准农田建设等项目,因地制宜设置了包括农村公路养护、垃圾收集、厕所保洁员、村级环境监管等公益岗位,丰富了生态公益岗位类型。如此,既有效保护了生态环境,又让扶贫对象摆脱了贫困,实现自身劳动价值。

五、创新机制,促进贫困人口持续创收

(一)创新水电矿产资源开发资产收益扶贫机制

贵州贫困山区水电矿产资源富集,过去尽管资源开发项目多,但受现有资源开发收益分配机制的影响,资源开发对当地经济发展带动作用十分有限,丰富的矿产资源与落后的经济发展间存在鲜明反差。在资源开发中,往

往是企业带走了利润,可当地政府和原住居民却难以分享到资源开发收益,形成守着金山讨饭吃的局面。为了能够在这些水电矿产资源得到科学合理利用的同时,将资源开发红利反哺贫困地区,促进群众增收,贵州省2017年出台了《贵州省水电矿产资源开发资产收益扶贫改革试点实施方案》,结合社会经济发展状况和资源环境禀赋条件,开展水电矿产资源开发资产收益扶贫改革试点,积极探索资源开发收益长效分红模式。主要是以水电、矿产资源开发项目占用集体土地的经济补偿为切入点,将土地补偿费折股量化,设立集体股权,按股权比例逐年分配项目收益。组建集体股权监督委员会,委托银行专业管理村集体股权,村集体股权属于村集体所有,根据村民代表大会通过的分配方案,村委会、村民小组和村民分别享有不同比例的收益权,并设立最低收益金制度和集体股权保底退出制度。对投入项目的财政资金,明确以不低于财政资金总额6%的比例折算形成资产收益权,重点用于项目覆盖区域建档立卡贫困户脱贫,保障项目覆盖区域建档立卡贫困户、贫困边缘户实现稳定脱贫。2018年,贵定县江边窑水电站、木拱河水库电站被列入了资产收益扶贫试点项目,开展试点工作。江边窑水电站属乌江水系清水河右岸一级支流独木河下游石板滩处,是独木河流域开发规划的第二级电站,是集发电、旅游、供电于一体的综合性项目,其占地60.3公顷,总投资3.2亿元,于2018年12月开工建设,2021年建成。投产后,预计年发电收入为2 250万元。该项目把涉及的建档立卡贫困户414户1 441人全部纳入水电资源开发资产收益的利益联结对象,采取集体土地入股分配、财政贴息资金入股分配、中共中央财政补助资金参股分配,实现参与的贫困户长效脱贫。木拱河水库电站项目总投资1.6亿元,获得的扶贫收益打入县级指定账户。2019年,土地分红资金为10.92万元,每户分红400元。水电资源开发资产扶贫,让群众既可以获得水电资源开发收益分红,又可以通过劳务委托、工程承包、以工代赈等方式增加收入,实现"资源变资产、贫困户变股民、农民变工人",发展壮大了农村集体经济,共享资源开发成果,由此也形成了"资源开发 +"工业反哺农业的模式。

(二)创新单株碳汇精准扶贫机制

利用丰富的林业资源,开展碳汇精准扶贫,助力扶贫和生态建设是贵州的一项政策创新。省委、省政府依托贵州丰富的森林资源,围绕市场主导、政府引导、贫困户参与、合作共赢的基本思路,以贫困农户的利益为核心,积极探索碳汇精准扶贫机制,开展单株碳汇精准扶贫试点。

单株碳汇精准扶贫主要做法为:对深度贫困村建档立卡贫困户种植的

树,编上身份号码,测算出碳汇量,拍好照片,上传到省单株碳汇精准扶贫大数据平台,建立信息数据库。面向整个社会致力于低碳发展的个人、企事业单位和社会团体进行销售,购买贫困农民碳汇的资金直接全额打入贫困户个人银行账户,精准助力贫困户脱贫,贫困农民看护林木就能得到收益。自2018年7月启动单株碳汇精准扶贫试点项目以来,已完成33个县682个村11 326户贫困林户的单株碳汇项目开发,开发碳汇树木446.2万株,年可销售碳汇量4 121万公斤,年可交易碳汇金额1 236.3万元。茅台集团、瓮福(集团)有限责任公司、首钢水城钢铁(集团)有限责任公司等企事业单位和个人购买了单株碳汇,累计售出并到户碳汇资金189.7万元,3 830户贫困家庭通过碳汇树增收,实现了绿水青山就是金山银山的转变。

(三)探索"造血式"生态补偿机制

长期以来,生态补偿以资金补偿为主,是一种"输血式"补偿,生态脆弱贫困地区脱贫工作的深度、广度、力度和精准度基本上取决于外部"输血量"的多少,一旦输血停止,很容易造成返贫,这种补偿方式缺乏有效的造血功能。因此,贵州在建立生态补偿机制的同时,积极探索"造血型"生态保护补偿,支持贫困地区加大财政涉农资金整合力度,创新生态补偿资金使用方式,拓宽资金筹集渠道,引导贫困群众集中资金,依托当地优势资源发展生态产业,转变生态保护地区的发展方式,增强自我发展能力。比如,黔东南地区整合生态补偿资金,结合少数民族文化特色,开发"生态＋文化"的旅游项目。通过发展一个产业带动相关产业,逐步培育地方特色产业,增强了地方发展能力,让当地良好生态转变为生态产业,调动了当地保护生态环境的积极性,实现了生态产业化、产业生态化。

第三节　贵州生态扶贫的经验启示

一、加强党的领导凝聚起生态脱贫攻坚力量

中国共产党坚强的领导力、协调力、组织力和执行力,是团结带领群众攻坚克难最可靠的领导力量,也是贵州打赢生态脱贫攻坚战的重要经验。摆脱生态破坏与贫困滋生的恶性循环是当前中国乃至全球绿色发展面临的难题,只有始终坚持党的领导,才能在更高水平上实现思想上的统一、政治上的团结、行动上的一致,才能进一步增强党的组织优势、政治优势,形成党

委直接领导,高位推动的态势,进一步汇聚起磅礴力量,统筹推进,促进各级部门集中力量,集中精力,集中资源,形成工作合力,为高质量打赢生态脱贫攻坚战提供根本保证。

生态保护和脱贫攻坚的实施都高度依赖于政府,是一件极难的工作。已有相关研究表明,尽管运行良好的市场机制是经济增长和减贫的核心,但市场机制本身也存在失灵,无法自动惠及贫困人口,更何况生态扶贫是通过生态补偿制度的实施和生态价值实现机制的构建,达到保障生态安全和增加人民群众福祉的目的,更需要有为政府来弥补市场失灵。贵州省委毫不犹豫、坚决扛起责任,深入实施"大扶贫战略行动",把生态扶贫和帮助困难群众脱贫致富列入重要议事日程,作为重大政治任务摆在更加突出的位置,精心谋划部署、明确目标方向,加强政策创新,坚定不移扎实推进。党的坚强领导、党的统筹协调力、组织执行力,是生态扶贫的力量支撑。生态扶贫中大规模的搬迁、生态产业的推进、生态补偿的实施等,每一项都是艰巨而繁重的任务,只有各级党委、政府和广大党员干部坚决贯彻落实党委政府的政策要求,较真碰硬,真抓实干,才能最终打赢这场硬仗。

(一)加强党的全面领导

开展生态扶贫工作以来,省委、省政府主要领导靠前指挥、精心部署、亲自督战,多次深入基层一线调研、指导、督查脱贫攻坚工作,多次对脱贫攻坚作出重要批示,多次主持召开会议研究、安排、部署脱贫攻坚工作,多次召开全省项目建设观摩会。省委十二届三次全会,专题聚焦脱贫攻坚,作出《关于深入实施打赢脱贫攻坚战三年行动发起总攻夺取全胜的决定》,对发起脱贫攻坚总攻和夺取全面胜利进行再动员、再部署。省政府每次常务会都有一个与脱贫攻坚相关的议题,常态化研究部署脱贫攻坚工作。各级党委政府聚焦主战场、深入研究问题,积极破解难题,精心绘制"作战图",勇于担当,善于作为,决战主战役,不获全胜决不收兵。在省委的全面领导下,各地各部门按照省委、省政府统一部署,以钉钉子精神狠抓到底,推动脱贫攻坚始终沿着正确方向、保持良好态势笃定前行。

(二)强化党的统筹协调力

建立五级书记抓生态脱贫的组织体系。坚持"省负总责、市(州)县抓落实"的工作机制,形成全省五级书记抓局面。贵州省委书记、省长向中共中央签署脱贫攻坚责任书,立下军令状;市县乡层层签订了1.62万份脱贫攻坚责任书,立下军令状,明确目标,增强责任,强化责任与担当。通过层层压紧党政"一把手负总责"责任制,层层压实党委主责、政府主抓、干部主帮、基层主推、社会主扶和省领导包县、市领导包乡、县领导包村、乡镇领导包户、党员干部包人的"五主五包"责任链任务链。省委书记、省长全力抓脱贫,12名省级干部带头挂牌督战9个未脱贫摘帽深度贫困县、3个剩余贫困人口超过1万人的县区;市县党政主要负责同志深入一线带头攻坚克难,示范带动各级领导干部遍访贫困村、贫困户,确保每户贫困户都有人包保,实现所有省领导都挂帮贫困县,所有市州领导都有具体的帮扶乡镇,所有县区领导都有具体的帮扶村,所有贫困人口都有帮扶干部。在省委的坚强带领下,一级带着一级干、一级做给一级看,坚持目标导向和问题导向,采取超常规举措统筹协调,集省之力、集全省之智,全面打响基础设施建设易地扶贫搬迁及后续工作、生态产业扶贫、农村经济振兴的产业革命等硬仗,不折不扣地推动责任落实、工作落实、政策落实。

(三)加强基层党组织建设

党组织体系是生态扶贫的组织载体,尤其是基层一线党组织的作用更加突出。正所谓"农村要发展,农民要致富,关键靠支部"。在易地搬迁任务繁重的地区,党委和政府始终把生态扶贫作为第一民生工程来抓,坚持统揽全局,充分发挥各级扶贫开发领导小组的作用,加强队伍建设,带领全省各族人民统一行动,逢山开路、遇水搭桥,确保生态脱贫攻坚工作的正确方向和顺利推进。在这个艰难的工作中,省委、省政府着力加强农村基层组织建设,注重选好贫困乡镇一把手、配强领导班子,使整个班子和干部队伍具有较强的工作能力。在村级层面,选派大批年轻干部赴驻村帮扶第一线,把优秀干部资源投放到脱贫攻坚主战场。第一书记重点从各级机关、国有企事业单位的优秀干部中选拔,协助那些组织能力、工作能力弱的贫困村解决突出困难。通过干部下派挂职任第一书记、包村干部、大学生村官等途径,为贫困村输入了新鲜血液,乡村党支部、村委会的政策理解能力和执行能力有了长足进步,组织动员能力得到进一步增强,乡村党员干部的积极性得到激发和调动,以强烈的使命担当、以强大的执行力保障了目标的实现。

因为有党的坚强领导、执行力强的基层组织、精准的生态脱贫方案、良好的工作思路和务实的工作方法,在干部群众的共同努力下,贵州生态扶贫取得巨大的成效。

二、坚持强化顶层设计实现高质量生态扶贫

生态建设和脱贫攻坚二者的结合具有一定的脆弱性和风险性,发展方向偏失、发展方法失当都可能会走向成本高、效益低的困境。解决好这一问

题,需要找准导致深度贫困的主要原因,从宏观层面对生态扶贫进行顶层设计,精心部署,精准发力。

贵州省的生态扶贫工作能取得巨大成就,获得高度评价,离不开顶层设计的科学性和前瞻性。作为生态脆弱、贫困面广、贫困程度深的省份,要解决生态扶贫面临的突出矛盾和问题,仅仅依靠单个领域、单个层次的改革难以奏效,必须加强顶层设计、整体谋划,根据现实情况、需求分析,"自顶向下"进行部署,把握好方法路径,突出好综合性、协调性、系统性,才能开创新局面,实现新突破。省委、省政府结合贵州的实际,出台了《贵州省生态扶贫实施方案(2017—2020 年)》《贵州省扶贫生态移民工程规划(2012—2020年)》《省委、省政府领导领衔推进农村产业革命工作制度》《全省旅游扶贫规划》《关于加强和完善易地扶贫搬迁后续工作的意见》《关于健全生态保护补偿机制的实施意见》《贵州省建档立卡贫困人口生态护林员工作实施方案》《贵州省水电矿产资源开发资产收益扶贫改革试点实施方案》《贵州省易地扶贫搬迁就业和社会保障工作实施方案》《贵州省精准推进就业扶持工作方案》等一系列文件,明确工作思路,构成了生态扶贫的顶层设计和科学方案及工作体系。其中,《贵州省生态扶贫实施方案(2017—2020 年)》在战略上明确了扶贫开发的基本方向,就是要实施包括退耕还林建设扶贫工程、森林生态效益补偿扶贫工程、生态护林员精准扶贫工程、重点生态区位人工商品林赎买改革试点工程、自然保护区生态移民工程、以工代赈资产收益扶贫试点工程、农村小水电建设扶贫工程、光伏发电项目扶贫工程、森林资源利用扶贫工程及碳汇交易试点扶贫工程的生态扶贫十大工程,这是做好生态扶贫工作的作战图。围绕生态扶贫实施方案进一步出台一系列政策,比如《贵州省水电矿产资源开发资产收益扶贫改革试点实施方案》《贵州省易地扶贫搬迁就业和社会保障工作实施方案》《贵州省精准推进就业扶持工作方案》等,贵州深入推进生态扶贫战略行动的施工图,易地搬迁后续扶持"五个体系"建设,"五步工作法"是基本工作方法,通过规划引领、资金项目支持、督查检查指导和人才科技支撑等组合拳,真抓实干,扎实推进,高质量推动生态扶贫工作的开展。

在实践层面,贵州省根据贫困地区的生态环境和资源条件、贫困原因,找准穷根后进行靶向治疗,因人因地施策,因贫困原因施策,因贫困类型施策。①针对发展产业欠基础、少条件、没项目,或少有的产业项目结构单一的贫困地区,着力建设基础设施,开展农村产业革命,培育壮大特色生态产业和支柱产业,主要是以农业为中心拓展林下产业、乡村旅游、文化体验和农村电商等,把"绿水青山"转化成"金山银山"。②针对生态核心区、生态脆弱区、自然条件恶劣区,大力度实施易地整体搬迁工程。在资金筹措上,坚持省级统贷统还,减轻市县及群众负担;在搬迁对象上,以自然村寨整体搬迁为主,全部实行城镇化集中安置。积极拓宽就业渠道,推进劳务就业,想尽办法增加公益岗位,保障每家一人就业。③针对地理位置偏远,地广人稀的全国重要生态功能区、禁止开发区和限制开发区,治理增加护林员等公益岗位,加大生态补偿等方式,促进增收。

三、坚持培育扶持产业激活内生动力

经济增长是减贫的先决条件。虽然政府可以通过制定宏观政策,对贫困地区的资源进行有效整合,利用国家财政投入实施生态建设工程,消除区域的贫困问题,其扶贫效果也显著,但从长期来看,这种以公共财政投入直接转化为贫困人口收入的做法难以大规模、可持续地进行。光靠"输血型"的生态补偿和生态脱贫政策,显然不够,必须加大"造血型"机制的创新力度,变"要我富"为"我要富",形成生态保护和脱贫致富良性互动。开展生态帮扶工作,一方面要加大生态脆弱地带的生态保育和生态建设,通过实施重大生态工程建设、加大生态补偿力度、开发更多的生态服务公益岗位等,切实加大对贫困地区、贫困人口的支持力度,把穷山恶水修复成青山绿水,推动贫困地区扶贫开发与生态保护相协调,使贫困人口从生态保护与修复中得到更多实惠。另一方面应更加注重发挥市场机制的作用,包括农业劳动力转移、产业发展和企业培育,都应该由市场机制决定,推动生态变生计,通过生态产业的壮大使原建档立卡贫困户和贫困村获得持续稳定的收入来源。

推动生态产业发展,提升产业效益,关键是做大做强农村主导产业,增强农产品竞争力。具体而言:一是牢固树立"绿水青山就是金山银山"理念,将生态建设与保护和扶贫开发有机结合起来进行通盘考虑,既要绿水青山,也要金山银山,尽最大可能推进脱贫攻坚与生态环境之间的精细平衡,妥善处理人、自然与社会的关系,努力探求生态保护与脱贫攻坚互利共赢。根据贫困地区的资源禀赋不同,制定切实可行的生态产业发展政策和发展计划,依据贫困地区当地特点发展绿色产业,打造绿色品牌,为贫困地区稳定脱贫及后续可持续发展夯实内力。只有将资源变为资本,通过资本创造出财富,才是稳定持续减贫富民的根本之路。二是统筹全省生态产业规划,有序推进生态产业发展。从省域层面考虑,对省域农业产业发展进行产业规划,引导发展方向;从县域层面考虑,在遵循区域宏观规划的前提下,结合县域产业转型和实践基础选择主要方向;从乡镇层面考虑,依托县域主导产业,通过增加公共供给,给予区域产业发展更为宽松的外部环境,支持乡镇特色生态产业发展,因地制宜打通青山绿水变为金山银山的路径,建立有效的绿色转化机制,实现可持续减贫和绿色发展的双丰收。贵州省的生态产业扶贫实践,正是从这两个层面考虑,主要抓好以下两个方面。

(一)发展特色生态优质产业

贵州深入推进大扶贫、大生态战略行动,坚持扶贫开发与生态保护并重为主线推进生态扶贫。这既是对新发展理念的贯彻、为人民谋幸福的必然要求,也是对贵州过去扶贫的经验总结,是实现广大贫困地区和贫困群体可持续性脱贫的关键。20世纪80年代以前,贵州毕节等地的穷苦百姓为了解决生计问题,毫无节制地向大自然索取,不仅破坏了自然,使得当地的石漠化越来越严重,陷入"越穷越垦,越垦越穷"的陷阱。以往经验教训表明,不合理的开发利用活动大量挤占和破坏了生态空间。唯有走生态良好、生产发展、生活幸福的绿色发展的生态扶贫之路,才能可持续脱贫。因此,省委、省政府坚决不因为急于完成脱贫任务,不惜牺牲和破坏生态环境,片面追求经济增长和收入增加,毫不动摇地走绿色生态脱贫道路。坚持"人无我有、人有我优、人优我特、人特我精"的原则,结合农业山地优势、生态优势、资源优势和传统优势,选准茶叶、蔬菜、食用菌、水果、生猪、辣椒和中药材等12个农业特色优势产业,在全省开展一场振兴农村经济的深刻的产业革命,调整生态农业产业结构,提高生产效率,重塑农业产品的竞争力。2018年以来,贵州12位省领导领衔高位推动,以农业产业革命为抓手,优化农业产业结构,加快传统农业向现代农业转变。其根本目的是适合市场需求变化,改变农产品结构,立足实际,结合资源禀赋和市场需求,选准优势品种,因地制宜地发展,促进农民增收,杜绝扶贫养懒汉。在省域层面科学制定农业产业规划,引导和推动各县因地制宜培育和发展12个农业主导产业,打造高品质、有口碑的特色农业金字招牌。尤其是用好贫困地区"绿水青山"资源,打造贫困地区绿色品牌,让生态高效特色产业发展成为激活贫困地区居民内生动力的有效载体,逐步实现农产品生产由大路货为主转向以特色生态优质为主,逐步退出低质品种生产领域,带动贫困人口实现稳定增收。比如:发展生态种植养殖业、林下经济、生态旅游等,注重一二三产业融合,全面实现产业生态化、生态产业化。生态产业优势培育,时间长、难度大。在一些地区,尤其是贫困地区,短时间内难以发挥生态优势,相比之下,低环保的项目往往更具有短期高效益。由于国家对生态脱贫只提出了"坚持保护生态,实现绿色发展"等原则性要求,没有明确实施要求,没有考核量化,所以,在脱贫攻坚的任务要求考核压力下,一些贫困地区在脱贫攻坚中抵抗不了资源消耗型产业带来的利益诱惑,出现环保让路的现象。要守住生态,又要完成脱贫任务,需要有高度的红线意识和持久的发展定力。贵州加强生态环境保护建设的定力,不动摇、不松劲、不开口子,矢志不移、坚忍不拔,不动以牺牲环境换取经济增长的念头,坚定走发展生态高效特色产业之路,在生态保护中实现脱贫发展,在脱贫发展中保护好生态。

(二)促进产业发展组织化

农村贫困人口的致贫原因除了地区生态保护的限制、个人和家庭经济资源方面的匮乏外,还存在着能力匮乏问题,体现为产业参与能力和市场参与能力不足,自身无法实现较大幅度的发展。此外,小农经营规模小、抗风险能力弱、科技推广成本高等问题,导致其难以适应农业现代化生产和消费升级的需要,进而导致农民脱贫增收困难,甚至难以维持家庭生计。只有推进农业产业发展方式专业化、规模化、组织化和市场化,通过合作形成各种类型的经济组织,及时对市场需求做出反应,提供符合消费者需要的农产品、节约交易成本,获得更多的经济效益,才能带动农村生产融入社会化大生产,才能更好地推进小农户的现代化改造,将小农经营纳入现代农业发展轨道,实现小农户与现代农业发展的有机衔接,从而促进农民增收。可以说,农业产业发展组织化、规模化能有效消除小农户发展、维护小农户的经济利益,改变"大省小农"的基本农情,将小农户纳入现代农业发展的途径。因而,贵州通过在实践中摸索,创新利益联结机制、增加小农户资源,推动农业发展融入社会化大生产。比如,通过"三变"改革(资源变资产、资金变股金、农民变股东),保证贫困户的参与权,建立完善利益联结机制,保证贫困户从生态产业中享有更多受益权。通过壮大农民专业合作组织、培育龙头企业、大力推广公司 + 合作社 + 农户和公司 + 农户,提高生态产业社会组织化和市场化程度,使贫困人口融入产业链、价值链,实现了农民的可持续增收。

贵州实践表明,经济发展与生态环保完全可以实现相互促进、彼此提升,前提是越是脱贫攻坚面临困难挑战,越要增强生态文明建设的战略定力,越要向绿色转型要出路、向生态产业要动力。对许多贫困地区来说,最大的资源就是生态资源,最大的优势就是生态优势,深挖绿水青山这座富矿,才能尽快摆脱贫困、实现小康。

第四章

生态文明制度创新

贵州坚持以习近平主席的生态文明思想为指导,以建设国家生态文明试验区为契机,从保障生态文明建设的大局出发,从生态保护及环境治理的细处着手,大力开展生态文明制度改革创新,以制度推动经济高质量发展,在生态文明制度建设方面的实践探索和机制创新上形成了一批可复制可推广的重大制度经验,为全国作出了示范,有效发挥改革"试验田"的作用,也为中国生态文明制度建设的理论和实践提供了先进经验、注入了"贵州元素"。

第一节 生态文明制度概述

一、生态文明制度的含义

制度一般是指要求大家共同遵守的办事规程或行动准则,也指在一定历史条件下形成的法令、礼俗等规范或一定的规则。制度经济学派的早期代表人物约翰·洛克斯·康芒斯把制度解释为一种"集体的行为",解决冲突的"秩序"。新制度经济学派主要代表人物、诺贝尔经济学奖得主道格拉斯·诺斯认为制度是调节人类行为的准则,他强调"制度构造了人们在政治、社会和经济方面发生交换的激励结构,制度变迁则决定了社会演进的方式"。① 制度能够起到约束、规范、引导作用,能够保证决策的贯彻落实,维护经济社会的运行秩序。制度的主要功能是增进秩序,防止和化解冲突。制度分为正式制度与非正式制度。正式制度是指政府、国家或统治者等按照一定的目的和程序有意识创造的一系列政治、经济规则及契约等法律法规,以及由这些规则构成的社会等级结构,非正式制度指文化习俗和道德约束等。

---

① 道格拉斯·C·诺斯.制度、制度变迁与经济绩效[M].上海:上海三联书店,1994.

　　生态文明制度是指在全社会制定或形成的一切有利于支持、推动和保障生态文明建设的各种引导性、规范性和约束性规定和准则的总和①,是推进生态文明建设的行为规则。建设生态文明制度是关键。只有通过生态文明制度的约束、规范、引导,才能保障生态文明决策的贯彻落实,提高全社会的生态理性,维护生态文明建设的次序。同时,生态文明制度是衡量人类文明水平的标尺,生态文明制度是否系统、完整、先进,在一定程度上代表了生态文明水平的高低。生态文明制度是中国特色社会主义的重要组成部分,与中国特色社会主义经济制度、政治制度、文化制度和社会制度一起构成了中国特色社会主义制度。用制度保护生态环境是建设生态文明、实现美丽中国梦的重要路径。

二、生态文明制度体系及基本框架

　　生态文明制度体系分为生态文明正式制度、生态文明非正式制度,并通过生态文明正式制度、生态文明非正式制度、生态文明制度的实施机制对人们的行为进行调整,以达到提升生态文明水平的目标。

　　生态文明正式制度是生态文明制度的内核,主要包括环境法律法规、生态文明政策等,是生态文明规则的"硬约束"。其中,生态文明法律法规反映的是生态文明建设中政府的决策部署,具有强制性、权威性、广泛性。生态文明法律通过法律条文的方式告知公众哪些行为是合法的,哪些行为是非法的,违法者将要受到怎样的制裁。生态文明法律法规通过执法效力来达到警示和预防犯罪的作用。生态文明政策是国家为实现生态文明战略目标所采取的一系列控制、管理、调节措施的总和,是约束、协调政策调控对象的观念和行为准则,是实现生态文明目标的各种制度安排。生态文明政策不仅具有一定的权威性、广泛性、代表性,还具有一定的灵活性,是生态文明法律的一种执行、一种贯彻和延伸的变通方式。成熟规范的生态文明政策可以上升到法律法规地位,提高政策的稳定性及行政效率、减少行政成本。

　　生态文明非正式制度包括环境观念、环境意识、环境伦理和环境习俗等,是一种引导性制度。通过对社会各主体进行生态道德教育,使之成为价值认同,转化为内心信念,将其落实到自觉的行动中。非正式制度主要源于传统文化,通过社会风尚、伦理道德等软约束,激发人们内心信念来实施有利于生态文明建设和环境保护的行为,从而达到人与自然的和谐相处、实现

---

　　① 夏光.加快建设生态文明制度体系[J].政策,2014,(01):43-45.

可持续发展目标的制度安排。生态文明正式制度、非正式制度不可分割,二者之间相互匹配、互相适应,共同构成完整的制度体系。① 实施机制则为正式制度和非正式制度提供保障,包括生态文明建设的相关组织机构、司法创新、评价考核、信息披露及奖优罚劣等。

三、我国生态文明制度建设

自 20 世纪 70 年代以来,我国实行了环境保护基本国策和可持续发展战略,制定了以《中华人民共和国环境保护法》为基本法的一系列环境保护法律制度,实施了环境影响评价、"三同时"、排污收费等基本制度。1993 年以后,我国开始实施可持续发展战略,在污染防治和生态保护上,当时主要是以运用单项工程技术性解决方案为主,环保法治观念尚未完全建立起来。

2012 年,党的"十八大"报告首次提出,保护生态环境必须依靠制度,要把资源消耗、环境损害、生态效益纳入经济社会发展评价体系、建立体现生态文明要求的目标体系、考核办法、奖惩机制,这是党的报告首次提出建设生态文明需要一个根本性的制度保障。同时,在报告"加强生态文明制度建设"部分,还系统阐明了生态文明考核奖惩机制、最严格的生态环境保护制度、资源有偿使用和生态补偿测度、生态环境监管追责制度和生态环境宣传教育制度等五大制度,为构建系统完整的生态文明制度体系奠定了重要基础。

2013 年,党的十八届三中全会通过的《中共中央关于全面深化改革若干重大问题的决定》首次提出"用制度保护生态环境",希望通过制度安排来规范和调节人类行为、保护生态环境,这是生态文明建设和可持续发展的必然要求。在"加快生态文明制度建设"部分首次提出"必须建立系统完整的生态文明制度体系"的论断,并重点阐述了健全自然资源资产产权制度和用途管制制度划定生态保护红线、实行资源有偿使用制度和生态补偿制度、改革生态环境保护管理体制等四大制度。

2015 年,中共中央、国务院印发的《关于加快推进生态文明建设的意见》强调"加快建立系统完整的生态文明制度体系",具体阐述了健全法律法规、完善标准体系、健全自然资源资产产权制度和用途管制制度、完善生态环境监管制度、严守资源环境生态红线、完善经济政策、推行市场化机制、健全生态保护补偿机制、健全政绩考核制度、完善责任追究制度等十大制度,勾勒

---

① 李裴,邓玲.贵阳生态文明制度建设[M].贵阳:贵州人民出版社,2013.

出生态文明的制度框架，为加快生态文明建设指明了方向。同年，中共中央、国务院印发《生态文明体制改革总体方案》，进一步强调"加快建立系统完整的生态文明制度体系"。其中，设计了有关建立统一的确权登记系统等5项具体的自然资源资产产权的制度、完善主体功能区制度等4项具体国土空间开发保护制度、编制空间规划等3项具体空间规划体系、完善最严格的耕地保护制度和土地节约集约利用制度等10项具体资源总量管理和全面节约制度、加快自然资源及其产品价格改革等8项具体资源有偿使用和生态补偿制度、完善污染物排放许可制等6项具体环境治理体系、培育环境治理和生态保护市场主体等6项具体环境治理和生态保护市场体系、5项建立生态文明目标体系等具体生态文明绩效评价考核和责任追究制度等八个方面47项具体制度构成的生态文明制度体系，为生态文明制度建设搭建好基础性制度框架。见表4-1。

表4-1　我国生态文明制度体系及基本框架

名称	具体内容
自然资源资产产权制度	建立统一的确权登记系统
	建立权责明确的自然资源产权体系
	健全国家自然资源资产管理体制
	探索建立分级行使所有权的体制
	开展水流和湿地产权确权试点
国土空间开发保护制度	完善主体功能区制度
	健全国土空间用途管制制度
	建立国家公园体制
	完善自然资源监管体制
空间规划体系	编制空间规划
	推进市县"多规合一"
	创新市县空间规划编制方法
完善资源总量管理和全面节约制度	完善最严格的耕地保护制度和土地节约集约利用制度
	完善最严格的水资源管理制度
	建立能源消费总量管理和节约制度
	建立天然林保护制度
	建立草原保护制度
	建立湿地保护制度

（续表）

名称	具体内容
完善资源总量管理和全面节约制度	建立沙化土地封禁保护制度
	健全海洋资源开发保护制度
	健全矿产资源开发利用管理制度
	完善资源循环利用制度
健全资源有偿使用和生态补偿制度	加快自然资源及其产品价格改革
	完善土地有偿使用制度
	完善矿产资源有偿使用制度
	完善海域海岛有偿使用制度
	加快资源环境税费改革
	完善生态补偿机制
	完善生态保护修复资金使用机制
	建立耕地草原河湖休养生息制度
建立健全环境治理体系	完善污染物排放许可制
	建立污染防治区域联动机制
	建立农村环境治理体制机制
建立健全环境治理体系	健全环境信息公开制度
	严格实行生态环境损害赔偿制度
	完善环境保护管理制度
健全环境治理和生态保护市场体系	培育环境治理和生态保护市场主体
	推行用能权和碳排放权交易制度
	推行排污权交易制度
	推行水权交易制度
	建立绿色金融体系
	建立统一的绿色产品体系
完善生态文明绩效评价考核和责任追究制度	建立生态文明目标体系
	建立资源环境承载能力监测预警机制
	探索编制自然资源资产负债表
	对领导干部实行自然资源资产离任审计
	建立生态环境损害责任终身追究制

四、我国生态文明制度建设取得的成就

　　生态文明制度建设是一项极其复杂的任务,国家通过推进中共中央和地方来落实。对于一些改革方向较为明确、由中共中央层面相关部门负责实施的制度任务,由中共中央层面直接审议通过实施方案、再步入实施阶段,引导各地区开展相关工作。而对于一些改革方向并不明确、任务较为复杂、牵涉部门较多、缺乏可参考经验的改革任务,相关部门通常采用试点试验这一政策工具,先鼓励一些地方根据实际情况,探索各种解决问题的办法,从而为全面铺开而积累经验,然后在全国推广。党的"十八大"以来,国务院有关部委开展了数十个生态文明体制改革试点项目,有上百个地区作为试点区域参与其中。这些试点示范区,有的以省为单位,如贵州、江西、福建等,有的以地级市、区县为单位,还有的以流域和跨行政区域为单位,同时在东、中、西部都有分布,既具有广泛的代表性,也体现了国家的总体布局。根据重点和定位的不同,生态文明体制改革和制度创新试点分为两类,即综合类生态文明试点和生态文明制度专项试点。① 对于综合类生态文明试点,主要将制度建设纳入生态文明建设总体框架,如生态文明先行示范区、国家生态文明试验区。对于生态文明制度专项试点,重点是探索尚未成熟的制度实施模式。通过多年的努力,我国生态文明体制改革和制度创新取得了显著成效,我国生态文明制度的"四梁八柱"已经确立。

(一)自然资源资产产权制度加快构建

　　在建立健全自然资源资产产权制度方面,目前已在统一确权登记、有偿使用、节约集约利用、空间用途管制和保护修复等方面开展了一系列的创新。组建了统一的确权登记机构,自然资源部在部委层面组建了不动产登记司和不动产登记中心,在地方层面积极推动不动产登记职责整合,全国市、县两级职责机构整合已接近全部完成。2016 年,自然资源部、中共中央编办、财政部等五部门印发《自然资源统一确权登记办法(试行)》,并在贵州、福建等 12 个省份全面开展试点,加快推进土地、房屋、草原、林地、海域等不动产统一登记工作。2019 年,中共中央办公厅、国务院办公厅印发了《关于统筹推进自然资源资产产权制度改革的指导意见》,提出了到2020 年,基本建立归属清晰、权责明确、保护严格、流转顺畅及监管有效的自然资源资产产权制度的目标,按照中共中央部署,自然资源资产产权制

---

　　①　温宗国.新时代生态文明建设探索示范[M].北京:中国环境出版集团,2021.

度改革提速推进。

(二)国土空间开发保护新格局逐渐完善

以国家公园为主的自然保护地体系初步建立,国家及省级自然资源监管体制改革阶段性目标已基本完成,新的国土开发保护制度初步形成,国土空间用途管制正在稳步推进。就建立国家公园机制而言,我国已经设立了三江源、武夷山、钱江源、神农架、普达措、大熊猫、东北虎豹、祁连山、湖南南山、长城和海南热带雨林11个国家公园体制改革试点。各个国家公园试点区均建立了相关管理办法或条例、初步制定了生态环境保护制度,整合统一了原有自然保护区、地质公园、森林公园和风景名胜区等各种类型的保护地的管理机构和管理区域,初步实现了"一个保护地、一块牌子、一个管理机构"。神农架、钱江源、武夷山、湖南南山、三江源和东北虎豹等试点区均成立了国家公园管委会或管理局,对原有保护地内的各类机构进行了整合,改善了其原来破碎、多头的管理现象。

(三)国土空间规划体系基本形成

按照中共中央的决策部署,自然资源部、国家发展和改革委员会、环境保护部、住房和城乡建设部四部委研究制定并联合印发了《关于开展市县"多规合一"试点工作的通知》(发改规划〔2019〕1971号),在全国28个地区部署开展多规合一试点工作,统一土地分类标准,根据主体功能定位,探索划定城镇空间、农业空间、生态空间,明确建设区、工业区、农村居民点等的开发边界,以及耕地、林地、草流、湖泊和湿地等的保护边界,建立相关规划衔接协调机制,解决空间规划相互冲突等的难题。2019年,中共中央全面深化改革委员会第六次会议审议通过《关于建立国土空间规划体系并监督实施的若干意见》,确立了空间规划体系的总体框架和编制要求,对空间规划的实施与监管、相关法规政策与技术保障作出规定等,推进了空间规划体系的建设。目前,我国逐步建立起"多规合一"的规划编制审批体系、实施监管体系、法规政策体系和技术标准体系;基本完成市县以上各级国土空间总体规划的编制,初步形成全国国土空间开发保护的"一张图"。

(四)资源有偿使用和生态补偿制度不断建立完善

全民所有自然资源资产有偿使用制度进一步健全。2016年以来,国家相继出台了《贫困地区水电矿产资源开发资产收益扶贫改革试点方案》(国办发〔2016〕73号)《矿业权出让制度改革方案》《矿业资源权益金制度改革方案》《关于扩大国有土地有偿使用范围的意见》(国主资规〔2016〕20号)《国务院关于全民所有自然资源资产有偿使用制度及改革的指导意见》（国发〔2016〕82 号）《关于水资源有偿使用制度改革的意见》（水资源〔2018〕60 号）《海域、无居民海岛有偿使用的意见》《重点国有林区国有森林资源资产有偿使用试点方案》等，并在一些地方有序开展试点工作，不断加快推动反映全成本的资源有偿使用制度的建立。同时，加快资源税费改革。2016 年财政部和国家税务总局印发了《关于全面推进资源税改革的通知》（财税〔2016〕53 号），全面进资源税改革，通过全面实施清费立税、从价计征改革理顺资源税费关系。建立规范公平、调控合理、征管高效的资源税制度，有效发挥其组织收入、调控经济、促进资源节约集约利用和生态环境保护的作用，河北省率先开展了水资源税改革试点，在此基础上，2017 年财政部、税务总局、水利部三部委出台了《扩大水资源税改革试实施办法》（财税〔2017〕80 号），深化了资源有偿使用和生态补偿制度的推进。此外，出台了《用能权有偿使用和交易制度试点方案》《关于开展水权交易试点工作的通知》《关于进一步推进排污权有偿使用和交易试点工作的指导意见》等文件，加快推进用能权交易、水权交易、排污权交易。

（五）基本建立生态文明绩效评价考核和责任追究制度

建立并实施中共中央生态环境保护督察制度，如《环境保护督察方案（试行）》《中共中央生态环境保护督察工作规定》。确立了由中共中央主导的原则，从"查企业为主"转向"查督并举，以督政为主"，要求全面落实党委、政府环境保护"党政同责""一岗双责"的主体责任。同时，中共中央办公厅、国务院办公厅发布《生态文明建设目标评价考核办法》，全面实施生态文明建设目标评价考核制度。此外，2015 年以来，中共中央办公厅、国务院办公厅先后印发了《关于印发开展领导干部自然资源资产离任审计试点方案的通知》《开展领导干部自然资源资产离任审计试点方案的通知》，对领导干部实行自然资源资产离任审计，以领导干部任期内辖区森林、海洋、土地和水等自然资源资产变化状况为基础，对领导干部履行自然资源资产管理和生态环境保护责任情况进行审计评价等。

第二节　贵州生态文明制度建设的重大创新

贵州省深入开展生态文明体制改革综合试验，以机制创新、制度供给、模式探索为重点，大胆先行先试，全面深化生态文明体制机制改革创新，释放生态制度红利。自 2016 年 6 月获批首批国家生态文明试验区以来,完成了 34 项核心制度建设,生态文明"四梁八柱"制度框架全面建立。2020 年,贵州国家生态文明试验区 13 个方面 30 项改革举措和经验做法列入国家推广清单,正式向全国推广。

一、构建有利于守住生态底线的制度体系

贵州省是长江、珠江上游的绿色屏障,守住生态底线关系着长江、珠江生态安全的全局,也是贵州经济社会可持续发展的要求。省委、省政府以推动长江经济带绿色发展为遵循,全力打造长江、珠江上游绿色屏障建设示范区,构建有利于守住生态底线的制度体系。其中,在建立长江经济带生态空间管控制度、推进自然资源资产产权制度改革、编制自然资源资产负债表、推进生态补偿机制创新、建立梵净山世界遗产保护管理机制等方面,取得了重大突破。

(一) 建立生态空间管控制度

空间治理是一个地区治理的重要组成部分,旨在促使该地区空间的经济、人口、环境、资源走向均衡和协同,以提高治理能力。而生态空间管控是指综合考虑自然、环境、生态以及经济社会等多方面因素,从生态环境保护角度对国土空间进行分区管控,以此改善生态环境。生态空间管控的基础是划定生态环境功能分区,其核心是编制生态环境空间管控生态保护红线、环境质量底线、资源利用上线和环境准入清单的"三线一单",并根据生态保护红线和相关生态功能区域评估调整进行优化,制定不同生态环境功能分区的目标和管控措施,实施差异化环境管控政策制度。通过约束和引导区域开发布局,控制和改善建设开发活动的生态环境行为,确保国土开发布局与生态环境安全格局相协调,将生态环境资源的利用强度控制在生态环境承受力范围之内,实现区域资源环境的永续利用和经济社会的可持续发展。实施生态空间管控是改善我国生态环境问题的有效措施之一。

建设生态环境分区管控制度是加快生态环境治理体系和治理能力现代化建设的内在需要,是实现生态环境监管精细化、规范化、智能化的重要抓手。对于生态环境治理而言,传统"一刀切"式管理模式已无法适应当前环境治理体系和环境治理能力现代化的要求,实施差别化分区管理势在必行。2018 年 6 月,《中共中央 国务院关于全面加强生态环境保护坚决打好污染防治攻坚战的意见》提出"加快确定生态保护红线、环境质量底线、资源利用上线,制定生态环境准入清单",通过建立实施"三线一单"生态环境分区管

控,保持发展战略定力、改善生态环境质量。

"三线一单"是一种生态环境保护关口前移的政策工具。通过集成红线、底线、上线成果,划定管控单元并编制生态环境准入清单,达到改善环境质量、防控环境风险和维护生态系统功能目标。因而,编制"三线一单",是为高质量发展划框子、定规则。2017年,作为全国12个试点省份之一,贵州省按照国家"三线一单"技术要求,依据省域范围生态系统重要性及敏感性、环境功能区划、污染物排放的空间差异,在区域发展战略与基本特征的基础上,开展了"三线一单"的编制工作。由省生态环境厅牵头组织编制完成《贵州省生态环境分区管控"三线一单"》,2019年11月,通过生态环境部审核验收。针对全省流域、区域、行业特点,聚焦问题和目标,贵州省将国土空间按优先保护、重点管控、一般管控三大类划分为1 332个生态环境分区管控单元。其中:优先保护单元769个,占全省面积43.29%;重点管控单元427个,占全省面积15.26%;一般管控单元145个,面积占比41.45%。如表4-2所示。

表4-2　贵州省生态环境分区管控"三线一单"

名称	单元(个)	主要内容
优先保护	762	主要包括生态保护红线、自然保护地、饮用水水源保护区等生态功能重要区和生态环境敏感区。原则上按照禁止开发区域进行管控,以生态环境保护为主,依法禁止或限制大规模、高强度的工业和城镇建设
重点管控	425	主要包括经济开发区、工业园区、中心城区等经济发展程度较高的区域。主要是生产、生活空间和少量的一般生态空间。以生态修复和环境污染治理为主,不断优化空间布局,加强污染物排放控制和环境风险防控,进一步提升资源利用效率
一般管控	145	主要包括优先保护单元、重点管控单元以外的区域。以适度开发的生产、生活空间为主,不包含生态空间。开发建设过程中按照生态环境相关法律法规进行管控
生态环境准入清单		根据划分的环境管控单元特征,对每个管控单元分别提出定量和定性相结合的环境准入管控要求,形成了全省生态环境准入清单。生态环境准入清单既设立了产业限制条件,又指明了投资方向,规范开发建设活动

贵州省"三线一单"具有以下特点:①正确处理好发展与保护两者之间的关系。把守好发展和生态两条底线作为最基本的遵循、作为一条主线贯穿"三线一单"编制和应用全过程,正确处理好发展与保护的关系,紧扣生态

优先、绿色发展的高质量发展目标,紧密结合本地实际,既把该保护的坚决保护好,又为高质量发展预留空间,突出差别准入、精细化管理,协同推进生态环境高水平保护和经济高质量发展。②妥善处理好"三线一单"与国土空间规划的关系。坚持"三线一单"不另辟蹊径、另立标准,而是融合了现有的生态红线管控要求、环境要素目标要求、资源利用约束条件,对现行政策、规定进行集成。坚持强化统筹衔接和空间管控,对现行政策、规定、规划进行梳理和完善,既把生态环境质量改善的要求系统落实到国土空间上,又使"三线一单"与国土空间规划两者各有侧重,相互补充、相互促进,不冲突、不矛盾。特别是从区域生态环境特征和发展定位出发,突出事关区域可持续发展最密切、最紧迫、最直接的重大环境问题,突出贵州生态系统本底脆弱、石漠化较为严重、环保基础设施不足等,确保优先保护、重点管控、一般管控等环境管控单元的分布与区域保护发展格局相协调。③将生态环境准入和环境管控要求细化到乡镇和以工业园区为主体的管控单元,固化在图上,为地方各级政府提供明明白白的环境管理要求。并强调"三线一单"确定的生态环境分区管控单元及生态环境准入清单是各级政府资源开发、产业布局、结构调整、城镇建设和重大项目选址的重要依据。2019 年 5 月,贵州省委常委会审议通过的《贵州省生态环境保护条例》将"三线一单"内容纳入其中,从而确定了"三线一单"的法律地位,为实施提供硬约束、硬保障。

总而言之,通过编制"三线一单",系统分析全省国土空间的环境属性,结合生态保护红线的划定,将过去难以落地的环境质量底线、资源利用上线的要求,落实到一个个具体的环境管控单元,并有针对性地提出环境准入负面清单,形成系统性分区环境管控体系,将区域空间的环境保护要求明确下来,作为党委政府综合决策的重要依据,规范发展行为,以推动发展空间布局、资源开发利用和生态环境保护的协调统一,对加强生态环境保护、优化国土空间开发、完善空间治理体系提供了制度保障。目前,贵州已有 1 756 个项目运用"三线一单"成果。

(二)开展自然资源资产产权制度改革

自然资源资产产权制度是建设生态文明、保护生态环境的重要基础性制度。改革开放以来,我国逐步建立了自然资源资产产权制度,但仍然存在自然资源资产底数不清、所有者不到位、权责不明晰及权益不落实等问题,已经严重制约了我国自然资源资产的合理开发、系统修复和高效利用。因此,需要建立健全山水湖田林草等自然资源资产产权制度,明确其主人,解决因产权主体不清造成"公地悲剧"、收益分配机制不合理等问题。2019 年

《关于统筹推进自然资源资产产权制度改革的指导意见》,明确要"以完善自然资源资产产权体系为重点,以落实产权主体为关键,以调查监测和确权登记为基础,着力促进自然资源集约开发利用和生态保护修复,加强政府监督管理,促进自然资源资产要素的流转顺畅、交易安全、利用高效,实现资源开发利用与生态保护相结合的改革初衷。"

自然资源统一确权是构建自然资源资产产权体系的基本要求,也是自然资源资产产权制度的基础支撑。长期以来,我国只针对单项自然资源进行过确权登记,如全国国土调查。由于过去尚未对森林、河流等自然资源进行统一确权,导致企业和个人在使用时的直接成本小于社会所需付出的成本,容易造成乱砍滥伐森林、过度使用水资源的问题。因此,十八届三中全会将自然资源统一确权登记作为一项重要改革内容提了出来。2016 年11 月,中共中央全面深化改革领导小组审议通过《自然资源统一确权登记办法(试行)》,决定在全国 12 个省份开展为期 1 年的试点,贵州是 12 个试点省份之一。

作为一项新的制度,自然资源确权登记没有现成的经验可借鉴。贵州省对此着力进行了研究,并在全国首次提出"试什么、确什么、登什么、怎么登"4 个核心成果,出台了《贵州省自然资源统一确权登记总体工作方案》,明确提出全域调查水流、森林、山岭、草原、荒地、滩涂和探明储量矿产资源等七类自然资源。并在赤水、绥阳、钟山等 10 个县(市、区)开展自然资源统一确权登记试点,对自然保护区、自然公园等各类自然保护地,江河湖泊、生态功能重要的湿地、国有林场等具有完整生态功能的自然生态空间和全民所有单项自然资源开展统一确权登记。10 个试点县(市、区)结合实际,大胆进行探索。比如,安顺市编制了《安顺市自然资源统一确权登记试点工作指导方案》和《普定县自然资源统一确权登记试点实施方案》,市、县两级都成立了不动产登记局,组建了不动产登记中心,87 个乡镇国土资源所加挂动产登记站牌子,全面完成不动产统一登记职责和机构整合。市县(区)全面接入省自然资源厅动产统一登记平台,实现了登记机构、登记簿证、登记依据和登记信息平台的"四个统一"。10 个试点县(市、区)通过组织技术力量开展登记单元内各类自然资源的权籍调查,划定了登记单元内生态红线、特殊保护要求、用途管制要求的范围,查清了登记单元内的保护范围、功能分区、管控要求,形成了一套确权登记工作流程、技术方法、标准规范,可复制的登记路径和方法,验证了自然资源确权登记的现实可操作性。

总结贵州的具体做法如下。

1. 技术创新，统一试点标准

成立省、市、县三级政府试点工作领导小组，制定出台《贵州省自然资源统一确权登记技术办法》《贵州省自然资源统一确权登记工作要点》《贵州省自然资源统一确权登记试点成果要求》等文件，明确了登记单元内涵，制定簿册表格样式，统一试点工作技术方法标准。其中《贵州省自然资源统一调查确权登记技术办法（试行）》《贵州省自然资源确权登记操作指引（试行）》的订立为全国第一家。

2. 因地制宜，打通路线方法

省县市区多方收集土地、矿产、水利、农业、森林、生态红线、生态环境及规划等自然资源确权登记基础资料，为自然资源现状、权属、公共管制调查提供权威的数据支撑。以土地利用现状图为基础，结合高清影像并扣除耕地、建设用地等，预判国有自然资源范围。按照相对完整的生态功能、达到资源分类面积标准、集中连片的原则，在面积 1 000 亩以上区域预划登记单元，清晰界定各类自然资源资产的产权主体，逐步划清全民所有和集体所有之间的边界，划清全民所有、不同层级政府行使所有权的边界，划清不同集体所有者的边界，划清不同类型自然资源的边界。

3. 点面结合，强化督查指导

省级试点工作领导小组负责统一督查指导，督促相关部门按照职责，推进工作进度。组织全省统一视频培训、点对点当面培训，帮助试点县加深理解，吃透要求。创建工作专刊（月刊），通报试点情况，及时指出问题，跟踪指导试点。严格质检成果把关，由省级质检机构开展第三方质量检查，确保试点成果合法有据、要件齐全、成果统一。

4. 拓展平台，省级入库登簿

贵州省不动产登记推行的是省级大集中模式，即在省级不动产登记平台上开发贵州省自然资源统一确权登记模块，试点地区登记成果在省级平台统一入库和登簿，实现一张图登记不动产和自然资源。10 个试点县（市、区）最终的自然资源登记成果都在省级不动产登记平台上登簿。目前，全省已完成除矿产资源以外的 6 类自然资源面积约 1 329 万亩的入库登簿，约占县域总面积的 57%。预划的 567 个自然资源登记单元，通过叠加权属界线、各类保护界线，划定了 367 个自然资源登记单元内生态红线、特殊保护要求、用途管制要求范围，完成登簿 128 个自然资源登记单元，自然资源总面积 164.21 万亩。贵州省自然资源统一确权登记技术办法、平台数据库标准等系列配套文件，为国家出台制度提供支撑。图 4-1 为贵州自然资源确权登记工作流程图。

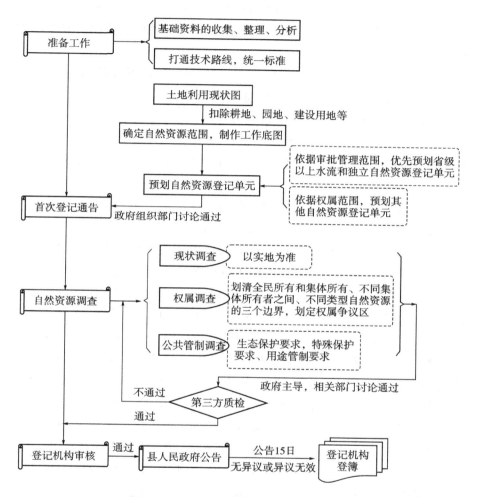

图 4-1　贵州自然资源确权登记工作流程

（三）建立梵净山世界遗产保护管理机制

世界自然遗产是非常宝贵的不可再生资源。目前我国是拥有世界自然遗产地数量最多的国家（共有 17 项世界自然遗产地）。从保护形式来看，绝大多数世界自然遗产地同时依托自然保护区、森林公园、地质公园等不同形式对区域内生物多样性进行保护管理；从遗产地的管理机构来看，一些地方存在着交叉重叠和多头管理的问题，导致栖息地破碎、自然景观破损、生态系统受损和生物多样性消减等问题。面对保护管理方面存在的这些问题与挑战，我国开始进行改革，建立由一个部门统一管理遗产地范围内的不同自

121

然保护地(如风景名胜区、自然保护区、森林公园等)。贵州省在这方面进行了探索,对梵净山世界遗产保护管理进行了系统性与创新性研究,建立健全了梵净山世界遗产保护管理机制,对我国自然遗产地保护机制的完善起到推动和引领作用。

梵净山系武陵山脉主峰,保留了大量古老孑遗、珍稀濒危和特有物种,是黔金丝猴和梵净山冷杉唯一的栖息地和分布地,也是水青冈林在亚洲最重要的保护地,拥有亚热带地区最大、最连片的原始山毛榉林。据调查统计,梵净山生态系统拥有 4 395 种植物和 2 767 种动物。2018 年,梵净山被列入世界遗产名录,遗产地面积达 402.75 平方千米,缓冲区面积 372.39 平方千米。

省委、省政府十分重视梵净山的世界遗产保护工作。通过严格环境准入制度,开展区域环境综合整治,强化监督和执法等,切实保障梵净山区域的生态环境安全。第一,对梵净山世界自然遗产地及其缓冲区保护管理实行"多规合一",开展梵净山景区管理体制改革工作,推进梵净山区域内管理机构职能整合。制定梵净山保护条例和锦江流域保护条例,建立区域执法协作机制。第二,按照"保护区内做减法、区外做加法"的原则,在保护区范围内严格执行准入制度,从决策源头预防环境污染和生态破坏,避免生态破坏严重、有重大不利环境影响、群众反映强烈的项目进入梵净山保护区域。严格管控世界自然遗产范围内所有的建设、生产、经营活动,在世界自然遗产范围外则着力打造精品旅游线路,发展冷水鱼养殖、中华蜜蜂、食用菌等生态产业,增加当地群众的收入,保障当地群众的利益。第三,推进周边农村环境综合整治。集中整治印江县、江口县、松桃县农村人居环境,完善基础设施建设,更好地促进生态环境保护。比如,将江口县列为农村环境综合整治重点地区,2018 年投入环保专项资金 3 000 万元推进 100 个行政农村饮用水源地保护设施和农村生活垃圾、生活污水治理设施建设。第四,强化对梵净山自然保护区监管。将梵净山国家级自然保护区列为全省生态保护红线区域,进一步严格保护。梵净山所在地铜仁市生态环境局成立工作专班,定期开展梵净山专项执法检查,依法依规妥善解决历史遗留问题。这些措施较好地保护了梵净山的生态系统,在 2019 年、2020 年生态环境部通报的国家级自然保护区人类活动遥感监测报告中,连续两年未发现梵净山有新增人类活动问题线索。2019 年,生态环境部联合自然资源部、国家林草局组织对长江经济带 120 处国家级自然保护区管理进行评估,结果显示,梵净山国家级自然保护区排名第 9。

二、构建培育激发绿色发展新动能的制度体系

全力推动高质量发展,是贵州提高资源配置效率、更好满足人民日益增长的美好生活需要、实现生态美、百姓富的必然选择。省委、省政府以推动经济高质量发展为导向,着力打造西部绿色发展示范区,构建培育激发绿色发展新动能的制度体系,在建立实施磷化工企业"以渣定产"、推进旅游业绿色化制度改革、推进矿山集中"治秃"、建立绿色评价考核制度、开展自然资源资产离任审计、建立生态产业发展机制、推进资源枯竭型城市绿色转型和推进绿色金融机制及环境污染责任保险制度创新等方面取得重大成果。

(一)建立和实施磷化工企业"以渣定产"制度

贵州是国内磷矿资源最为丰富的省份之一。依托丰富的磷矿资源,1958年起步发展磷化工产业。经过多年发展,已成为全国重要的磷及磷化工生产基地,磷化工产业成为贵州省经济发展的重要支柱产业。但是,磷化工产业发展带来了大量的磷石膏污染。为了解决磷石膏处置难题,贵州实施磷化工企业"以渣定产"制度,倒逼企业解决磷石膏综合利用难题,推动磷化工产业转型升级。

1. 磷石膏处置是世界性难题

磷矿加工成磷复肥的生产过程中会产生大量的副产物——磷石膏,由于利用渠道有限、无害化处理较为困难等因素,对磷石膏进行有效的处置成为业内公认的世界性难题,全球磷石膏综合利用率仅20%。大量堆积的磷石膏也成为环境风险隐忧。全球现有的磷石膏处理方式主要有四种,分别是堆存、倾倒、减排和利用。其中,主要以堆存为主,但是,磷石膏堆放不仅占用大面积土地,建设和维护耗资巨大外,而且面临着极端降雨下溢出和滑坡的风险。同时,由于磷石膏含有五氧化二磷、氟及游离酸等物质,雨水侵蚀后形成的酸性废水还会污染地下水。据统计,每处理一加仑因磷石膏堆放产生的酸性废水需要25~45美元,而一座中型磷石膏堆所产生的酸性废水达350亿加仑左右,所需资金巨大。

2. 贵州磷化工产业的磷石膏之困

贵州作为磷化工产业大省,拥有开磷集团、瓮福集团等具有较强影响力和竞争力的龙头骨干企业,技术装备、研发能力和资源利用水平等都走在全国前列。然而,随着磷化工产业的发展,省内磷石膏堆存越来越多。2018年,堆存的磷石膏已达到了1亿多吨,每年还有1 300万吨左右的增量,带来了环境风险和安全风险,直接威胁着乌江、清水江流域的生态环境安全,也给企业带来沉重负担,成为企业可持续发展的瓶颈。比如,乌江34号泉眼的主要污染源来自开磷集团堆存磷石膏的交椅山渣场。通过交椅山渣场渗漏含磷酸性废水经喀斯特地貌淋溶进入地下水,污染乌江34号泉眼,造成34号泉眼以下的遵义境内断面一度全部为劣五类水质,乌江镇河段也曾一度成为"米汤河""牛奶河"。2010年乌江水库发生大面积的死鱼事件,经勘测发现,最大的危害是源于34号泉眼的污染,其总磷和氟化物超标数百倍。

尽管贵州省十分重视磷石膏及其污染的治理,但是效果并不明显。2017年,中共中央环保督察组在贵州省督察时指出:"全省磷化工产业发展布局相对集中,但保护治理措施不足,流域性总磷污染问题突出。""乌江总磷超标问题仍较突出,反弹趋势明显。乌江干流沿江渡、大乌江镇断面长期达不到功能区要求。"如何更好地利用磷石膏,实现磷化工产业的绿色发展,是贵州省生态文明建设的重要任务,也是深入实施大生态战略行动的痛点,更是守好发展与生态两条底线的必然要求。

3. "以渣定产"倒逼企业转型升级

为了守好发展和生态两条底线,贵州加大对磷石膏及其污染的治理,促进磷化工产业绿色、创新、集约和高效发展,省委、省政府全面建立"控源头、强治理、重利用、严监管"机制,一方面加快对磷石膏堆场的整治,另一方面加强磷石膏的综合利用开发,大力支持企业技术创新,变废为宝,全力推进全省对磷石膏的综合利用,加快推进磷化工产业绿色化、精细化。

2017年11月,时任贵州省委书记孙志刚在全省第二次项目建设现场观摩会上提出:"磷石膏污染是一个长期存在的难题,要大力实施磷化工企业'以渣定产'制度,即企业产生多少磷石膏必须消耗多少磷石膏,以此减少污染存量,确保污染增量为零,'多彩贵州拒绝污染'不是一句口号,要落实到具体行动上,牢牢守好发展和生态两条底线。"之后,贵州省相继制定印发《关于加快磷石膏资源综合利用的意见》和《磷石膏"以用定产"工作方案的通知》,强调要按照"谁排渣谁治理,谁利用谁受益"原则,将磷化工企业产生磷石膏情况与消纳磷石膏情况挂钩,倒逼磷化工企业加快磷石膏资源化利用和绿色化升级改造,确保全省磷石膏新增堆存量为零,并逐年消纳已有存量。2018年,贵州在全国首次实施磷化工企业"以用定产"(即以磷石膏消纳量来定磷酸生产量),开创了"以用定产"政策先河。成立了贵州省推进磷石膏资源综合利用工作领导小组,负责统筹协调和全面推进全省磷石膏资源综合利用相关工作。市、县两级人民政府督促指导本地磷石膏产生企业制定磷石膏产生和消纳计划,确保磷石膏消纳量大于新产生量,并在此基础上,制定本地区磷石膏"产消平衡"年度计划。环境保护部门加强对磷石膏排放的日常监管,按年度组织核查,将核查结果作为年终目标考核的依据。同时,加大扶持力度,强力推进磷化工产业转型升级和磷石膏综合利用,省财政安排 10 亿元专项资金,用于瓮福集团、开磷集团等重点磷化工生产企业实施磷石膏资源综合利用产业化项目,以及绿色化升级改造,对企业技术改造和转型升级的重点项目给予补贴支持或贴息。此外,引进了上和筑、正霸、可耐科技、绿邦科技和森蓝等磷石膏综合利用企业开展多样的资源化利用,大力推广磷石膏资源综合利用产品用于市政工程、交通建设、政府保障性住房建设、移民搬迁和村寨改造等政府性工程建设,积极开拓磷石膏建材省外市场,取得了消除或减少磷石膏存量的效果。"以用定产"制度及相关政策的出台,约束与激励并举,对加快磷石膏的综合利用,促进磷化工产业转型升级,推动磷化工产业绿色、创新、集约和高效发展起到了积极的作用,实现当年磷石膏的"产消平衡"。

(二)建立绿色评价考核制度

绿色评价考核制度是促进绿色发展的"指挥棒",是规范绿色发展主体行为的重要因素。加快建立一个科学、合理、可操作的绿色发展绩效评价考核体系,已成为促进绿色发展、建设生态文明不可或缺的重要手段。改革开放以来,GDP 长期作为衡量地方政府政绩的重要手段,在诸多经济发展指标中处于核心地位,这种以传统 GDP 为核心的政绩考核制度极大地调动了各级政府、企业和所有经营者发展生产、搞活经济的积极性,为加速工业化和整个经济发展起到了重要的激励和促进作用。但是,单纯追求经济的快速增长而不顾及环境容量和自然生态承载力,不计算资源、生态环境付出的代价也带来了不良后果。建立和实行绿色评价考核制度,改变传统 GDP 考核体系,对于从根本上改变党政领导的政绩观,转变各地经济发展方式,引导和督促各利益相关方,尤其是地方政府推动绿色发展,真正把生态文明建设落实到各个领域具有重要意义。

为引导全省各地各级党委、政府形成正确的政绩观,客观衡量各地区生态文明建设进程和水平。2017 年 8 月,贵州结合实际制定并在全国率先出台《贵州省生态文明建设目标评价考核办法(试行)》,采用百分制评分和约束性目标完成情况相结合的方法,重点从绿色发展指数、体制机制创新及工作亮点、公众满意程度和生态环境事件四个方面,对贵州省各地党委、政府生态文明建设目标完成情况开展"年度评价""年度考核"。其中,"绿色发展指数"统计监测以市州为对象,重点监测包括资源利用、环境治理、环境质量、生态保护、增长质量和绿色生活 6 个方面,共 49 项统计指标,权重占70%,是四项考核中最重要、权重最高的方面,主要用于衡量地方每年生态文明建设的动态进展,侧重于工作引导,旨在突出"以生态文明建设论英雄",树立起政绩考核新导向,促进各级党委、政府把经济社会发展和资源环境紧密结合起来,协调发挥资源环境对转型发展的优化保障和约束倒逼作用,推动转变发展方式取得切实成效。此外,体制机制创新和工作亮点占20%,旨在鼓励地方在开展生态文明建设上先行先试、大胆探索;公众满意程度占 10%,体现人民群众对绿色发展的获得感,引导全社会树立良好生态环境是公平的公共产品、普惠的民生福祉的新理念。《贵州省生态文明建设目标评价考核办法(试行)》还规定生态环境事件作为扣分项,每发生一起扣5 分。生态文明建设目标评价考核工作每年开展一次,具体由省生态文明建设领导小组办公室会同相关部门组织实施。考核结果分为优秀、良好、合格和不合格四个等次,向社会公布,并作为评价领导干部政绩、年度考核和选拔任用的重要依据之一。对责任事件多发、生态环境损害明显地区的党政主要负责人和相关负责人,按照相关规定追究责任。显然,贵州制定实施的绿色评价和考核机制,凸显既要绿水青山,又要金山银山的制度设计,通过"奖惩并举",既激励全省各地在生态文明体制机制创新上下功夫,全面推动生态文明改革任务出成果,又约束干部重发展轻环保的行为。

(三) 开展领导干部自然资源资产离任审计

推进生态文明建设、解决生态环境问题,坚决打好污染防治攻坚战,必须发挥领导干部"关键少数"的带头作用。地方各级党委和政府主要领导是本行政区域生态环境保护第一责任人,对本行政区域的生态环境质量负有总责。开展领导干部自然资源资产离任审计,其目的就是推动领导干部的"关键少数"要守法、守纪、守规、尽责,切实履行自然资源资产管理和生态环境保护的责任,促进自然资源资产节约集约利用和生态环境安全。"刑赏之本,在乎劝善而惩恶"。只有对那些损害生态环境的领导干部真追责、敢追责、严追责,做到终身追责,生态文明制度才不会成为"稻草人""纸老虎""橡皮筋"。

领导干部自然资源资产离任审计是一项系统复杂的、涉及多专业学科的审计工作,具有点多、面广、专业性强的特点。为了做好这项审计工作,国家开展了领导干部自然资源资产离任审计试点。贵州省是全国第一批开展领导干部自然资源资产离任审计试点的省份。2014 年,贵州等试点省份在审计署的指导下,开展了对草原、海洋、森林、矿产、土地和水资源进行试点审计,旨在通过对自然资源资产总体情况、权属、规模、保护和开发利用等情况的审计,评价自然资源管理的有效性,界定相关领导干部应承担的责任,为加强干部管理监督提供参考依据。

2014 年 2 月,贵州省启动全国首项自然资源资产责任审计工作——对赤水市党政主要领导干部履行自然资源资产责任审计试点。首先,检查赤水市森林资源、国土资源、水资源、创新体制机制以及所属领导干部政绩观考核等情况,然后,提取 2011 年至 2013 年 3 年间具有可比性指标的自然资源指标进行对比审计,从数量的变化分析实际成绩,发现有关自然资源资产保护、管理、开发利用以及专项资金管理使用等方面存在的问题。同年 7 月,又开展对荔波县党政主要领导干部履行自然资源资产责任审计试点。2015 年,进一步扩大自然资源资产离任审计试点,在贵阳市、遵义市、安顺市、毕节市、黔东南州和黔南州 6 地审计局开展党政主要领导干部履行自然资源资产责任审计试点,围绕审什么、怎么审、怎么评价定责进行了有益的探索。2016 年,贵州省在总结赤水市、荔波县、贵阳市、遵义市等地自然资源资产责任审计试点工作的基础上,制定了《贵州省自然资源资产责任审计试点工作方案》,明确提出了审计目标、对象、内容及重点、方法,并针对全省森林、水、国土、矿产和水等不同自然资源资产的特性,按照林业资源、土地资源、水及水能资源、矿产资源等进行分类,从数量、质量、资金使用、开发和利用等方面入手,依照国家法律、政策法规、制度以及领导干部职责权限和干部管理监督需要设定自然资源资产评价指标体系,指导全省开展领导干部履行自然资源资产责任审计工作。

贵州省在开展领导干部履行自然资源资产责任审计工作方面,进行如下探索创新。

1. 积极运用大数据技术提高审计质效

过去主要依靠审计人员深入现场实地勘查取证,了解水、土、气、林、矿等自然资源资产情况,不仅非常辛苦,而且审计效率低。为了更准确地回答领导干部任期内自然资源资产"多了还是少了"、生态环境"好了还是坏了",贵州建立了省、市、县三级联动的数据采集机制,从相关业务主管部门采集土地、森林、矿产、水、大气等数据,开发建设自然资源资产离任审计指标库、知识库、法规库和审计评价数字化服务平台。通过数字化审计,使得审计不再局限于"一时、一地、一人、一事",运用大数据技术对不同类别数据进行比对分析,空间上不留盲点,时间上不留空白,实现了对全区域的资源环境质量和承载力的全面分析。

2. 搞好项目统筹谋划

按照"一审多项""一审多果""一果多用"的原则,加强项目实施统筹,精心组织安排,强化协作配合。比如,在开展领导干部自然资源资产审计中做到结合经济责任审计同步实施,将一些专项审计工作内容纳入审计范围,做到一个审计项目覆盖多方面审计内容,最大限度扩大审计覆盖面,推进了审计工作从传统的单维财务核算转变为对资源环境开发、利用、保护、防控及治理等进行多维度的综合绩效评价。

3. 突出区域特色,明确审计重点

根据被审计领导干部所在地区的主体功能定位、自然资源资产禀赋特点、生态红线、环境保护工作重点等情况,以责任链条为主线,在全面摸清当地自然资源资产底数的基础上,聚焦重要自然资源资产和生态环境保护重点领域,有针对性地开展审计,实行差异化审计。创新审计方法,实行资料、任务、疑点、问题的"四张清单",提升了审计质量。

开展领导干部自然资源资产离任审计试点以来,贵州省已对68名地区(部门)的领导干部开展了自然资源资产离任(任中)审计。审计促进了制度的不断完善,推动了领导干部牢固树立绿色发展的理念和正确的政绩观,认真履行自然资源资产管理和生态环境保护责任。审计也揭露了在自然资源资产开发利用和保护、生态环境保护等方面的重大违法违规问题,并向有关部门移送多起破坏资源和对环境造成危害的违法事项。其中:移送的某县52宗违法占用林地案件,有9起刑事案件已移送公安局立案审查;38起行政案件已全部立案,结案24起。总的来说,贵州省在开展领导干部自然资源资产离任审计上先行先试,大胆创新,形成了许多可借鉴、可推广的成功经验。2016年,贵州自然资源资产离任审计案例被列入审计署的教学案例库;2018年,《领导干部自然资源资产离任审计大数据应用研究》论文被审计署评为一等奖;2019年,《林业与国土大数据交互下森林资源违法违规问题的分析核查思路、方法及应用》入选为审计署优秀教学案例。

(四)推进绿色金融发展机制创新

绿色发展离不开金融支持。发展绿色金融对加快推进环境治理、促进经济结构改革、实现高质量发展有着重要的现实意义。按照中共中央的部署,2016年8月,中国人民银行等七部委共同发布了《关于构建绿色金融体系的指导意见》,初步确立了绿色金融发展的顶层设计。2017年,国务院决定在浙江、江西、广东、贵州、新疆5省（区）的部分地方启动绿色金融改革创新试验区建设，在体制机制上探索可复制可推广的经验。

贵州省是我国南方能源大省，是"西电东送"南线重要电源基地，产业结构长期偏重，加快产业结构调整升级是全省的重点工作。一直以来，历届省委、省政府都十分重视促进产业结构的调整和优化。2016年8月，贵州成为国家生态文明试验区之后，省委确立了"以金融开放创新为动力、以服务实体经济为宗旨、以普惠金融和绿色金融为突破、以不发生系统性区域性金融风险为底线"的金融创新发展思路，破除产业结构调整优化的金融瓶颈。同年11月，省委办公厅在全国率先出台了《关于加快绿色金融发展的意见》，积极构建区域绿色金融支持体系。2017年，贵州贵安新区成为全国首批开展绿色金融改革创新的国家级试验区之后（也是西南地区唯一的金融改革创新的国家级试验区），开启了绿色金融机构、产品、服务、政策及风险防范等六个方面的重点改革创新。

建立政策支撑体系。为了确保贵安新区绿色金融改革创新试验区建设有序推进，2017年，中国人民银行等七部委发布《贵州省贵安新区建设绿色金融改革创新试验区总体方案》（银发〔2017〕156号），指导贵安新区试验区在绿色金融业务开展、绿色金融人才培养、绿色金融机构落户等方面的制度创新。省政府按照《贵州省贵安新区建设绿色金融改革创新试验区总体方案》（银发〔2017〕156号）文件精神，结合贵安新区绿色金融的发展现状及建设目标，研究制定《贵安新区建设绿色金融改革创新试验区任务清单》，对建立多层次绿色金融组织机构体系、加强绿色金融产品和服务方式创新、拓宽绿色产业融资渠道、加快发展绿色保险、构建绿色金融风险防范化解机制等12个方面的重要任务进行安排部署，为构建具有贵州特色的绿色金融体系奠定基础。随后，发布《关于支持绿色信贷产品和抵押品创新的指导意见》《绿色金融项目标准及评估办法（试行）》《关于支持绿色信贷产品和抵质押品创新的指导意见》《贵州省银行业存款类金融机构（法人）绿色信贷业绩评价实施细则（试行）》《贵安新区绿色金融改革创新试验区建设实施方案》和《贵安新区绿色金融风险监测和评估办法》等系列政策文件，形成了较为完备的省级绿色金融创新发展政策支撑体系，为加快实现贵州省经济社会绿色转型提供更好的金融服务。

探索制定绿色项目标准。绿色金融标准既是规范绿色金融相关业务、确保绿色金融自身实现商业可持续的必要技术基础，也是推动经济社会绿色发展的重要保障。制定绿色项目标准是绿色金融改革创新最基础最重要的任务。贵州以构建国内统一、与国际接轨、清晰可执行的绿色金融标准体系为目标,紧密结合全省重点支持产业制定标准,在系统梳理国际国内已有的支持产业的金融标准的基础上,采用"指标体系法"和"环境效益评估法"相结合,遵循"公开、公平、公正"原则,2019年6月,研究出台了《贵州省绿色金融项目标准及评估办法(试行)》,由《贵州省绿色金融重点支持产业指导性标准(试行)》和《贵州省绿色金融支持的重大绿色项目评估办法(试行)》两部分组成,重点围绕生态利用产业,绿色能源,清洁交通,建筑节能与绿色建筑,生态环境保护及资源循环利用,城镇、园区绿色升级,生物多样性保护等七大产业,制定具体的绿色项目评估标准,引导项目业主对项目进行绿色设计,吸引投资绿色金融项目。同时,建立了绿色金融项目的评估程序、绿色金融项目纳入贵州省绿色金融项目库的流程、重大绿色金融项目评估认证办法,以及绿色金融项目及重大绿色项目资金投放后的跟踪管理机制等。贵州标准将国际通行绿色金融和绿色产业相关标准与国内标准进行对标,选取高于国内标准且国际金融机构普遍认可的国际标准,以更好地吸引国内资金和国际资金。2020年3月,贵州省正式发文在全省推广《贵州省绿色金融项目标准及评估办法(试行)》。

加快绿色金融产品服务创新。积极支持全国各类大型金融机构在贵阳贵安设立绿色金融事业部或业务总部。在政府的大力推动下,目前,贵阳银行等16家银行业金融机构在贵安新区开设35家分支机构,中国建设银行等3家国有银行的贵安分支机构更名为"绿色金融支行",中天国富证券设立了绿色金融事业部,人保财险贵州省分公司建立了全国首个"绿色金融"保险服务创新实验室,初步形成了省、新区及在黔银行、保险、证券和全国性金融机构的多层次绿色金融机构体系,为当地推进绿色发展提供了充足的资金支持。另外,大力推动金融产品服务创新。现在,贵安新区金融机构绿色金融产品和服务方式创新多达62项。比如,运用绿色资产证券化方式,支持清洁供暖和助力清洁能源发展。主要是将企业投资建设的云谷分布式多能互补能源中心独立产生的持续稳定可预测现金流为基础资产,与企业的负债相隔离,提前变现融资,作为建设后续分布式能源中心资金。根据每个能源中心的现金流测算结果设计融资期限,实现"滚动融资、滚动开发"。又如,农业银行贵安支行和平坝信用社采用"信用担保+抵押后置"模式,支持试验区绿色建筑和绿色交通项目建设等。这些绿色金融产品和服务创新让贵安新区绿色金融资源集聚效应不断体现,持续吸引绿色金融资金进入。截至2020年二季度末,全省绿色贷款余额3 314.56亿元。其中,省内金融机构向贵安新区投放绿色贷款余额达 131.18 亿元；贵州银行、贵阳银行成功发行 130 亿元绿色金融债券；全省绿色股权融资余额 468.16 亿元，全省绿色基金余额 65.19 亿元。

除此之外，贵州还设立了绿色产业发展基金。2016 年，贵州省将 1 200 亿元贵州脱贫攻坚投资基金扶贫产业子基金调整设立为绿色产业发展基金，通过政府出资 15% 撬动 85% 的社会资金，推动产业结构绿色化转型。2017 年安排 1 亿元专项资金，用于金融机构在改善金融业发展环境、推动金融创新、绿色项目贴息、绿色项目风险补偿等绿色金融发展方面的奖励。截至 2020 年 12 月，绿色产业发展基金实现投贷联动 1 285.67 亿元，其中基金投资 50.13 亿元，撬动社会资本投资 1 235.54 亿元。同时，积极推进绿色金融信息化、打造"绿色金融＋大数据"的绿色金融综合服务平台，实现"绿色金融项目评估""绿色金融产品服务""财政支持激励政策""企业环境信息披露"的动态管理。

（五）创新环境污染责任保险制度

环境污染强制责任保险是指以从事环境高风险生产经营活动的企业事业单位或其他生产经营者因其污染环境导致损害应当承担的赔偿责任为标的的强制性保险①。建立环境污染强制责任保险制度，可将突发、意外的环境污染风险或累积性环境责任风险转嫁给保险公司，有利于及时补偿、保护受害者权益，分散企业对污染事故的赔付压力，有效实现对环境侵权受害者的社会化救济；并运用保险的市场化手段，通过专业的保险服务，促使投保企业加强环境风险管理，减少污染事故发生。

2017 年，贵州以降低企业环境风险为目的，推动环境污染强制责任保险制度改革。印发了《贵州省关于开展环境污染强制责任保险试点工作方案》，在保险责任范围、责任限额制定方式、保险市场运作模式等方面探索环境污染强制责任保险的实施路径，创新建立"五个统一"的贵州模式。

1. 优化保险产品，统一保险条款

为解决以往商业保险条款设置不合理、保险保障范围过窄、索赔门槛高等问题，结合我国生态环境损害赔偿制度的进展，贵州试点研究开发了绿色金融产品——《环境污染责任保险条款》，将"第三者人身和财产损害、生态环境损害、应急处置与清污费用以及法律费用"等 5 个方面纳入保险保障范围。其特点主要是，将生态环境损害赔偿责任纳入承保责任范围，为其提供

---

① 　2018 年 5 月，原环境保护部编制《环境污染强制责任保险管理办法（草案）》（征求意见稿）。

了社会化的财务保障;承保责任不受投保企业厂区范围限制,只要是由投保企业导致的生态环境损害,均在承保责任范围内;承保保险合同到期后 3 年内的损害赔偿请求,充分考虑了生态损害发生的滞后性与长尾特点,在最大限度上维护了受害人的索赔利益;对除外责任进行了大幅缩减,并明确了索赔的前提和时间。

2. 建立风险识别体系,统一风险评估方式

为解决以往商业保险费率的确定与环境风险等级脱钩问题,贵州试点首次将环境污染责任保险与环境保护相关标准进行结合。贵州省生态环境厅发布《环境污染责任保险风险评估指南(试行)》,明确了环境污染责任风险的评估程序、指标体系。企业和保险公司通过保前环境风险评估,测算企业应承担的保险费,使投保企业心中有本明白账,同时也确保了保险市场具有盈利性,提高项目可持续性。

3. 提高保险赔付率,统一责任限额及费率

贵州试点并未沿用行业协会条款中过细的责任限额分类方式,而是按照企业环境风险评估等级,将投保企业责任限额与费率分为五级:最高责任限额 1 000 万元,对应费率 3.9%,企业最高保费为 39 万元/年;最低责任限额 20 万元,对应费率 2%,企业最低保费为 4 000 元/年。同时将赔偿限额分为每次事故赔偿限额、生态环境损害赔偿限额、累计赔偿限额,避免保险公司采用过细分类限额规避赔偿责任,并规定索赔时不再要求企业提供环境事件证明,有效提高了保险赔付率,维护了投保企业的利益。

4. 强化风险服务,统一提供保险服务

贵州试点强调为企业提供良好的环境风险管理服务,引入保险经纪公司作为贵州省环境污染强制责任保险经纪人,同时也是投保企业的"保险服务管家",协助企业完成投保、环境污染责任风险评估、索赔等事宜。组建"共保体"共同承保贵州省企业环境污染强制责任保险,为投保企业开展统一出单承保、统一理赔流程、统一服务标准的"三统一"服务。开展环境隐患排查服务,由保险经纪人组织专家根据《环境污染责任保险事故风险与隐患排查指南》为投保企业提供"环保体检",出具环保体检报告,提出整改建议,切实发挥保险作为环境风险治理的"第三只眼"作用。

5. 运用信息化方式,统一保险服务平台

贵州试点建立了环境污染责任保险的数据积累与共享机制,开发应用环境污染责任保险服务平台,实现环境污染责任保险从保前风险评估、投保出单、保险期间"环保体检"服务及出险索赔等全流程线上操作,生态环境主管部门、保险监管部门、"共保体"内的保险公司均可在服务平台进行相关数据查询,既有利于有效掌握企业的投保信息,又有利于掌握企业的环境风险信息,提升了保险服务能力。

目前,贵州在遵义市、毕节市、黔南州和贵安新区等 9 个市(州)进行试点,试点企业达 200 家,截至 2021 年 10 月,全省共有 132 家企业投保了环境污染强制责任保险,保险机构实现保费收入 171.38 万元,为试点企业提供7 400 万元风险保障。保险经纪公司和"共保体"累计完成 155 家企业环境风险评估,完成瓮福化工等 30 家高风险重点企业的现场隐患排查,帮助企业提出整改建议 20 余条。贵州省环境污染强制责任保险制度及试点,在为市场提供保险条款和风险评估服务、促进公共环境福祉与市场盈利水平提高方面的探索,对全国试点工作起到了较大引领和推进作用。

三、构建百姓富与生态美有机统一的制度体系

改善民生福祉是发展的根本目的,也是中国共产党始终不渝的奋斗目标。增进民生福祉既要培育绿色动能生态富民,又要守护绿水青山生态美。习近平总书记于 2014 年 3 月 7 日在参加十二届全国人大二次会议贵州代表团审议时要求:"要树立正确发展思路,因地制宜选择好发展产业,切实做到经济效益、社会效益、生态效益同步提升,实现百姓富、生态美有机统一。"贵州省以改善民生福祉为宗旨,奋力打造生态脱贫攻坚示范区,构建百姓富与生态美有机统一的制度体系。在建立流域生态补偿机制、探索单株碳汇扶贫机制、建立生态护林员风险转移机制等方面取得重大成果。

(一)建立流域生态补偿机制

流域是一个跨区域的空间范围,流域环境保护涉及上中下游整个流域的生态。如果上游地区只顾本地经济发展,过度开发、粗放发展,将会导致水土流失、环境污染,严重影响中下游地区人民的生产、生活环境。在传统的政绩观和行政区划经济发展的导向下,各地开展 GDP 竞标赛,竞争远大于合作。一些地方以辖区内的利益最大化为出发点,忽视全局利益,不仅损害中下游地区的利益,更是损害了整个流域的利益。因此,推动流域的大保护、大发展、大治理,需要跳出狭隘的本位主义思维,实现协同治理、系统治理,关键出路在于流域生态补偿机制。

贵州省位于长江和珠江两大水系上游交错地带,河流数量较多。全省共拥有 17.6 万平方千米的流域面积,其中,乌江、六冲河、清水江、赤水河、北盘江、红水河和都柳江流域面积都大于 10 000 平方千米。为了管理好黔中

秀水,贵州按照"保护者受益、利用者补偿、污染者受罚"的原则,积极推动省内和跨省的流域水污染补偿。

1. 推进省内水污染补偿机制建立

先后制定实施《贵州省清水江流域水污染补偿办法》《贵州省红枫湖流域水污染防治生态补偿办法(试行)》《贵州省赤水河流域水污染防治生态补偿暂行办法》《贵州省乌江流域水污染防治生态补偿实施办法(试行)》,初步形成长江流域贵州段沿河各市县主要流域的生态补偿机制。通过约定的流域相关市(州)间跨界水质监测断面水质标准来进行生态补偿,生态补偿资金专款专用,主要用于流域水污染防治、生态建设和环保基础设施建设。比如,2014年,省政府出台实施的《贵州赤水河流域水污染生态补偿暂行办法》规定,在毕节市和遵义市开展赤水河流域水污染生态补偿,毕节市跨界水质监测断面达到或优于地表水Ⅱ类水质标准,遵义市向毕节市缴纳生态补偿资金,反之毕节市向遵义市缴纳生态补偿资金,规定补偿资金仅用于赤水河流域水污染防治、生态建设。通过实施生态补偿,调动上游区域生态环境保护的积极性和主动性。2014年到2019年间,遵义市向毕节市累计缴纳赤水河流域水污染生态补偿金7 679.72万元,对上游水质持续保持优良提供了有力支撑。实施省内流域生态补偿以来,贵州清水江、赤水河、红枫湖等流域水质总体良好,乌江沿河出境断面水体中总磷浓度不断降低。

推动建立重要水源工程生态补偿机制。黔中水利枢纽工程位于贵州中部黔中地区,处于长江和珠江两大流域分水岭地带,涉及贵州三市(贵阳、安顺、六盘水)一州(黔南自治州)一地区(毕节)的10个县,是贵州首个大型跨地区、跨流域长距离调水工程,是西部大开发标志性工程,以灌溉、城市供水为主,兼顾发电、县乡供水、人畜饮水等综合利用。多年来,保护区内的群众,为了保证水资源的安全,牺牲了发展经济的部分机会。为此,贵州省制定印发《黔中水利枢纽工程涉及流域生态补偿办法(试行)》,划分受益区和保护区,明确生态补偿金的测算标准、依据,资金缴纳、分配办法,在黔中水利枢纽工程上下游流域政府之间建立以财政转移支付为主要方式的横向补偿机制。按照"受益者补偿、损害者赔偿、保护者受益"的原则,保护区获得生态补偿资金,用于黔中水利枢纽工程的水源地保护、工程设施保护及流域内山水林田湖草生态保护修复工作,在促进流域生态环境持续向好发展的同时,也为下游受益区用水提供了水质保障。

2. 推进跨省横向生态补偿机制

贵州在先行实践中不断创新,完善生态补偿机制。2016年,贵州在总结省内流域生态补偿经验工作的基础上,开始探索跨省横向生态补偿机制。

赤水河是长江的一级支流,流经四川、云南、贵州三省,沿岸资源丰富,以出产茅台、习酒、郎酒等美酒闻名。赤水河水质对上下游地区之间的经济社会发展和生态环境建设影响巨大。长期以来,以行政单元为管理边界的各自为政、分河而治的管理方式,导致赤水河流域的生态环境遭到破坏。在2012年前后,沿岸上千家造酒企业每年向赤水河排放的生产废水达360多万吨,其中60%的生产废水未经处理直接排入赤水河,导致赤水河干流茅台镇以下的中游部分断面已不能稳定达到Ⅲ类水质标准,局部成为Ⅳ类甚至是劣Ⅴ类水质,同时,沿岸生态环境破坏较为严重。为构筑长江上游重要生态屏障,改善赤水河及周边生态环境质量,贵州牵头建立了赤水河流域跨省横向生态补偿机制。按照财政部、环境保护部、发展改革委、水利部《关于加快建立流域上下游横向生态保护补偿机制的指导意见》的要求,起草了《云贵川赤水河流域横向生态补偿方案》,提出三省共治赤水河的倡议,得到了云南省、四川省的响应。2018年2月,云南、贵州、四川三省人民政府签署《云南省、贵州省、四川省人民政府关于赤水河流域横向生态补偿协议》,明确以2017年为补偿基准年,云南、贵州、四川按1∶5∶4的比例,共同出资2亿元设立赤水河流域水环境横向补偿资金,并按照"权责对等,合理补偿"的原则,实施约定水质目标分段清算,规定补偿资金分配比例为3∶4∶3,形成了成本共担、效益共享、合作共治的流域保护和治理长效机制。

跨省横向生态补偿制度这项重大创新的建立体现了下列特征:①公平公正、责权一致。按照"谁开发、谁保护,谁受益、谁补偿,谁污染、谁付费"的原则,确定流域生态补偿的对象和范围,建立生态补偿机制,体现了资源开发受益者有责任、有义务对向提供良好生态环境的地区和群众进行适当的经济补偿,体现了"保护者受益、利用者补偿、污染者受罚"政策,切实强化了地方政府对环保的重视,有效调动地方政府履行环境监管职责的执政能力,遏制了上游向下游排污,破解流域水污染难题,促使流域水质得到明显改善。②统筹协调、共同发展。通过建立水质超标罚款赔偿和水质达标奖励补偿机制,引导上下游共同保护流域水生态环境和质量,实现流域健康、和谐发展和可持续发展。特别是生态补偿金的专款专用,全额用于生态环境保护,有助于加强生态保护和环保基础设施建设,从而降低了农村污染对流域水质的影响,保护了流域范围内的水质质量。③效益共享、合作共治。作为生态环境保护方面的一项经济激励制度,搭建流域上下游之间合作共治的政策平台,建立区域间联防联控、流域共治和产业协作的工作制度,形成

"成本共担、效益共享、合作共治"的流域保护和治理长效机制。通过建立和实施跨省横向生态补偿机制,现在赤水河流域水质良好,所有监测断面均达到规定水质类别,出境鲢鱼溪断面稳定达到Ⅱ类水质,获得"中国好水"优质水源地称号。

（二）探索单株碳汇扶贫机制

树木通过光合作用吸收大气中大量的二氧化碳,减缓了温室效应,这就是通常所说的森林的碳汇作用。森林不仅具有重要的碳汇功能,而且由于森林碳汇具有比其他减排方式更经济、更高效的优点,已逐渐成为二氧化碳减排的主要替代方式。随着《京都议定书》的生效,森林碳汇越来越受到世界各国的重视,开展森林碳汇项目成为一个既能帮助发达国家或地区以较低成本实现减排任务,又能促进发展中国家或贫困地区可持续发展的双赢选择,有利于实现应对气候变化和反贫困的共赢,也为发达国家或地区援助贫穷发展中国家提供了一种崭新模式。在我国,森林碳汇成为让贫困林户享受生态红利的一种生态产品价值实现机制。

单株碳汇是指凭借单棵树木的储碳功能,吸收和固定大气中的二氧化碳于植被或土壤中构成碳汇。单株碳汇扶贫机制则是按照相关规则与碳汇交易相结合,把资源充分转化为真金白银,帮助贫困人口增收的一种制度设计。2016年,我国启动过森林碳汇项目备案审批,但由于地方碳交易市场体制和核算以及碳汇交易市场化相关的保障制度等方面的问题,于2017年暂停。

贵州省作为我国林业大省和南方重点集体林区省份,森林资源丰富且优质,但是生态脆弱、农民收入不高。如何解决生态脆弱地区保护与发展矛盾困境,让丰富的森林资源充分转化为贫困群众的收入,在守好生态底线的同时帮助人们摆脱贫困,既让群众守得住青山,又要让群众靠得住青山,是贵州的重要任务。一直以来,省委、省政府全力策划和推动发展森林碳汇,以实现生态产品的价值转化。2017年,贵州省开始开发和推动森林碳汇价值转化的尝试,通过一年的试点,2018年7月正式实施了贵州省单株碳汇精准扶贫项目,将树林生态价值转化成经济价值,提高林户经济收入,助力脱贫。开展单株碳汇扶贫项目以来到现在,贵州省已完成33个县的项目开发,开发碳汇树木446.2万株。

贵州省开展的单株碳汇精准扶贫项目机制上的设计如下。

1. 创新生态扶贫模式,促进精准脱贫

自对全省贫困地区建档立卡的贫困户退耕还林以来,在林地权属清楚的土地上,将人工营造或封山育林中的胸径 5 厘米以上或树龄 3 年以上的乔木和竹子集中起来,筛选出条件较为成熟的树木,并对每一棵筛选出的树木编上唯一身份号码,拍好照片,连同贫困户基本信息一起上传到贵州省单株碳汇精准扶贫大数据平台,建立包含树木、碳汇价值以及贫困户基本信息的数据库。通过信息公开的核算方法学(编号 201712-V1),对单株林木所产生的碳汇量进行科学核算,以每棵树每年碳汇 3 元的价格计算,面向整个社会致力于低碳发展的个人、企事业单位和社会团体进行销售。社会个人、企事业单位和社会团体可以通过手机 App 或微信公众号购买,而社会各界对贫困户碳汇的购买资金,将全额进入贫困农民的个人账户。

2. 坚持点面结合扩大生态扶贫,实现贫困县全覆盖

将贫困县以及全省其他符合项目开发条件的贫困户全部纳入项目计划,实现贫困县、贫困户全覆盖。因此,该项目在贵州省脱贫攻坚中发挥了特殊作用,贫困户植树造林、爱护环境的自觉性不断增强,自然生态环境不断改善。2020 年,针对省内威宁自治县、纳雍县、紫云自治县、榕江县、从江县等 9 个未摘帽的深度贫困县和织金县、水城县、七星关区 3 个剩余贫困人口超过 1 万人的已摘帽县、区,共开发 9 653 户 383.2 万株碳汇树,出售碳汇资金 1 149.6 万元。其中从江县 6 616 户,出售碳汇资金 821.4 万元,户均增收 1 241 元,惠及 2.5 万人。

3. 坚持科学开发支撑生态扶贫,确保项目精准便捷

贵州省邀请国家认证机构进行实地调研,通过科学计算,创造性地开发出以“株”为单位的碳汇方法,有别于以碳汇量为单位计算的常规办法,更直观、更加切合本省实际。积极统筹协调政府、技术机构、银行等各方力量,进一步完善建档立卡贫困户个人账户数据信息,运用贵州省单株碳汇大数据平台,使购碳资金从购买到转入贫困户账户时间只需短短 15 分钟,项目收益精准到户,项目参与简单,碳汇购买方便。

4. 坚持宣传发动推广生态扶贫,推动各方广泛参与

单株碳汇精准扶贫项目核心在种树,关键在搭台,重点在宣传。一方面让参与项目的贫困户树立“管好树木就等于有了收入”这一观念,调动贫困户主动参与;另一方面通过发起“购碳扶贫·你我同行”倡议活动,发放项目宣传手册,播出公益广告吸引社会公众、社会团体的积极参与。

贵州单株碳汇精准扶贫机制创新的经验先后被新华社、人民网等 40 多家中共中央媒体和 190 多家地方媒体进行了报道。有关新闻报道还被翻译成英文、日文多种语言在国际上广泛宣传,获得联合国开发计划署、世界自然保护联盟的高度评价。

（三）建立生态护林员风险转移机制

生态护林员制度是落实精准扶贫、精准脱贫工作的一项创新性举措。生态护林员工程是贵州省实施的十大生态扶贫工程中的重要内容,其思路是聚焦贫困家庭,综合考量贫困人口脱贫需求与森林资源管护的需求,积极争取中共中央财政的支持,完善管理机制,形成"生态护林员 + 贫困户"的贫困人口护林脱贫模式。2016 年以来,全省共选聘 18.28 万名建档立卡贫困人口担任生态护林员、公益林护林员、天保护林员。这一支庞大的基层护林队伍,承担着全省上亿亩森林资源的防火、防病虫、防乱砍滥伐的重要任务,有效保护了森林资源,维护了林区的稳定。但是,在护林过程中,与违法犯罪行为作斗争可能遭受意外,导致负伤、残疾和死亡,也可能因灾、因病致贫返贫。为了保障生态护林员合法权益,贵州创新保险机制,2017 年在全国率先建立了护林员风险转移和保障机制。按照"政府引导、市场运作、自主自愿、协同推进"的原则,设立护林员雇主责任险及见义勇为险种,涵盖医疗、残疾、死亡等多种类别的综合性安全保险,实现了护林员安全保险全覆盖,有效解决了生态护林员因灾、因病致贫返贫的问题。截至 2020 年,全省共有 10.13 万名护林员入保,其中,建档立卡困户 8.78 万人。仅 2017 年,省林业局协调保险机构为贵州省护林员捐赠涵盖死亡、残疾、医疗等综合性安全保险保额达 265 亿多元。生态护林员保险作为农村保险的有益补充,大大降低了贫困家庭因伤、因病返贫的风险,从而解决了生态护林员巡山护林的后顾之忧。贵州对生态护林员的风险转移机制得到了国务院及国家林业和草原局的高度肯定,被写入全国《建档立卡贫困人口生态护林员管理办法》,并作为典型案例录入《2018 中国森林保险发展报告》。

四、构建环境资源司法保护体系

环境资源司法是环境法治体系的核心构成要素,也是维护环境正义的最后防线和终极保障。党的"十八大"以来,贵州省积极探索建立专门审判机构、运行专门审判机制,扎实推进实行环境资源审判专门化,努力在环境审判机构建设标准、环境审判机制运行、环境审判程序的完善及环境审判专业化水平与能力等方面进行改革试验。通过多年的努力,在实现环境资源审判机构、生态环境损害赔偿制度、生态司法修复和建立长江上游环境资源审判协作机制等方面取得重大成果,做出了多方面的创新示范。

（一）推进环境资源审判机构全覆盖

环境资源审判是国家环境治理体系的重要环节。由于环境资源司法的对象是因环境资源利益而产生的各类纠纷，该领域的利益关系、法律关系具有复合性、复杂性特征，环境资源案件也容易受到地方干预。建立专门化的环境司法体系，实行专门化司法，是适应环境纠纷的特殊性，解决环境司法领域主客场问题的重要手段，可以充分发挥环境资源审判在救济环境权益、制约公共权力、终结矛盾纠纷和形成公共政策等方面的功能作用，推动生态环境质量不断改善，促进经济社会可持续发展，维护环境正义。

贵州省于2014年颁布实施了《贵州省生态文明建设促进条例》，将生态环境保护纳入法治化、制度化轨道。从生态文明建设和环境保护的制度安排上，使各项工作有了制度规范的刚性约束，逐步形成了生态文明建设和环境保护的制度导向、制度合力。同时，探索推进环境司法专门化进程，积极构建符合时代发展需求的环境资源审判专门机构，按照因地制宜设立环境资源审判庭、打造专业化审判队伍的改革思路，在省法院、中级法院及基层法院设立环境资源审判庭，实现涉环境资源刑事、民事、行政案件"三合一"的审理模式，形成布局合理、适度集中的审判格局。

1. 建立专门化环境资源审判机构

2007年，贵阳市的水缸"两湖一库"（红枫湖、百花湖和阿哈水库）因行政区域交叉管理、行政执法不统一等原因，污染治理缺乏力度，水质不断恶化，严重影响群众的饮用水质量和身体健康。为了治理好"两湖一库"这个为数百万居民提供饮用水的水源，贵阳市委和贵州高级人民法院决定，在清镇市设立一个建制、管理相对独立的环保法庭——贵州省清镇市环保法庭，专属管辖涉及环境、资源、生态保护类的案件。希望通过环境保护案件审判专业化方式，打破地方保护壁垒，保护贵阳市的水生态环境。贵州省清镇市环保法庭是全国第一家专门审判机构，它的设立开启了我国环境司法专门化的先河。2013年，环保法庭更名为"生态保护法庭"；2017年，正式变更为"环境资源审判庭"。截至2019年11月，环境资源审判庭已受理各类环境保护类别案件2 390件，其中刑事案件905件、民事案件420件、行政案件152件、行政非诉审查案件504件、执行案件409件，已审结2 342件，以实际行动守护着贵阳市的绿水青山。

2. 推动环境资源审判机构全覆盖

贵州结合各市（州）地理区划、生态功能与环境敏感特点、法院环境资源案件数量、审判力量及便利群众诉讼等因素，2014年，在全省开展环境司法专门化建设,推进环境资源审判机构建设工作,并构建了"145"跨区域环保审判格局,即1个省高级人民法院环保法庭,贵阳市、遵义市、黔南州、黔西南州共4个中级人民法院环保法庭,清镇市、仁怀市、遵义县(现播州区)、福泉市、普安县共5个基层人民法院环保法庭,由三级法院共计10个环保法庭集中管辖全省的环保类案件。2017年,贵州省高级人民法院积极贯彻省委关于实现环境资源审判机构市(州)全覆盖的决策,进一步加强了环境司法专门化组织机构建设。因地制宜建成了由1个省高级人民法院环境资源审判庭、9个中级人民法院环境资源审判庭、19个基层人民法院环境资源审判庭(共计29个环境资源审判庭)构成的"1919"环境司法专门化组织体系,集中管辖全省88个县(市、区、特区)各类环境资源类案件,形成布局合理、适度集中的环境资源审判格局。至此,贵州在司法地域管辖上率先打破行政区划的限制,实行与行政区划适度分离的司法管辖制度。环境资源案件跨行政区划管辖,既契合环境资源要素跨行政区划分布需整体保护的要求,又可避免地方保护主义的不当干扰,为生态文明建设提供有力的司法保障。

贵州省环境资源审判庭充分根据环境资源民事、行政、刑事案件彼此交叉、相互交融的特点,明确由环境资源审判庭统一归口审理涉环境资源的刑事、民事、行政案件,这种"三合一"的审理模式,统一了环境资源审判司法理念和裁判标准,完善了环境保护刑事、民事、行政案件的跨行政区划集中管辖和归口管理。这一制度创新,将全省的绿水青山、非物质文化遗产保护、传统村落保护等全部纳入环境司法的管辖之下,率先打破环境资源案件因按民事、行政、刑事法律关系性质划分而分别由不同的审判机构审理的传统做法,转变为按法律保护领域划分,将环境资源民事、行政、刑事案件"三合一"并归口由专门的环境资源审判庭集中审理,有助于统一裁判尺度,为法律完善提供实践参考。比较典型的有开阳县贵冠山泉水厂诉开阳县荣旺农业发展有限公司水污染侵权责任纠纷案,被告人田某芳、阮某华、吴某顺污染环境案,中国生物多样性保护与绿色发展基金会诉贵州宏德置业有限公司相邻通行权纠纷案,贵州省榕江县人民检察院诉榕江县栽麻镇人民政府环境保护行政管理公益诉讼案等。多个案件被最高人民法院评为环境资源典型案例,其中1个案例入选为联合国环境规划署生态环境保护十大典型案例。

(二)推进生态环境损害赔偿制度改革

损害生态环境是有代价的。但我们看到,在渤海湾溢油污染、松花江水污染等诸多事件中,公共生态环境损害未得到足额赔偿,受损的生态环境未得到及时修复。建立健全生态环境损害赔偿制度,由造成生态环境损害的责任者承担赔偿责任,修复受损生态环境,这有助于破解"企业污染、群众受害、政府买单"的困局,保护和改善人民群众的生产、生活环境。2015 年12 月,国家在贵州、重庆等 7 省市开展损害赔偿制度改革试点。自 2016 年试点以来,贵州省以理论为指导,集中攻坚生态损害赔偿改革实践中理论问题。在全国率先建立了"磋商制度""司法确认制度""概况性授权制度"等8 项制度,建立了《生态环境损害赔偿协议(文本)》等一整套法律文书,初步探索建立了生态环境损害担责、追责体制机制,为国家全面试行生态环境损害赔偿制度提供了经验。

2016 年,贵州在全国 7 个试点省份中第一个出台了改革实施方案——《贵州省生态环境损害赔偿制度改革实施方案(试行)》,并在全省启动生态环境损害赔偿制度改革试点工作,探索建立完善生态环境损害担责、追责体制机制。2018 年,贵州省结合改革试点工作的实际,在进一步凝练、完善、细化了原实施方案的基础上,编制印发了《贵州省生态环境损害赔偿制度改革实施方案》。《贵州省生态环境损害赔偿制度改革实施方案》以"造成生态环境损害的违法者承担应有的赔偿责任"为核心,以修复被污染的环境、被破坏的生态为重点,破解长期以来"污染源头难预防、损害责任难追偿"的尴尬局面,有力保护和改善了人民群众的生产、生活环境。2019 年 5 月 31 日,贵州省第十三届人民代表大会常务委员会第十次会议审议通过的《贵州省生态环境保护条例》将生态环境损害赔偿制度纳入其中,明确规定将不承担生态环境损害赔偿责任的违法行为,纳入生态环境保护失信黑名单管理办法进行惩戒。贵州省还结合中共中央环境保护督察和一系列环保执法专项行动,从污染环境、破坏生态造成大气、地表水、地下水、土壤等环境要素入手,依托实际案例,先行先试,大力开展案例实践活动,推进实施生态环境损害赔偿制度改革,构建了责任明确、途径畅通、技术规范、保障有力、赔偿到位和修复有效的生态环境损害赔偿制度。

探索建立生态环境损害赔偿磋商制度。2017 年 12 月,贵州办理了全国第一起生态环境损害赔偿磋商案件——贵州息烽大鹰田 2 企业非法倾倒废渣生态环境损害赔偿案。此案是由省级人民政府提出申请的生态环境损害赔偿协议司法确认案件。人民法院在受理磋商协议司法确认申请后,将生态环境损害赔偿协议、修复方案等内容及时通过互联网向社会公开,接受公众监督。在办理实践中,设计建立了《参加生态环境损害赔偿磋商的邀请函《生态环境损害赔偿磋商告知书》等一整套法律文书。在磋商中,明确生态修复的方式,并通过人民法院对生态环境损害赔偿协议进行司法确认,赋予了赔偿协议强制执行效力,一旦遇到一方当事人拒绝履行或未全部履行赔偿协议的情况,对方可以向人民法院申请强制执行,有力地保障了赔偿协议的有效履行和生态环境修复工作的切实开展。本案的实践探索已被国家《生态环境损害赔偿制度改革方案》所采纳。

探索司法调解督促履行生态责任。2017 年,贵阳市中级法院在办理六盘水双元铝业有限责任公司、阮某华、田某芳生态环境损害赔偿诉讼案的实践中,多次主持调解,力促贵阳市生态环境局与 3 名赔偿义务人在充分考虑受损生态修复的基础上达成调解,并在调解书中明确了被污染地块修复的牵头单位、启动时限等,确保生态环境修复工作得以有效开展。在审理过程中严格遵循以生态环境修复为中心的损害救济制度,人民法院考虑到生态环境修复的长期性,在调解书中明确将后期修复工作的实际情况纳入法院的监管范围,要求 3 名被告及时向法院报送相关履行情况,最大限度保障生态修复目标的实现。

概括性授权制度。概括性委托授权生态环境、农业农村等部门代表省人民政府行使国家权利人权利。通过生态环境保护人民调解委员会化解生态环境损害矛盾纠纷,实现调解、磋商与司法确认的无缝衔接。此外,制定了《贵州省关于审理生态环境损害赔偿案件的诉讼规程》《贵州省生态环境损害赔偿案件办理规程(试行)》《贵州省生态环境损害赔偿资金管理办法》等,对生态环境损害案件办理、具体责任认定与索赔、损害赔偿资金管理等进行了规范。成立了环境损害司法鉴定中心,为环境督查、环境诉讼、环境追责等提供专业技术服务,提升对各类环境违法案件的办理效率。成立生态环境保护人民调解委员会,依法调解生态环境保护矛盾纠纷,促进赔偿协议达成,对调解不成的引导当事人通过诉讼途径解决争议。

(三)构建生态恢复性司法机制

生态恢复性司法是指一种在涉刑事案件发生后,促使犯罪嫌疑人、被告人与被害方或有关资源主管部门签订关于资源修复补偿的相关协议,并监督落实,从而最大限度地恢复被破坏的生态环境,修复生态功能,保护生态资源的司法模式。过去,通过刑事制裁(主要涉及金钱处罚)的手段来处罚造成环境损害的犯罪行为,未能恢复已经受到破坏的生态资源,不能真正地解决生态环境被破坏后的修复问题。而生态恢复性司法,改变以往对环境资源违法犯罪行为一判了之的做法,采用裁判方式,对盗伐林木罪、滥伐林木罪、非法占用农地罪等案件,除判处被告人刑罚外,还判令就地或异地补植林木、恢复土地原状、整治受污染水体,并建立联合监督机制,对被告人履行修复义务的效果进行全面评估,督促被告人全面充分履行生态修复义务,形成"破坏－判罚－修复－监督"的完整闭环,从而达到生态修复的目的。

贵州积极探索生态恢复性司法机制,将恢复性司法理念引入环境刑事司法领域,改变以往"一判了之"的做法,全面贯彻生态环境修复理念,积极引导犯罪分子修复受损害的生态环境,将犯罪分子修复生态环境的情形作为对其从宽处理的依据,实现对犯罪分子惩罚、教育和生态环境修复的统一。采取"司法＋生态修复"办案模式,加大环境公益诉讼检察工作力度,通过发出检察建议、约谈犯罪嫌疑人等方式促进生态修复的开展,形成"原地修复＋异地修复＋替代修复"方式,避免"罪犯服刑,荒山依旧",确保生态修复落到实处,达到惩处犯罪和恢复生态的双重目的。

"司法＋生态修复"办案模式符合"谁污染、谁治理、谁损害、谁赔偿"的宗旨,通过创新性地适用非严厉性的刑罚手段,采取惩罚性较弱的多元化方式弥补对生态环境损害,达到良好的实践效果。既有利于避免适用短期自由刑的弊端,又有利于损害人主动采取措施,承担修复或恢复被其破坏的林业生态,达到特殊预防和一般预防效果。既体现法治的人性化温情,又有利于教育和改造赔偿义务人,不失为法治教育的有益尝试。在"司法＋生态修复"办案实践中,贵州省还结合实际情况,将生态司法修复和脱贫攻坚产业项目相结合,选择在贫困村栽种杨梅、蜂糖李等经果林进行"补植复绿",并交给农户管护。既促成生态司法修复,又助力贫困群众精准脱贫,让群众切实获得生态红利,实现办案法律效果、社会效果双统一。为了不断提升环境资源审判质量和专门化水平,贵州省高级人民法院每年都定期发布《贵州环境资源审判绿皮书》以及典型案例,涉及刑事、民事、行政案件以及公益诉讼、生态环境损害赔偿案件,指导全省开展生态环境损害赔偿案件的审理。

第三节　贵州生态文明制度建设的经验启示

贵州省在建设生态文明建设过程中,勇于探索,大胆创新,针对全省面临的难点和重点,开展绿色屏障建设制度、促进绿色发展制度、生态脱贫制度、生态文明法治建设及绿色绩效评价考核等多方面的创新试验。贵州生态文明制度建设的创新是理念的提升、文化的传承,更是实践的突破、实施机制的创新。总结贵州生态文明制度建设的实践,可以得出以下几点宝贵经验。

一、坚持问题导向的生态文明制度建设

坚持问题导向,实质上是一个发现问题、分析问题、解决问题的过程。明确当前社会发展的主要问题及矛盾,科学分析,找到解决矛盾的突破口,协调各方利益,不断完善制度建设以达到保护生态环境和提升生态文明建设水平是贵州省生态文明制度建设过程中的重要经验之一。

问题客观存在,不以人的意志为转移。贵州省生态文明建设中重大问题之一,就是要保护好生态环境。作为长江、珠江上游重要生态屏障的贵州,筑牢上游生态屏障是义不容辞的职责使命。习近平总书记反复叮嘱,贵州"绝不能掉以轻心""一点大意不得"。而喀斯特地貌的生态本底,先天缺陷、天生脆弱,很容易受到损害,损害后又非常难以修复和恢复。这些因素决定了贵州在处理生态环境保护和发展的关系方面难度更大、责任更重,生态环境保护既解决全国普遍存在的结构性生态环境问题,又要遏制水土流失和石漠化扩展等特殊问题,必须把保护生态环境放在突出的位置,时刻保持清醒头脑,像呵护生命一样呵护生态环境,保护好这一方山水,坚定不移地守住生态底线。保护好这一方山水是贵州问题所在,压力所在,也是方向所在,动力所在。历史发展表明,贵州在保护好脆弱的生态方面,从重点问题抓起,在生态文明制度建设过程中,牢牢把握不同阶段所面对问题的导向性和针对性,紧密联系实际,既把握全局又突出重点,抓住主要矛盾,提出了一系列的具有针对性可操作性的制度建设,用制度保证环境稳定提升、生态功能不退化,用制度时刻守护好这片生态基础脆弱的生态屏障。针对石漠化严重、自然灾害频发、生态脆弱的实际,贵州坚持保护、建设、治理并举,有效控制石漠化的扩展,持续提升生态环境质量,切实保护好青山绿水。比如,在生态环境退化严重地区,实施大规模的生态移民搬迁工程,扎实推进退耕还林工程等,旨在让自然修身养息,恢复生态功能。又如,在生态建设上攻坚突破,开展大规模绿色贵州建设行动,全面推行五级干部带头上山植树造林制度,带动全省工程化植树造林。

贵州省生态文明建设中另一个重大问题,就是贵州人多地少,人地矛盾十分突出,资源空间分布不均匀,生态承载力与环境容量不同,经济发展水平不平衡,导致各个地区之间在经济社会建设、保护环境上矛盾不一,问题不同,影响了贵州经济社会高质量发展。为此,贵州省统筹经济发展和生态

保护,开展主体功能区划制度建设、研究并划定"三线一单",着力建立生态空间管控制度,这是协调发展区域间的经济、人口、环境及资源,实现人与自然和谐发展的新思路,是针对各地环境容量不同、经济发展水平不同、生态条件不同等,制定差别化的区域发展制度、生态环境分区管控制度,逐步引导各地破解生态保护和经济建设中的难题,在发展经济的同时,注重改善生态环境质量。

制度建设过程中还需要解决的问题就是提高生态保护区群众环境保护的积极性。贵州既是生态脆弱区又是生态富集区,但是,大量划入生态保护红线的地区因为保护生态而在一定程度上限制了发展,发展的限制反过来又加深贫困程度,极大挫伤了生态保护的积极性。为此,贵州省不断完善生态保护市场化机制,比如生态补偿、发展碳汇、生态护林员保障制度等,提高生态保护的积极性,体现生态环境的价值,进而推进全省生态环境的改善、生态功能的提升。

贵州无论是深入实施绿色贵州建设行动,推进矿山集中复绿,统筹山水林田湖草系统治理,建立梵净山世界自然遗产保护管理制度,完善生态保护补偿机制,深入推进污染防治"五场战役",建立绿色评价考核制度,率先出台生态文明建设目标评价考核办法,颁布实施《贵州省节约用水条例》,还是全面推进国土空间规划体系建设,建成"多规融合"信息平台,划定生态保护红线等,都是根据不同时期不同的生态突出问题为出发点、着力点,而探索的制度改革创新。十四五时期,随着贵州省全面进入高质量发展新阶段,生态文明建设领域也承载新使命、面临新挑战。2022年《国务院关于支持贵州在新时代西部大开发上闯新路的意见》(国发〔2022〕2号文件)要求贵州建设"生态文明建设先行区",为贵州生态文明建设擘画了新蓝图,明确了新的定位,在新的形势下,以解决新问题、新挑战为出发点和归宿,贵州省应进一步巩固已有的制度成果,做好继承与创新这篇文章,以建设"生态文明建设先行区"为载体,站在新的历史起点,完善生态文明制度建设,努力实现新突破,取得新进展。

二、坚持目标导向的生态文明制度建设

"守好两条底线",处理好生态环境保护和经济发展的关系,是贯彻习近平总书记的要求、落实中共中央"五位一体"总体布局、建设多彩贵州的基本要求,也是贵州建设生态文明的基本目标。因此,贵州坚持目标导向就是要把"守好两条底线"的发展愿景转化为具体行动,就是要用实现绿色发展为

指引,激发全社会绿色建设的活力和动力,每项生态文明制度建设都需以经济社会发展和生态环境质量改善为出发点。

从贵州省生态文明制度建设的过程来看,目标导向特征突出。贵州省最早制定了全国省市级层面生态文明法规《贵州省生态文明建设促进条例》《贵阳市促进生态文明建设条例》,把相关配套的体制、机制和政策工具保障落实固化到法律文本中,将环境保护追求实现的最高目标和有效途径等以法律法规的形式固定下来,体现强制性、严肃性和约束力,为"守好两条底线"提供了制度保障,这也表明贵州不再是简单地推进经济增长,绝不走先污染后治理、以牺牲生态环境为代价换取经济一时发展的老路,而是大力推进生态文明建设,走绿色发展的新路。尤其是贵州成为国家生态文明试验区之后,国家出台了《国家生态文明试验区(贵州)实施方案》,不仅勾画了贵州生态文明建设发展的蓝图,而且对贵州省开展生态文明体制改革综合试验提出了十大重点任务和34项核心制度建设目标。围绕着这些任务和目标,中共贵州省委准确研判形势、把握大势,找准方向,紧紧扭住"守好两条底线"这个中心不动摇,潜心研究,精心谋划,选择绿色发展之路。绿色发展是一个结构复杂、内涵丰富的综合性概念,作为一种新发展理念,本质上是资源集约,更清洁、更能激发经济潜力的增长方式。贵州坚持生态优先、绿色发展,把加快发展作为解决贵州所有问题的"金钥匙",把加快转型作为贵州绿色高质量发展的关键。通过加快发展、加快转型,达到"守好两条底线"的基本目标。中共贵州省委十一届七次全会通过的《中共贵州省委贵州省人民政府关于推动绿色发展建设生态文明的意见》又进一步提出了绿色发展、建设生态文明的五大任务。着力培育激发绿色发展新动能,加快建立高端化、绿色化、集约化和绿色低碳发展的经济体系,打造西部绿色发展示范区成为贵州新时代发展的重要方向之一。紧扣五大目标任务,省委、省政府明晰路线图、进度表和责任书,使各级政府每个部门都有明确的遵循和预期,并根据职权职责选择最优路径和务实办法,自觉细化工作内容,确保生态文明建设各项工作有条不紊、优质高效推进和顺利完成。贵州生态文明制度建设的方向也因此紧紧围绕着有利于激发绿色发展新动能、有助于污染防治的目标进行改革创新。比如,促进磷石膏资源综合利用的磷化工企业"以渣定产"制度。又如,推进绿色金融制度改革,为促进经济结构绿色化转型提供金融支持。再如,探索建立生态保护司法体系,引导损害者积极履行环境修复责任,以生态修复为重要目标,既有利于解决环境污染问题,又保护了企业的生产积极性,也推动了"环境有价、损害担责"的理念深入人心等,实现了社会效益和环境效益的双赢。诸如此类制度的建立和创新,其目的就是要彻底屏蔽以生态破坏、环境污染、资源枯竭为代价的"黑色增长"范式的变革,不走牺牲生态环境换取经济发展的老路,也不能靠削弱经济发展来保生态环境,走调整优化产业结构,有选择地发展绿色产业的新路。

另外,贵州创新考核评价与责任追究制度,在生态文明考核评价制度上突出"一个导向"(绿色政绩观),强化"一个责任"(党政主体责任),建立"一套标准"(其中,绿色发展考核权重占比高),旨在从根本上引导领导干部这一关键群体加快向经济社会发展理念和发展方式转变,为实现"绿色贵州""美丽贵州"这一长远目标奠定制度基础。对党政领导干部实行生态环境损害责任终身追究,严肃查处生态环境保护方面的失职失责行为,建立领导干部自然资源资产离任审计制度等,也都是为了更好更快建设"绿色贵州""美丽贵州"的高远目标提供坚强的制度保障。走生态优先、绿色发展之路,坚持两条底线一起守、不偏颇,加快发展、加快转型,建立健全生态文明制度,用最严厉的制度持续改善生态环境,用最严厉的制度倒逼产业优化,久久为功铸就绿色发展新格局,正是沿着这种思路的机制创新,贵州省才实现了经济发展与生态保护的协同并进。

三、坚持需求导向的生态文明制度建设

实践证明,贵州省在大力推动生态文明建设的同时,经济保持高速增长,而这一目标的实现与贵州省阶段性需求密切相关。20世纪80年代,贵州省以不断发展经济为主要的社会需求,把大力发展经济、解决温饱摆在贵州省工作的中心位置,环境保护让位于经济发展,甚至为了发展不惜牺牲环境,其结果是环境污染、生态恶化与经济发展相伴而行。长期开荒种粮,向山要地,陷入"越垦越穷,越穷越垦"的怪圈,一些地区大力开采矿产资源,高强度乱采乱挖,造成严重的生态破坏和环境污染,自然灾害频发,贵州为此付出了沉重的代价,也使得在成长的阵痛中开始觉醒。进入21世纪以后,贵州省经济发展带来了百姓需求的变化,不仅仅是解决温饱,也不仅仅是只要经济增长,还要蓝天白云、青山绿水。为了满足人民生活健康对生态质量的需求,省委、省政府对发展理念和思路作出及时调整,全面、准确贯彻新的发展理念,把发展质量摆在更为突出的位置,统筹环境保护与经济增长的可持续发展。在理念制度建设方面,逐步实现从"用绿水青山换金山银山",到"既要金山银山也要绿水青山",再到"绿水青山就是金山银山"的历史性飞跃。在制度建设方面,更加重视环境保护,比如坚持铁腕治污,深入推进"五

场战役",持续抓好"双十工程",从严从实推进中央生态环境保护督察及"回头看"和长江经济带生态环境突出问题整改,全力抓好环境治理和生态保护,探索推进生态环境损害赔偿制度改革,研究并形成了《贵州省生态环境损害赔偿磋商办法(试行)》《贵州省生态环境损害赔偿诉讼规则》《贵州省生态环境损害赔偿修复办法(试行)》等制度体系。又如,探索建立生态产品价值核算机制、自然资源资产统一确权登记制度,旨在探索生态产品价值实现新机制,打通绿水青山转化成金山银山的通道,为实现百姓富与生态美的有机统一而努力。

随着贵州经济社会的飞速发展,人民群众的生态环境需要不断升级,人民群众对清新空气、清澈水质、清洁环境等生态产品的需求越来越迫切,人民群众对良好生态环境的期待越来越高。人民的需求与向往推动着贵州省生态文明制度建设实践的深入,成为贵州省的奋斗目标。解决人民日益增长的美好生活需要和不平衡不充分的发展之间的矛盾对生态环境保护提出许多新要求,以高质量发展为主旋律做好绿色转型升级,推动绿色发展的新跨越;以价值化和市场化为重点做好绿水青山就是金山银山的大文章,完善绿色发展的方法论;以污染防治为关键做好环境保护工作,构筑绿色发展的新优势;以治理体系和治理能力现代化为突破做好制度建设,构建绿色发展的新体系将是推动贵州省生态文明建设再上新台阶的重要任务。

第五章

农村人居环境治理

随着经济的发展,百姓收入不断增加,在物质条件改善的同时,群众越来越重视发展环境和生态建设,打造美丽乡村,为老百姓留住鸟语花香、田园风光成为生态文明建设的重要任务。为了提高农民生活质量和乡亲们的幸福感、满意度,以习近平同志为核心的中共中央从战略和全局高度作出了改善农村人居环境的重大决策部署。习近平总书记多次作出重要指示批示:"农村环境整治这个事,不管是发达地区还是欠发达地区,标准可以有高有低,但最起码要给农民一个干净整洁的生活环境。"[1]优化农村生态环境,改变农村存在的脏乱差局面,成为实施乡村振兴战略的重点任务,成为造福农民群众的民心工程。2018 年,中共中央办公厅、国务院办公厅印发的《农村人居环境整治三年行动方案》,提出了农村人居环境建设的目标和重点任务。2021 年,中共中央办公厅、国务院办公厅印发《农村人居环境整治提升五年行动方案(2021—2025 年)》,将我国农村人居环境整治推向了新的阶段。农村人居环境整治作为农村生态文明建设的重要抓手迎来了前所未有的关注,是当前乃至长期性的一项重要任务。

2018 年以来,贵州省按照中共中央关于农村人居环境整治的决策部署,以"十百千"乡村振兴工程为抓手,坚持问题导向、目标导向和结果导向,抓重点、攻难点、创亮点,下重拳整治村容村貌,出实招推进垃圾治理,多举措推动污水处理、厕所革命,深入推进农村人居环境整治,不仅扭转了农村长期存在的脏乱差局面,而且带来了村容村貌的深刻变化,带来了农村生产生活方式的深刻变化,带来了农村精神风貌的深刻变化,带来了农民文明素质的深刻变化,农村正在绿起来、美起来、富起来,农民的获得感、幸福感明显增强。但是相比于浙江、江西、四川等全国其他省份农村人居环境综合整治工作,还存在面上推进成效不一、线上推进力度不足、点上推进尺度不精等问题,总体上还存在基础设施较为缺乏、生产生活污染依然突出,以及缺资

---

[1] 《国家发展改革委员会关于扎实推进农村人居环境整治行动的通知》(发改农经〔2018〕343 号)。

金、缺管理、缺治理主体等问题,这与建设绿色宜居宜业宜游的美丽乡村,开创百姓富生态美的多彩贵州新未来还有差距,需要进一步加强。本章深刻总结贵州省农村人居环境整治工作的成效与经验,寻找存在的问题,提出进一步开展好农村人居环境整治的对策建议。

第一节　我国推动农村人居环境整治的经验启示

一、推进农村人居环境整治的浙江经验

2003年,浙江启动了以整治乡村环境为重点的"千村示范、万村整治"工程。多年来,浙江一张蓝图绘到底,从抓好道路硬化、路灯亮化、卫生洁化、村庄绿化和河道净化等环节入手,拓展到面源污染治理、农房改造、历史文化村落保护、农村公共服务设施建设、乡村产业发展及乡风文明与乡村治理等领域,推动全省乡村面貌发生了全方位的历史性变化。截至2020年年底,浙江省农村生活垃圾分类处理行政村覆盖率为85%,资源化利用率达90%以上,无害化处理率达100%;建设(提标)农村规范化公厕64 842座,平均每个行政村超过3座;农村生活污水处理设施行政村覆盖率为92.5%。创建美丽乡村示范县45个、美丽乡村示范乡镇500个、特色精品村1 500个;新时代美丽乡村达标村11 290个,新改建和改造提升农村公路1.3万千米,实现建制村客车"村村通";农饮水达标人口覆盖率95%以上、水质达标率90%以上、城乡规模化供水率85%以上。① 浙江省主要经验如下。

(一)坚持"一把手"亲自抓
始终把"千万工程"列为"书记工程",落实"一把手"责任制,形成"五级书记"共抓共管的推进机制。做好顶层设计,示范带动、整体推进、深化提升、转型升级,一步步稳步推进。

(二)二是建立协同治理机制
建立党委、政府领导、职能部门负责、镇村实施、多方共同参与的工作推进机制,强调对人居环境整治进行分级治理。围绕目标落实,浙江先后探索出河长制、路长制、林长制、田长制等首长负责制、自上而下行政问责,破解

---

① 浙江省统计局.2020年浙江省国民经济和社会发展统计公报,2021-2-28.

了各自为政、相互推诿问题。

（三）发动群众主动参与

以"一约"（村规民约）、"两会"（百姓议事会、乡贤参事会）、"三团"（百姓参政团、道德评判团、百事服务团）为载体，深入开展村民自治。发挥村规民约的引导约束作用，规范村民的环境行为，实现自我管理、自我监督、自我服务。创新积分制管理，调动群众参与的主动性。

（四）积极引入市场激励制度

将农村人居环境治理与绿色经济发展紧密结合，赋予相关主体（农民、企业）生态资源使用权与经营权，努力把绿水青山转化为金山银山，经营好乡村，实现美丽环境与美丽经济融合发展。

二、推进农村人居环境治理的江西经验

江西将农村人居环境整治作为实施乡村振兴战略的一场硬仗和重大民生工程来抓，省委书记、省长亲自挂帅、部署推动，从补短板、强管护、促振兴等方面狠下功夫。目前全省 99.56% 的行政村纳入城乡一体化生活垃圾收运处置体系，82 个县（市、区）采取全域第三方治理模式，垃圾治理市场化率达 87%；农村卫生厕所普及率达到 94.09%；累计建成农村污水处理设施5 778 座，农村生活污水治理率逐步提高；连续 3 年荣获国务院督查激励。江西省主要经验如下。

（一）分类分步有序推进

以农村垃圾、厕所粪污、污水处理和村容村貌提升为主攻方向，从试点先行到全面推开，加快补齐农村人居环境突出短板。采取省、市、县三级共建方式，抓好省级村点的整治建设。每个村点安排财政专项补助资金 30 万元，其中省 15 万元、市 6 万元、县 9 万元。注重配套公共服务，对于中心村，因地制宜配套"8 + 4"公共服务项目（综合公共服务平台、卫生室、便民超市、农家书屋、文体活动场所、垃圾处理设施、污水处理设施、公厕，有需求的还配置小学、幼儿园、金融网点和公交站），方便农民群众生产生活。

（二）建立健全长效管护机制

引导各地建立"五定包干"村庄环境常态化长效管护机制。① 由省市县乡四级为每个行政村每年筹集 5 万元管护经费，全省每年总计投入近 9 亿

---

① "五定包干"为定管护范围、定管护标准、定管护责任、定管护经费、定考核奖惩。

元,推动"五定包干"。着力推进农村管理信息化建设,大力推广"万村码上通"5G+长效管护平台建设,不断完善"随手拍、随时报、'码'上办"的运行管理机制,通过数字赋能,使群众参与村庄长效管护的投诉和监督渠道保持畅通。

(三)推动休闲农业与美丽乡村融合发展

将村容村貌的提升与发展乡村旅游相结合,探索开展美丽宜居乡村建设试点,按照AAA级以上乡村旅游标准,建设一批美丽宜居乡村试点县、试点乡镇、试点村庄和试点庭院,扶持休闲乡村民宿发展,既提升了村容村貌,又增加了农民收入。

三、推进农村人居环境治理的四川经验

四川省3年来投入中共中央和省级资金107亿元,实施5 100个厕所革命整村推进示范村,农村卫生厕所普及率达86%,农村生活垃圾、生活污水得到有效处理的行政村占比分别达91.9%、58.4%,乡村面貌焕然一新,连续3年获国务院激励。四川省主要经验如下。

(一)坚持"五级书记"一起抓,压茬推进统筹实施

强化"一把手"推动。省委、省政府多次召开会议安排部署,推进市、县、乡、村层层落地责任,形成了五级党政"一把手"抓农村人居环境整治的工作格局。充分发挥好省委专项工作领导小组统筹抓总作用,整合各类资源,构建"一盘棋"格局。

(二)实施"一体化"考核

将农村厕所革命和生活污水治理纳入省委、省政府民生实事任务,将整治工作纳入各市(州)政府年度目标考核,特别是在乡村振兴先进县、乡、村的考评中,人居环境整治成效占比分别达40%、50%、50%,切实发挥"指挥棒"的引领作用。

(三)注重技术创新运用推广

成立四川省农村人居环境研究院,强化农村人居环境治理技术创新,加强对相关基础设施项目建设指导、日常管护的培训指导。

四、省外成功经验的启示

农村人居环境治理是一项系统工程,必须在整体把握、统筹推进、强化

责任和多方共治上下功夫。在整体推进上,要明确步骤,注重重点突破、示范带动、层层深化;在统筹发展上,要强化规划引领,注重因地制宜、需求引导、突出特色;在政府管理上,要明细权责分工,注重层级管理、责任到人;在管理模式上,要压实地方责任,注重机制协同、技术推广、数字治理;在环境治理上,要广泛动员群众,注重自治为本;在市场治理上,要引入市场激励,提升整治效能,实现持续有效发展。①

第二节　贵州省农村人居环境整治主要做法及典型模式

2018年来,全省上下严格落实《贵州省农村人居环境整治三年行动实施方案》要求,采取系统部署、定期调度、因地制宜、示范先行、整合资源等措施,农村初步实现了从"一处美"向"处处美"、从"外在美"向"内在美"、从"生态美"向"发展美"和从"一时美"向"时时美"的提质转型,展现出了宜居、宜业、宜游、宜养的美丽乡村新面貌,群众的获得感、幸福感不断提升,认同感、归属感不断增强。

一、贵州省农村人居环境整治主要做法

在农村人居环境治理的实践中,贵州各地就如何把省委、省政府的要求转化为在具体行动上的积极创新,探索出各具特色的经验做法,形成了各自的特点,其典型模式如下。

(一)构建农村人居环境治理"三个体系"

1. 构建农村人居环境治理责任体系

农村人居环境治理作为农村生态文明建设的重要内容,需要政府、公民、社会团体等多元主体协作合力推进。但毋庸置疑,党和政府是最为重要的推动力量,也是第一责任人。2018年,习近平总书记在全国生态环境保护大会上明确提出:地方各级党委和政府主要领导是本行政区域生态环境保护第一责任人,各相关部门要履行好生态环境保护职责,使各部门守土有责、守土尽责、分工协作、共同发力。明确各级党委和政府主要领导是生态文明建设的第一责任人,体现了党和政府迎难而上、勇于担当的政治品格,

① 黄祖辉,傅琳琳.我国乡村建设的关键与浙江"千万工程"启示[J].华中农业大学学报(社会科学版),2021,(03):4-9.

也说明各级党委和政府是农村人居环境的责任主体,构建责任体系、严明政府责任是开展农村人居环境治理的首要任务。

贵州省委、省政府把农村人居环境整治工程作为"三农"工作特别是脱贫攻坚的重要内容,高位谋划、高效推进,多次召开省委常委会、省政府常务会议听取农村人居环境整治工作开展情况汇报,研究部署相关工作。省委书记谌贻琴就开展农村人居环境整治工作多次批示指示,要求将"农村人居环境整治作为乡村振兴的一场硬仗,放在更加重要的位置来对待"①,省委主要领导亲自抓,一线指挥、一线落实,扎实推进农村人居环境整治三年行动。为统筹推进全省农村人居环境整治工作,全省建立了五级书记抓农村人居环境整治工程的责任体系,把严明政府农村人居环境整治责任由省、市、县推及乡级政府。同时,通过建立贵州省农村人居环境整治联席会议制度,将农村人居环境整治主要任务目标纳入全省乡村振兴考核指标体系,将农村人居环境整治实绩工作作为省委、省政府对市、县党委政府年度考核内容等,确保压力层层传导,推动责任层层落实,形成政府农村环境治理责任全面化、系统化建设新局面。

2. 构建农村人居环境治理工作体系

根据国家的要求,结合贵州各地经济发展情况和实际工作需要,坚持问题导向和目标导向,按照先易后难、因地制宜、循序渐进的原则,明确了省定方案、定目标、定政策,省直有关部门负责技术指导、补助引导,市(州)负责统筹协调、督促实施,县级履行实施主体、负责整合资源、加大投入、多方参与、强化考核,乡镇负责具体实施推动,村寨发动群众积极参与工作任务,形成各级各部门通力协作、共同推进农村人居环境整治的联动工作体系。同时,将全省各县区市分为一、二、三类地区分类推进、分类指导。对一、二类地区农村人居环境整治工作提出硬性指标,强化督促检查和工作指导,确保一、二类地区实现重点突破;三类地区在聚焦脱贫攻坚的前提下,量力而行、尽力而为,根据实际需要梯次推进。鼓励有条件的地区制定具有本地特色的方案。贵阳市将整治村划分为普及型、提升型、精品型三类,分别制定整治标准和要求,分类指导、统筹推进,实现改善农村人居环境与地方经济发展水平相适应、协调发展。

3. 构建农村人居环境治理政策体系

贵州省强化顶层设计,把农村生态振兴和农村人居环境水平提升作为

---

① 全省农村人居环境整治暨厕所革命推进大会,2018 年 04 月 28 日。

全省乡村振兴的基础和前提,从省级层面系统谋划。省级层面出台农村人居环境整治"1＋N"方案,即"1"为《贵州省农村人居环境整治三年行动实施方案》(黔党办发〔2018〕32号)总体行动方案,"N"是配套文件,主要涉及生活垃圾、厕所整治、污水治理等专项工作,如《贵州省农村生活垃圾治理专项行动方案》《关于印发〈贵州省农村人居环境整治村庄清洁行动方案〉的通知》《〈关于完善建立贵州省农村人居环境长效管护机制的指导意见〉的通知》《2020年贵州省农村人居环境整治工作要点》《贵州省农房风貌指引导则》《贵州省推进"厕所革命"三年行动计划(2018—2020年)》《贵州省农村人居环境整治村庄清洁行动方案》《贵州省农村生活污水治理专项行动方案(2019—2020年)》等多个政策性文件,形成层次清晰、相互配套、重点突出的政策体系。各市州根据自身实际,出台相应落实实施方案,通过整合资金、资源,为农村人居环境整治工作有序有力开展提供了强有力的支撑。

(二)主攻农村人居环境"三大硬件"

道路、农房、村容村貌落后是城乡发展不平衡的突出表现,是农村人居环境治理中存在的"痛点"和"堵点"。省委、省政府把改善道路、农房、村容村貌等农民基本生活条件放在更加突出的位置,强化各项举措,补齐这个短板,着力提升农民群众生活品质,为促进城乡均衡发展奠定坚实基础。

1. 农村道路提档升级

结合脱贫工程建设,全省努力抓好农村道路硬化。2017年8月,省委、省政府出台了《贵州省农村"组组通"公路三年大决战实施方案(2017—2019年)》,在全国率先启动农村"组组通"硬化路三年大决战,并从建好、管好、护好、运营好四个方面精准发力,深入推进"四好农村路"建设,不断改善农村公路交通条件。"十三五"以来,贵州农村公路累计完成投资1 268亿元,新增5 295个建制村通硬化路,启动实施3万千米县乡公路路面改善提升工程,全省所有建制村100%通客运班线,1 725个500亩以上坝区实现等级公路全覆盖。四通八达的乡村公路网络,让广大农村群众告别出行难,"晴天一身土、雨天一身泥"成为历史,实现了农民群众"出门水泥路、抬脚上客车"的愿望,而且有效带动了农村产业的快速发展。通过"四好农村路"串联起一路风景,融合了一片产业,造福了一方百姓。大山深处的优质农产品不再受困于运输难,昔日偏僻村寨成为今日的交通枢纽,凭借着丰富的旅游资源,旖旎的山水风光,吸引了四面八方的游客纷至沓来,提高了农民创业致富的积极性,有效带动了农村特色产业快速发展,促进农村经济增长。一个个乡村因路而富、因路而兴、因路而美,"四好农村路"成为名副其实的产业振兴之路、农民致富之路。2019年,贵州省交通建设因目标任务完成情况好、地方投资落实到位,受到国务院通报表扬,并奖励资金5 000万元。

2. 农房风貌整治提升

坚持规划引领,注重民族地域和农村特色,区分村庄类别、功能定位、发展方向,统筹好农房建设和乡村风貌管控,分类编制村庄建设规划,有力提升乡村建设水平。编制出台《贵州省村庄风貌指引导则》《贵州省农房风貌指引导则(试行)》《贵州省红色美丽村庄试点建设村庄规划设计方案编制导则(试行)》等一系列标准规范等技术导则,严格农房建设体量和风貌控制,逐步形成了黔北民居、黔东南民居等具有地域特点、民族特色、文化特征的贵州民居新样板。

以"危房改造"为突破口,结合改厨、改圈、改厕"三改"工作以及"人畜混居"整治等工程,持续攻坚农村住房保障"防护网"建设,解决了1 200余万农村群众居有所安的问题。长期以来,贵州部分少数民族地区贫困农户厨房、卧室与畜禽圈舍同室或混杂,厕所和猪圈、牛圈同在一个屋檐下,蚊蝇成群,蛆虫乱爬,患疾病的风险极大。2017年,省委、省政府呼应农村百姓需求,按照"缺什么、补什么"的原则,结合脱贫攻坚,启动20万户农村危房改造同步实施改厨、改厕、改圈工程。改厨为修建节能灶,让厨房整洁、卫生、明亮;改厕为改变人畜共厕状况,修建卫生厕所配套建好浴室;改圈为将牲畜圈建成新式水泥栏圈。"三改"工程目的是实现农房卧室、厨房、厕所和圈舍等合理分离,切实改善农房基本居住功能和卫生健康条件,着力提高农村生活条件和农民的生活质量,加快实现农村现代化。为彻底解决人畜混居的问题,2019年进一步启动实施农村人畜混居整治,全省共安排1.5亿元省级补助资金,全面完成7.12万户人畜混居整治。通过农村危房改造及同步实施的"三改"工程,改出了农家人的新生活。农村厨房整洁靓丽,厕所不再臭气熏天,崭新的厨房橱柜、干净的蹲便器、水冲式卫生厕,极大地提高了农民的生活质量,既改善了农村环境卫生面貌,消除了住房安全隐患,又从源头上控制了疾病的传播,提高了农村生活条件和农民的生活质量,加快实现农村现代化。

按照整村推进的模式,以建筑立面美化及旧房裸房整治为突破点,结合民族特色、生活习惯等因素,通过"穿衣戴帽",不断提升农房的颜值,全力避免"千村一面""千村一味"。2018年全省县(市、区)域乡村建设规划编制实现全覆盖,一批批高颜值、高气质、高品位的乡村正在崛起。比如,乌当区偏坡乡偏坡村、花溪区青岩镇龙井村、平坝区夏云镇小河湾村、岑巩县客楼镇

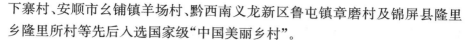

下寨村、安顺市幺铺镇羊场村、黔西南义龙新区鲁屯镇章磨村及锦屏县隆里乡隆里所村等先后入选国家级"中国美丽乡村"。

3. 村容村貌整洁有序

贵州省把村庄清洁行动作为农村人居环境整治的重要工作,以疫情防控为切入点,结合爱国卫生运动和脱贫攻坚,积极开展以"五净四美"(屋净、路净、厕净、沟净、水净;庭院美、村庄美、环境美、田园美)为主题、"三清一改"(清理农村生活垃圾、村内塘沟、畜禽养殖粪污等农业生产废弃物,改变影响农村人居环境的不良习惯)为主要内容的村庄清洁行动,认真落实春夏秋冬"四大战役",大力改善村容村貌。通过召开动员会、在主要媒体上刊登倡议书、协调群团组织积极参与等方式,紧紧围绕春节、清明节、"五一"劳动节和端午节等重要时间节点,广泛开展村庄清洁行动。据不完全统计,自2019年以来,全省累计开展了9万村次以上的村庄清洁行动,累计发动农民群众投工投劳1 000多万人次,发放宣传资料540万份,张贴宣传标语15.9万条,清理农村生活垃圾103万吨,清理村内水塘6.9万口,清理村内沟渠8.8万千米以上,清理畜禽养殖粪污等农业生产废弃物23万吨,农村长期存在的脏乱差局面得到扭转,村庄干净整洁有序成为常态。

各地还因地制宜加强保洁体系建设,建立村庄保洁维护制度,促进村庄由"一时清"向"长久清"转变,呈现干净整洁、清爽有序的局面。比如,大方县星宿乡河山村创新出"三个一元"机制,全村所有农户每月每户筹1元钱,乡、村两级各配套1元钱作为卫生奖励基金,实行周考核、月评比。对考核为清洁户的给予资金奖励,对评为不合格的农户责令整改,进一步推进村庄的环境卫生工作,形成了全村上下"人人爱清洁,个个讲卫生"的喜人局面。贵阳市花溪区和清镇市、铜仁碧江区、福泉市、湄潭县、黔西县荣获全国村庄清洁行动先进县,得到中共中央农村工作领导小组办公室、农业农村部的通报表扬。

(三)破解农村人居环境"三大难题"

农村生活垃圾治理、农村厕所革命、农村污水收集处置是改善农村人居环境,建设美丽乡村的重要内容,也是农村人居环境整治的难题。如何解决好农村垃圾、厕所、污水,帮助农民改善农村人居环境,提高生活质量和生活水平,是摆在各级党委、政府面前的一个重要课题。为此,省委、省政府把这三大难题放在突出的位置加以治理,着力让农民过得舒心。

1. 垃圾处置有亮点

贵州省出台了《贵州省农村生活垃圾治理专项行动方案》,在全国率先实行整县推进农村生活垃圾治理。目前,全省 88 个县(市、区)94.4%以上的行政村建立了"村收集、镇转运、县处理"的农村垃圾收运处置体系,全省 716 个非正规垃圾堆放点全部整治销号,农村生活垃圾得到有效处置。村庄有了保洁人员,设置垃圾箱、垃圾桶,由此顺理成章地改变了村民长期以来乱丢乱放垃圾的陋习。定点投放、定时收集,垃圾不暴露、转运不落地等,从无人统筹、到处乱扔转为收集处理、系统治理,改写了"垃圾靠风刮"的随意倾倒历史,这个具有标志性意义的转折,是农村垃圾治理方式的一次飞跃,是农村生活方式的重大变革。

为了有效促进各地及时收运生活垃圾,保障收运设施体系正常运行,进一步做好农村生活垃圾的治理工作,贵州省结合数字乡村建设,率先在全国建立省级数字乡村生活垃圾收运监控平台,全省 1 121 个乡镇生活垃圾转运站、944 辆垃圾转运车、6 009 辆垃圾清运车、11.85 万个垃圾收集点全部纳入信息监测平台,实现了全省村镇生活垃圾收运监管数据一张图,相称集成式、自动化、全覆盖管理,有效促进农村生活垃圾的及时收运。铜仁碧江区建立"智慧环卫"平台,对环卫车辆、垃圾桶、收集站等环卫设施设备的数据收集,实现农村生活垃圾转运全过程"数字化、视频化、网格化"定位监控。每一个智能垃圾收集点均具备"温度""重量"和"满溢度"等异常报警功能,根据报警情况进行及时清理,实现即满即运,减少运输成本,提高作业效率。贵州数字乡村建设监管平台被住建部向中办、国办作专题介绍。同时,结合垃圾减量化、资源化要求,深化"垃圾是放错了地方的资源"的认识,聚焦畜禽粪污乱排、秸秆焚烧、农膜污染等突出问题,大力实施畜禽粪污治理、秸秆农膜回收处理、化肥农药减量增效等重大行动,不断加强农业废弃物资源化利用及无害化处理。湄潭县、西秀区(安顺)、麻江县被住房和城乡建设部确定为全国第一批农村生活垃圾分类和资源化利用示范城市。2020 年,全省农作物秸秆综合利用率达 86%,规模畜禽养殖场废弃物处理设施比例达99.57%。

2. 厕所革命有力度

习近平总书记对深入推进农村厕所革命多次作出重要指示,强调坚持数量服从质量、进度服从实效,求好不求快。贵州省深入贯彻习近平总书记重要指示精神,相继出台《贵州省推进"厕所革命"三年行动计划(2018—2020 年)》《贵州省城乡厕所规划建设指引导则》《关于切实加强农村"厕所革命"工作质量的通知》等文件,以"布局科学、数量达标、管理规范、群众满意"为目标,推进城乡厕所"四个一批"工程(新建一批、改造一批、达标一批、开

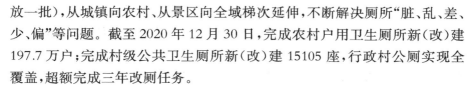

放一批),从城镇向农村、从景区向全域梯次延伸,不断解决厕所"脏、乱、差、少、偏"等问题。截至2020年12月30日,完成农村户用卫生厕所新(改)建197.7万户;完成村级公共卫生厕所新(改)建15105座,行政村公厕实现全覆盖,超额完成三年改厕任务。

3. 污水治理有章法

长期以来,由于生活习惯、现实条件等各方面的因素,农村生活污水没有得到有效处理。近年来,按照尊重事实、因地制宜的原则,结合经济发展、地形特点、人口等因素,坚持试点先行、梯次推进,尽力而为、量力而行的原则,推动农村生活污水治理。同时,按照国家有关标准,结合贵州实际,制定《贵州省农村生活污水处理水污染物排放标准》(DB 521424—2019),编制县域农村生活污水治理专项规划。积极开展农村生活污水治理示范试点项目,探索符合贵州实际的农村生活污水治理模式。2020年新增完成建制村农村生活污水治理项目317个,全省累计建成农村生活污水处理设施5 128套,日污水处理能力约21.69万吨,农村生活污水处理设施覆盖行政村2 765个,覆盖率为20.8%,受益人口约323.69万人,农村生活污水治理率达10.2%。随着农村生活污水收集和无害化处理的不断推进,越来越多的村庄结束了污水横流的历史。

(四) 推动实现美丽乡村"三大转变"

1. 推动实现生活习惯的转变

每一户村民的小家,从人居环境整治的面上来说,是"面子"更是"里子"。近年来,村庄大环境通过"新农村建设""四在农家""村容村貌整治"等系列政策支持,已有了极大的改善和提升。但实事求是地讲,分散到每家每户、具体到堂前屋后、进入客厅卧房,还有提升的空间。各地切实以抓痛点为起点、攻难点为亮点,通过开展"美家美户"计划,建立家庭门前三包制度,推动广大群众自觉养成良好的生活习惯和卫生习惯,引导群众从自家做起,摒弃陈规陋习,搞好环境卫生,主动改自己的房、亮自己的堂、拆自己的墙、美自己的院,增强农户的美家意识。事实证明,只有把每一个小家建设好、维护好,才能支撑、推动整个村民组、整个村的面貌的大提升。只有每个家庭的屋里屋外干净了,才能让整个村子都美丽。比如,六盘水市将庭院整治作为农村人居环境整治工作的切入点,大力推进千家万户小康菜园工程建设。将庭院作为实施千家万户小康菜园工程的"主阵地",变垃圾遍地的"死角"为绿意盎然的菜园,不仅有效利用了农村"边角"土地,开辟了农村产业革命新领域,而且创新了村庄清洁行动的抓手和平台。盘州市双凤镇大海村,过去村里生活垃圾随便扔放,乱得看不得;空气中夹杂着畜禽粪便味,臭得闻不得;人畜混居的房子里,脏得坐不得……为了改变大海村脏乱差的状况,双凤镇党委坚持党建引领,以党组织为核心,发动群众,按下美颜键,拆危除杂、整洁居室、擦亮屋子。引导群众保持仪容干净,养成垃圾收集的良好习惯,倡导科学、文明、健康的生活方式。充分尊重群众的首创精神,激发群众智慧,当地群众将废旧瓦片垒成风格各异的花池树池,形成了"户户不相同、院院有特色"多风格的农家院落,积极改厕改水,由此带来每家每户翻天覆地的变化。群众在主动参与中创造了经验,留住了乡村味道,提升了特色品位,节约了改造成本,既扮靓了小家,又扮靓了村庄环境。

2. 推动实现生产方式的转变

长期以来,由于农村基础设施差、就业机会少,空心村、留守儿童等社会问题接踵而至。破解的关键在于提高农民群众的收入,让乡村留得住人、能发展。围绕这一主要矛盾,各地充分依托良好的自然生态禀赋,聚焦"乡村让城市更向往",以农村人居环境整治为抓手,把农民生活富裕、生活幸福作为农村人居环境建设的根本目的,多渠道打通"绿水青山"向"金山银山"的转化通道。通过深入推进美丽乡村建设,有效地提升全省乡村的颜值,农村环境越来越美。一批美丽村庄、美丽庭院、美丽田园、美丽乡道、美丽风光等形成一道美丽乡村风景线矗立在多彩贵州,不仅还美丽生态于百姓,而且成为"公园省"经营乡村、发展经济的新抓手,有效地促进农业新业态的成长。依托美丽乡村、生态资源、民俗资源等,贵州省深入推进农文商旅融合发展,不断丰富乡村经济业态,独特的乡土味道和乡村风貌、村落的自然风光、农户的住宅民居、农业的农事体验、农村的乡愁记忆、农家的美丽菜肴、乡间清新的空气都成为促进农民创业、增加收入的重要来源。农村群众通过乡村旅游企业务工、直接参与乡村旅游经营、开办农事体验或旅游活动项目、出售农副土特产品等的人数越来越多,从靠天吃饭中彻底解脱出来,在家门口吃上了"旅游饭"。良好生态环境已成为我省农村最大的优势和宝贵的财富,贵州的农村已成为"多彩贵州公园省"的最美诠释。目前,全省拥有标准级以上乡村旅游村寨、客栈和三星级以上经营户 3 383 家,省级以上乡村旅游重点村 189 家,其中全国乡村旅游重点村 38 家。2019 年,贵州省旅游总收入 12 321.81 亿元,增长 30.1%,其中乡村旅游 930 亿元。从"卖包谷""卖山林"到"卖生态""卖乡愁",不断拓宽"绿水青山"向"金山银山"转化的通道,极大地改变了传统农民面朝黄土背朝天,守着几亩耕地为生而靠山吃山的生产方式,显现了农村生产方式的巨大变化。

3. 推动实现农民素质的转变

在农村人居环境治理中,全省各地通过形式多样、群众喜闻乐见的文化活动方式向全社会广泛宣传教育,让生态文明意识和绿色发展理念深入人心,提高农民生态文明素质,夯实了生态建设和环境保护的群众基础,有效遏制农村陈规陋习,增加了村民的环境自觉。同时,各地切实发挥党建引领作用,完善自治、法治、德治"三治结合"的乡村治理体系,充分发挥农村基层党组织的战斗堡垒作用、村委会的自治作用、新乡贤的带动作用和农民群众的主体作用,推动农村人居环境共治共建共享,乡村的吸引力、向心力、凝聚力不断增强。大力弘扬社会主义核心价值观和新风正气,传播科学文明健康的生活理念,推动形成文明乡风、良好家风、淳朴民风,不断提升群众思想觉悟、道德水平、文明素养。比如,贵阳市乌当区偏坡乡以党建为核心的"133"乡村治理体系①,充分发挥了基层党组织动员群众、团结群众、组织群众的作用,极大地提升了乡村善治水平。又如,毕节市推行的"村级环境卫生'红黑榜'",以其督促村民改变不良习惯。针对农村环境治理的实际情况,将爱护环境、禁止乱堆乱放、毁林开荒及提升村容村貌等内容纳入村规民约。村规民约接地气的表达方式能更好地宣传教育和引导农村群众提高环保意识,规范村民自身行为、培养环保意识、改变不良习惯,这既培育文明乡风,又消化矛盾,培育了人们向善、向美、向好的精神面貌,促进了村民自治,推进乡村治理法治化、现代化。目前,全省99.8%的行政村都因地制宜制定了村规民约,签订了如农户环境卫生"门前三包"、农村治安管理、精神文明建设等村规民约。

乡风文明与环境整治互促互进,相伴而行。马克思说过:人创造环境,同样,环境也创造人。良好的生态环境能对人们的身心健康、文明素质、行为修养有较强的熏陶与规范作用,能有效促使群众养成良好的生活习惯和保持整洁干净的环境,在赏心悦目的氛围中让村民受到潜移默化的影响,逐步改掉坏习惯、坏毛病,告别不文明行为。通过开展"五净四美""三清一改"的村庄清洁行动,以及"美丽庭院""环境卫生红黑榜"等系列评议活动,越来越把村民们从各自谋自己的营生到凝聚在一起建设家园,群众你追我赶共绘家园,农村活力被激发,村民的精气神不断得到提振,不仅村容村貌变美,邻里团结,而且也为美丽乡村注入了美丽灵魂,现在"人和、心齐、风正、气顺"正在成为村民们追求的目标。

---

① "133"乡村治理行动,即"一核三治三晒"(一核:以强基固本为核心。三治:法治,自治,德治。三晒:晒形象祛陋习,晒三务消隔阂,晒异议连民心)。

二、贵州省农村人居环境治理的几种典型模式

在农村人居环境治理的实践中,贵州各地就如何把省委、省政府的要求转化为具体行动上积极创新,探索出各具特色的经验做法,形成了各自的特点,其典型模式如下。

(一) 城乡融合下的一体化统筹治理模式

城乡融合下的一体化统筹治理模式是打破行政区域管辖范围与界限,通过建立城乡环境治理"大统筹"来推进城市和农村的环境治理工作。其关键是把城乡合成一体,统一规划,统一建设,统一运行,统一管理。通过引入市场机制,推行政府购买服务,建立起城乡一体化的环境治理系统,消除城乡环境治理的差距。铜仁市碧江区、贵阳市南明区、清镇市等为典型例子。

铜仁市碧江区作为西部不发达地区,农村人居环境治理起步晚、底子薄、问题多、环境基础设施数量较少,资金投入不足,运行维护水平不高,已经成为农村环境治理突出的短板。因此,碧江区把农村人居环境整治工作纳入城乡一体化范畴,按照"统一建设、统一运营、统一管理"标准,推动城市环卫设施、技术、服务等公共产品和公共服务向农村延伸,坚持城乡同步,推进农村污水处理,极大地消除了城乡环境保护等多方面的差距,夯实了农村环境设施、环境监管等方面的基础,破解了城乡二元人居环境治理,快速提升农村人居环境治理能力。

(1) 坚持"三个统一",着力推进城乡环卫一体化治理,统一城乡环卫设施一体化建设。2018 年,碧江区政府采用 PPP 项目,引入企业进行城乡生活垃圾收转运系统建设,通过专业化公司来打造城乡一体的"智能化"环卫体系,实现了收集设施全覆盖,统一城市环卫一体化运营。采用政府购买服务的方式,通过招标将建好的城乡垃圾整体外包进行统一的收运,实现全区自然村寨环卫设施、环卫队伍、环卫作业由专业化的公司统一调度管理和市场化运营,农村生活垃圾收运处置体系行政村覆盖率达到 100%,有效提高了环卫运管效率和水平。统一城乡环卫设施一体化管理。通过建立"两纵三横"("两纵"即区、乡、村、组实行逐级督察,运营公司、项目部、项目片区实行逐级督察;"三横"即区督察运营公司和项目部,乡镇督察项目部和项目片区)织密督察网络。采取督察、暗查和组队检查相结合方式进行常态化环境督察。通过绩效考核机制考评社会资本提供的公共服务质量及运营维护情况,不断提高公共服务的质量。

（2）坚持城乡同步，着力推进农村生活污水处理。坚持城乡污水处理一体化原则，统筹城区、镇街、社区村庄生活污水处理。针对村镇污水处理的短板，政府加大投入，加强村镇污水处理。按照管理标准化、队伍专业化、运作市场化和机制常态化的原则，积极探索专业化公司建设运营管理机制。2019年，碧江区引入贵州水投水务集团有限公司，采取BOT的运作方式，建设全区乡镇及农村生活污水处理系统，梯次推进农村生活污水处理设施，并将有条件的户厕和公厕化粪池终端接入农村生活污水管网，推进了厕所粪污、生活污水与污水处理设施的无缝对接。目前，建好后的部分已经开始运行，并由该水务公司负责具体运营和维护，基本实现农村污水处理从缺失到收集治理设施覆盖的巨大转变。

（3）坚持清改建管并进，建立美丽宜居家园。成立了由区委书记、区长任双组长的领导小组，落实人居环境整治领导责任，将农村人居环境整治和村庄清洁行动工作纳入区委一号文件，明确了各单位具体工作职责。并从资金投入、督查、整治、宣传等方面加强和消除薄弱环节，着力补齐农村环境治理短板，加快建设美丽家园。积极开展"清、改、建、管"活动，深入推进农村人居环境整治。"清"即清垃圾、清杂物，"改"即改环境、改品质，"建"即建基础、夯基石，"管"即重引导、强管理。碧江区引入PPP市场化运作，采取BOT模式，通过政府购买服务，外包给专业化公司来推动城乡环卫设施、技术、服务等公共产品和公共服务一体化，高起点夯实农村环境设施，高质量提高农村环境治理能力，有效推进了乡村的清洁卫生，为百姓留下清新的空气、洁净的水源、高质量的农产品、美丽的田园风光。2019年获评"全国村庄清洁行动先进县"。2020年成为全国农村人居环境整治成效明显的激励候选县，为全省唯一上榜的区县。2021年被评为全省农村人居环境整治7个优秀县区之一。

（二）产业支持下的"三生"共赢综合治理模式

产业支持下的"三生"共赢综合治理模式是充分利用区域特点，大力发展农村绿色产业，并积极引导农民参与美丽乡村建设，改善人居环境，实现生活生产生态"三生"共赢的模式。此模式既推动了产业兴旺、带动了农户增收、提升了生态环境质量，又提高了农民群众的幸福感。息烽县石硐镇、安顺市塘约村、清镇市红枫湖镇芦荻哨村等均为典型的例子。

息烽县石硐镇是传统的农业乡镇，镇内基础设施薄弱，群众生活水平低，发展相对滞后。石硐镇政府针对该镇的实际情况，引入贵州中康农业科技有限公司，采取"龙头企业＋基地＋村集体＋农户"模式，大力发展猕猴桃产业。将涉贫资金整合转化为村集体股权,入股龙头企业发展集体经济,促进农民脱贫致富。该公司"猕天大圣"猕猴桃品牌等产品荣获全国优质猕猴桃品鉴会银奖、第十二届中国国际有机食品博览会金奖等殊荣,出口新加坡、马来西亚、泰国等国家。集体经济发展了之后,怎么对项目分红资金进行二次分配,使之更好发挥作用,镇村两级作了探索。按照"六权共享"模式进行,即留足20%用于村集体经济发展、村级公益事业和社会管理等支出,剩下的80%按照"弱有所扶收益权(占5%,分配给贫困户)、土地入股收益权(占25%,分配给土地入股支持产业发展的农户)、劳有所得收益权(占25%,分配给积极参与务工劳动的农户)、老有所养收益权(占10%,分配给满60岁以上的老年人)、社会治理收益权(占30%,分配给遵纪守法、遵守村规民约、尊老爱幼的农户)、环境保护收益权(占5%,分配给自觉保护环境、搞好环境卫生的农户)"的"六权"进行二次分配。环境保护收益权虽然只占5%,但激发了农民群众清洁家园、建设家园、爱护家园的主人翁意识,有效地引导村民参与环境整治,逐步培养了群众的环保意识,改变了落后的卫生习惯,实现了乡村经济发展与推进农村环境建设的有机统一、良性互动。现在,全镇各村的人居环境整治、家庭环境卫生都搞得有条有理,无乱砍滥伐林木、乱倒污水、随意焚烧秸秆等行为,村民们都积极参与村庄绿化美化。石硐镇畜禽粪污综合利用率达90%以上,18个行政村的生活垃圾和污水均得到有效治理,生态环境得到进一步的保护,农民群众生活品质提档升级,接连获得"全国脱贫攻坚先进集体""全省乡村振兴示范乡镇"等荣誉称号。

(三)乡村经营下的"农旅融合"协调治理模式

乡村经营下的"农旅融合"协调治理模式是践行绿水青山就是金山银山的理念,将乡村环境整治与乡村旅游发展相结合,深入挖掘乡村优势,发展乡村旅游产业,顺理成章地改善了乡村人居环境,提升乡村颜值的模式。此模式打通了绿水青山向金山银山的转变路径,促进了生态产业化,产业生态化。湄潭县、开阳县南江乡、乌当区偏坡乡等均为典型例子。

开阳县南江乡田园风光优美如画,民族文化丰富多彩,民族风情各具特色,是水东文化的发源地,拥有"全国休闲农业旅游示范区""贵州省十大魅力景区""贵阳市最佳乡村旅游避暑休闲度假区"等殊荣。开阳县结合本地多彩的民族文化和优美的田园风光,按照"一栋房、一亩地、一种生活"的理念,利用农村闲置房、自留地经营权,采取"三改一留"模式(闲置房改经营房、自留地改体验地、老百姓改服务员、保青山留乡愁),开发十里画廊景区的乡村民宿,为游客提供居住品质高、可充分融入农家生活的休闲度假民宿,让十里画廊成为游客记忆中的故乡和寄放乡愁的家园。具体做法如下。

（1）将村民闲置农房入股。在村民自愿的基础上,将现有闲置农房384栋加以改造、利用、整理,打造为具有民族特色的民宿客房。此外,公司另配套旅游项目酒店、养老中心等。

（2）将市民闲置资金入股。引入社会资本以入股的方式解决改造房子、院落及村庄环境改造对资金的需求。投资人可以采用一次性付款,也可以首付30%,其余向银行贷款,相应地可获得：由开阳县人民政府颁发为期20年的该栋房子的经营使用权(该经营使用权可以转让,仅收取1 000元费用),享有该栋民宿经营分红,以及该栋民宿中的一间不对外营业自住房使用权。

（3）村集体以环境入股。村集体以配套设施、生态环境、服务协调等资源的形式入股并参加分红。环境占股虽然不多,但因村集体是以"绿水青山美丽环境"入股,促使村里更加重视村庄生态环境的保护和人居环境整治,形成良性循环。

（4）建立"622＋1"利益联结机制。"水东乡舍"采用"622＋1"利益分配机制,即民宿经营收入扣除管理、维修等费用外(不超过收入的40%)全部按天进行资金分红。分配比例为,该栋民宿投资人占60%,农户占20%,平台公司占20%,其中从平台公司的分红中拿出10%分配给村集体。"622＋1"利益分配机制,实现了城市资金方、房主农户、平台企业、村集体多方利益的公平共享和合作共赢。

"水东乡舍"以宅基地经营权入股为切入点,引入城市资本与村集体合作运营,一方面激活闲置农房,带动了当地农村就业,实现乡村变景区、农房变民宿、院坝变花园、农民变房东,培育乡村内生动力;另一方面又促进城市资源下乡,破解政府财政资金不足的难题,提高了整治效率。通过"622＋1"利益联结机制,带动消费及投资等要素从城市向农村地区扩展。开阳政府在闲置农房经营权上的创新,无疑助推城市资源加快向乡村的流动,吸引更多社会资本进入乡村发展领域,打通绿水青山向金山银山的转化通道、路径,促进乡村产业发展与人居环境的整治提升。乡村走上美丽生态与美丽经济齐头并进的发展之路,农村不断变美、百姓收入不断提高、幸福感不断增强,打造了新时代农村人居环境整治和乡村振兴的鲜活样板。

（四）党建引领下的村民自治模式

党建引领下的村民自治模式是发挥基层党组织的战斗堡垒和先锋模范

作用,通过基层党组织发动、党员和入党积极分子带动、村民主动参与人居环境治理的模式。此模式既减少了环境治理费用、改善了农村环境,又加强了村民自我管理能力,推动了乡风文明。盘州双凤镇大海村、息烽县温泉镇兴隆村、清镇市新店镇大麻窝村为典型例子。

盘州双凤镇大海村曾经是出名的贫困村,由于喀斯特地貌导致该村严重缺水和贫困。2014年,该村贫困发生率为33.4%。针对大海村起点低、底子薄、拨款缺的情况,双凤镇党委不等不靠、自力更生,以党建引领,发动群众、依靠群众改变村容村貌、建设家园。在党组织的带领下,村民齐心协力把一个落后的贫困村跃升为六盘水市乡村振兴的示范村,探索出一条产业发展、人居环境整治、生活质量提升的有效之路。具体措施如下。

(1)开好"药方"找准突破口。根据村里的实际情况,双凤镇党委政府通过反复调研,确定了"以小搏大、四小四大"(小投入大效果、小菜园大文章、小任务大目标、小个体大市场)的工作思路,坚持不增加政府和群众负担的原则,发动群众以建设小康菜园为切入点,利用好房前屋后的小块土地,种植蔬菜、水果、花卉。巧用废旧坛坛罐罐、废砖旧瓦,因地制宜地在旮旯处搭建风景点缀村庄,发展乡村旅游,逐步从"产、村、景"融合走向"农、旅、文"融合,让发展之路越走越宽。

(2)党建引领强化党员示范。认真落实"三会一课"制度,突出政治学习,突出党性锻炼,提高党员干部的思想境界和素质。结合"三会一课"制度和"主题党日"等活动,发动党员干部带领和引导群众清理残垣断壁、清洁村庄。发挥先锋模范作用,面对私搭乱建,党员干部"率先拆",带动农民群众"自行拆";面对脏乱差,党员带头撸起袖子加油干,群众齐心协力跟着干;面对小菜园建设,大力开展党员与群众结对子共建活动,合力用劳动扮靓家园。村里党员签订了《大海村创建乡村振兴示范村党员承诺书》,承诺内容包括廉洁自律、移风易俗、保护环境等多个方面,进一步提高基层党组织的凝聚力和战斗力。

(3)依靠群众践行群众路线。由于农村环境具有多样性、分散性、复杂性、长期性等特点,农村人居环境治理必须充分发挥广大农村群众的主体作用。如果仅靠干部含辛茹苦、任劳任怨地干,即便基层干部流血流汗流泪也难以实现持久搞好农村人居环境的整治工作。为做好农村人居环境工作,大海村积极践行党的群众路线,做好联系群众工作,注重引导群众参与。健全重要事项公开公示制度,对村民关心的改水、改厕、改路等重大项目主动公开。聚焦村里垃圾处理、文明行为、住房改建及环境卫生等问题,大家面

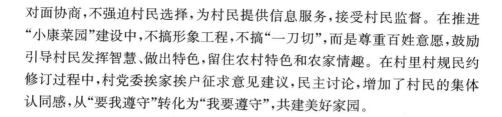

对面协商,不强迫村民选择,为村民提供信息服务,接受村民监督。在推进
"小康菜园"建设中,不搞形象工程,不搞"一刀切",而是尊重百姓意愿,鼓励
引导村民发挥智慧、做出特色,留住农村特色和农家情趣。在村里村规民约
修订过程中,村党委挨家挨户征求意见建议,民主讨论,增加了村民的集体
认同感,从"要我遵守"转化为"我要遵守",共建美好家园。

第三节 贵州省农村人居环境整治存在的问题

一、治理资金短缺,投入主体单一

(一)农村人居环境基础设施资金筹措压力大

尽管贵州省近年来持续加大财政投入,但由于农村人居环境整治覆盖
范围广、项目多,加之贵州基础设施历史欠账多,特别是农村的污水、垃圾等
处理设施的布局,与全国平均水平相比仍然存在较大差距,仅补短板资金的
需求量就极大。比如,就污水处理资金而言,国家规定"行政村内60%以上
农户的生活污水得到处理",即认可该行政村污水治理达到国家考核标准。
目前,贵州省行政村农村生活污水治理率仅10.2%,低于全国25%的平均水
平。如果到2025年,建制村生活污水治理率达到25%,需要投入大量的资
金。另外,现农村人居环境综合整治资金筹措方式是由市区镇村共同承担,
然而,一些地方村集体经济弱化,资金筹措能力非常有限,现实行的先创后
建的发展思路和市区两级以奖代补的资金兑现方式,挤占了镇村级财政的
资金投入,使得其垫付压力日渐明显,资金筹措压力巨大。

(二)运营维护资金需求较大

当前,农村环境综合整治长效管理的难题在于缺乏资金支持。仅从运
营维护资金来看,由于农村人口相对分散,生活垃圾收集运输、污水的收集
处理等工作量是城市的数倍之多,资金需求较大。据调查,一个3 000人左
右的村,至少需要3名保洁员,1名清运员,年运行费用4万元以上[1],给农村
集体经济带来了极大的压力,一些村庄因为资金缺少,影响了环境卫生治
理。部分建好的环境设施,因村镇财力有限,难以支撑其运维费用,导致不

---

① 刘俊利.从农村人居环境整治看中国农村环境问题——以天津市为例[R].管理科学学会环
境管理专业委员会2019年年会.2019,11.

能正常运行。比如,部分村公共厕所由于运维资金不足,平时上锁,仅检查时才开放使用,营造"正常使用"的假象。

(三)社会资本参与度不高

环境保护是一项公益事业,往往具有非营利性,对社会资本的吸引力较弱,企业普遍参与热情不高,尤其在乡村环境保护和治理领域显得极为突出。由于农村环境具有多样性、分散性、突发性和随机性等特点,造成农村环境治理任务艰巨,而现阶段的农村环境公共政策,就其政策目标的靶向瞄准性与政策实施的有效性方面而言,仍存在较多不足。目前在农村环境治理过程中,尚未找到有效植入产业与市场机制的模式,把农村环境这个公共产品转变为市场产品来激活农村环境治理的市场活力。当前使用较多的为PPP模式,如清镇市、开阳县、碧江区和正安县等地将农村河道综合治理工程、污水处理工程等项目,均采用PPP模式与贵州贵水投资发展股份有限公司等合作,虽有助于缓解财政压力,在一定程度上解决缺钱、缺技术和缺人员问题,也能够保障服务质量,但是,因农村环境市场发育缓慢,农村环境设施收费机制不健全,造成项目收益不足,利润空间小,导致企业缺乏参与积极性。另外,村落分布广、村民居住散和污染呈现复合性等特征,决定了农村环境治理投入强度大且难以形成规模效应。预期收益模糊,盈利空间有限,也间接导致企业参与意愿不强。

二、乡村规划指导性不强,实操性不高

(一)乡村规划统筹"三生"布局有欠缺

目前,贵州基本完成区县乡村建设规划及行政村为单位的村庄规划编制,但是,对乡村规划的综合考虑较为欠缺,实用性不足,落地性不强。部分规划尚未充分考虑农村的生产、生活、生态需求,与农田、水利脱节,对特色农业产业发展布局不如人意。有些村庄规划与土地、生态等相关规划的融合不够,导致可行性差。如部分村庄村级污水处理设施未纳入规划,导致项目选址落地困难。一些地方由于规划落地性不强,村庄无序建设,有新房没新村、有新村没新貌。此外,由于土地规划、城乡规划、环境保护规划的编制部门、编制时限、审批层级不完全一致,"三线"之间有重叠、冲突,也影响了农村环境治理项目的实施。

(二)人居环境整治方案同质化较严重

农村人居环境整治方案差异性考虑不足,同质化现象普遍。一方面,全省11 821个行政村的资源条件、发展阶段、经济实力和行为习惯各不相同,

正所谓百里不同风、十里不同俗。但是，一些村庄整治方案未能统筹考虑村庄之间的差异，尤其是各地农村生态承载能力和面临的环境压力方面的差异，尚未从自然环境、经济发展、农民期盼、民族特色和文化特征出发，仅"简单"地复制某些成功村的案例，导致联系实际性不强。另一方面，对农村垃圾处理、生活污水、改厕等治理规律把握不足、治理难度考虑不充分，不注重前期摸底调查和与村民沟通，导致方案设计不科学、群众怨言较多。比如，在垃圾处理方面，一些贫困地方不顾及部分偏远村庄的经济承受能力和交通地理条件，垃圾在前端未做分类减量的情况下，照搬"村收集、镇运转、县处理"模式，一味追求"农村生活垃圾进城"，不仅提高了运输成本，给财政造成负担，而且未能对垃圾这一放错地方的资源作进一步有效利用。

（三）村庄规划的约束力还需提高

虽然贵州省聚焦山水、田园、林地和村庄的有机融合，在省级层面出台了相关村庄规划的指导意见，持续优化完善各地村庄规划，不断探索形成了诸如黔北民居、黔东南民居等具有地域特点、民族特色、文化特征的贵州民居新样板，但从基层的终端反馈来看，村庄规划建设管理因普遍存在多头管理或疏于管理，导致相关工作难以有效开展。同时，由于在具体的实践过程中，对村民缺乏一定的惩罚机制，导致个别地方仍然存在一些"我行我素"的、与村庄整体风貌格格不入的住宅民居。

三、治理技术适用性缺乏，人才支撑不足

（一）治理技术适用性不强、建设规范缺失

一些技术尚未充分考虑各地的具体情况，简单移植城市或其他农村地区环境治理技术和模式，没有因地制宜选择和改良技术，"一种技术模式套到底"，终端则显示出"水土不服"，适用性不强。比如，在农村改厕方面，有的地方推动方式简单化，脱离基层实际，在缺水的地方推行水冲式厕所，结果农民群众根本无法使用；有的地区在农村人居环境的整治模式和整治技术上盲目推崇先进技术，厕所粪污清掏费过高，导致不同程度地存在着农民不愿用、没法用、用不起的现象；部分农村地区改厕由于没有能力建设污水收集管网和处理设施，或是污粪处理设施缺乏标准规范，或建了用不了、用不好，导致改厕污水处理不当造成"二次污染"。有农户或因不会处理、无处处理、处理麻烦等原因，将化粪池污水直接排入沟渠。有部分农村改厕后，由于化粪池设计考虑不足，容积有限，导致污水未能充分进行无害化处理即排出，形成新的黑灰水污染源。此外，将农村生活污水治理和厕所革命统筹

考虑、一体化推进的少之又少。又如,在畜禽污染治理方面,存在套用城市工业点源治理的思路,偏重推广畜禽粪便的处理技术,对综合利用重视不足,导致处理成本高,治理成效不显著。再如,在生活污水处理方面,部分工艺简单套用城市污水处理思路和技术模式,运行和维护费用高,最终建得起、用不起,成为"晒太阳"工程。一些地方未能充分考虑农村群众的生活习惯,建成后的农村生活污水处理设施设计水量与实际产生污水量不匹配。

(二) 农村环境治理技术人才、管理人才支撑不足

农村人居环境整治工作严重缺乏人才。专业技术人员不可能长期待在农村,存在"待不长""留不住"的问题。加之农村年轻人外出务工多,本土人才少,这两方面的因素共同导致了农村技术水平落后的困境,致使现代科技和现代生产要素难以向乡村渗透。比如,在农村改厕方面,无论是专业施工队伍,还是自主投工投劳,普遍缺乏技术指导和培训,导致新改的厕所质量不高。又如,在农村污水治理方面,工程设计和建设技术含量高,农村普遍缺乏能够正常操作和管护的专业人才,少量已建的污水处理设施由于缺乏维护,管道损坏,未能充分发挥作用。再如,在农村饮用水方面,简易式供水管理人员主要为村民、小组长、村委成员等,流动性大、文化水平参差不齐,多数人并不知晓水质消毒、水质检测、安全管理及设备维修维护等相关内容,只能执行简单的供水、停水相关操作。凡此种种,归根结底还是农村人力资本的短缺。

(三) 建设管理养护机制不统筹、不协调

通过整合财政、发改、农业、交通、环保及住建等各类资源,贵州省农村人居环境综合整治三年行动以来,累计整合中共中央和省级专项资金34.580 5亿元,全部用于全省农村人居环境整治工作,支持全省各地因地制宜,打造各具特色的美丽乡村,建设了一批务实管用的基础设施、打造了一批农文旅融合的特色村庄。但是,目前全省农村基础设施建设缺乏规范化、系统化考虑,存在建设执行标准不统一、建设思路不一致、工艺选择不科学、设施规划设计施工不规范、"建管运维"不统筹、产权不明确、运维资金无保障及监管能力薄弱等问题。往往是资金"一次性"投入之后,由于缺少必要的后期管理维护,设施坏了没人修、粪污满了没人掏,部分污水处理站长期"睡大觉",一定程度上已失去使用价值,不仅造成了资源的严重浪费,而且还带来了新的环境问题。如有的村修建的污水净化池塘,由于日常运维缺乏,长期存在生活污水直接排入,久而久之形成新的黑臭水体。究其原因,

目前农村环境公共设施在运营管理上多采用乡镇村自行管理为主,政府或第三方技术支持与服务不足,而乡镇村管理人员能力水平有限,不能及时解决污水垃圾处理设施问题,常常导致处理设备不能正常运行。部分设施由于不提供技术支持,导致处理设备常年处于非正常运行,中看不中用,成为农村人居环境治理中的"鸡肋"。

四、农村环境治理长效机制不健全

(一)权责利配置还不合理

农村人居环境治理是一项复杂、巨大的工程,涉及主体多,必须明晰各主体的权责体系,实现权责利关系的匹配,建立合作与协商关系,综合考虑一体化建设。但是,目前贵州省农村环境共治权责利配置结构安排上不尽科学合理。从纵向上看,县级政府权力大责任小、乡镇政府和村委会责任大权力小,抑制了基层政府推进农村人居环境整治的积极性和创造性;从横向上看,省农业农村厅和省乡村振兴局协同统筹农村人居环境治理,同时环保、住建、交通等有关部门也有相应的职权,但职权范围的界定总体上还过于简单和模糊,而改善农村环境又是一项涉及面广、内容多、任务重和牵扯部门多的系统工程,往往部门制定的政策仅针对自己领域,对其他领域考虑不够充分,容易造成部门之间职责不清、推诿扯皮现象,导致一些具体工作多头管理、协调不畅、合力不强、效果不佳。比如,厕所革命,涉及水务、农业农村、生态环境等部门,大家都在治,但都是分头治得多,建管运维系统化考虑缺失,形成不了合力。再比如,农村饮用水管理涉及当地政府、水务、卫健、农业农村和生态等多个部门,但是各部门之间的协调不够灵活、沟通渠道不够通畅,没有明确牵头部门,没有明确具体职责,管理上存在"九龙治水"的情况,导致最后无法管理好的局面。

(二)农村环境保护监管不足

虽然近年来,国家逐渐加强对农村环境保护监管,但长期以来,环境保护部门对农村环境的监管相对城市来说还比较薄弱。如贵阳市农村生态环境监管方面,2018年启动了对息烽县的猫洞村、红岩村和鹿窝村,花溪区的合朋村、花鱼井村、野毛井组和镇山村,修文县的龙场镇沙溪村、小箐镇岩鹰山村和六屯镇独山村等9个村庄的环境质量监测,监测内容主要包括环境空气质量、饮用水水源地水质、土壤质量、污水处理设施出水水质和地表水水质的监测。从监测的范围和监测的村庄数量上来看,还较为薄弱。同时,当前乡村环境监管机构和人员严重不足,难以全面开展农村环境质量监测和农村环境监管工作。大部分地区农村生态环境执法监管机构还没有覆盖到乡村一级,出现了监管的结构性真空,一些乡村的环境污染和生态破坏行为得不到基本的监管和约束。此外,农村地区面积大,污染点多面广、随机性强,不易监测,监察执法力量难以将农村工矿点源、畜禽养殖污染源、农村面源污染源实现全覆盖,造成农村的环境污染和生态破坏行为得不到相应的监管,致使此类行为在乡村屡禁不止。比如,乡镇一级无相应的环境主管部门,乡镇专职环保工作人员缺乏,且大多承担着其他工作,"一人多职、一人多能"比较普遍,导致基层开展工作力不从心、有心无力。

(三)农民参与的主动性还不强

由于农村环境具有多样性、分散性、复杂性、长期性等特点,农村人居环境治理必须充分发挥广大农村群众的主体作用,充分发挥群众智慧,构建"人人参与、人人受益"的共建共治共享格局,人居环境综合整治工作才能达到预期效果。但是,让广大农民群众参与并不是容易的事情。大部分农民对农村环境较为关心,但是参与积极性低,部分村民认为环境改善是政府的事,导致农村人居环境治理"政府干、百姓看"的现象屡见不鲜。即使村里组织农民参与,他们也往往表面参与、流于形式,仅仅是应付检查交差而已,即"有参与无合作"。主要原因为是:一是随着农民流动性增强血缘、地缘的社会关系结构不断瓦解,乡土社会在城镇化大潮里越来越呈现出碎片化,村民们对集体事务的参与程度减弱。二是由于农村集体经济凝聚力弱,农村基层组织、农村集体经济组织与农民关系日益疏远,导致农民从国家政策和村庄治理的积极参与者转变为消极观望者。三是在乡村空心化的趋势下,村支部的中坚骨干人才外流,村两委队伍结构老化,领导组织能力被严重削弱,村民自治的执行力有所降低,无力带动村民参与人居环境治理。同时一些乡镇政府对村庄的环境治理大包大揽,一些乡村尚未建立完善农村环境治理保护信息公开监督制度,村民对于政府所作所为不甚了解,在农村环境治理中只能"抱起手"看。

第四节 贵州省农村人居环境综合整治
提升的对策建议

乡村是淡水、耕地、林地、草原及生物等资源的最大腹地,是废弃物自然消解净化的区域,是城市重要的生态屏障。改善农村人居环境,提升乡村功

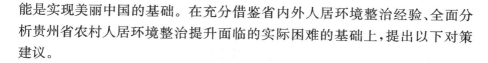

能是实现美丽中国的基础。在充分借鉴省内外人居环境整治经验、全面分析贵州省农村人居环境整治提升面临的实际困难的基础上,提出以下对策建议。

一、加强组织领导,强化党委政府的统筹推动作用

(一)突出全局性,切实发挥党政主要负责同志关键作用

首长负责制是破解各自为政、相互推诿,实现协同治理的关键。浙江省通过首长负责制及自上而下的行政问责;江苏太仓通过建立市级主要负责同志及全体领导成员全部挂钩到村等都很好破解了各自为政、相互推诿的问题,实现协同治理,其经验值得学习。要按照《中国共产党农村工作条例》等文件精神,把农村人居环境整治提升工作作为党政"一把手"工程,落实"一把手"负责制,由各级书记任组长,分管领导任第一副组长,建立省、市、区(县、市)、乡(镇)、村五级组织领导体系。党委主要负责同志统筹谋划,把控节点,直接推动。政府主要负责同志加强协调,靠前指挥,直接过问,破解难题。把农村人居环境纳入乡村振兴实绩考核、纳入年度履职述职,锁定目标任务,强化督导检查,确保各项任务落实落细,形成五级书记抓农村人居环境整治的工作格局,实现上下联动、齐抓共管,确保工作部署一抓到底、整治责任层层落实。

(二)突出统筹性,注重形成协同治理机制

建立党委政府领导、职能部门负责、镇村实施、多方共同参与的工作推进机制。充分发挥好省委专项工作领导小组统筹抓总作用,整合各类资源,一体化推进关联性人居环境整治。注重从根源上、区域上解决农村环境问题,联动推进区域路网、管网、林网、河网、垃圾处理网、污水处理网及供水网等的一体化建设。明确各级各部门的责任,压实工作任务,推动各有关部门按照职责分兵把守,形成工作合力。落实机构、人员、措施、责任和经费"五到位",确保整治工作扎实有效推进。同时,强化检查和督促,形成工作倒逼机制。

(三)突出重要性,切实发挥农村基层党组织战斗堡垒作用

基层党组织的战斗力凝聚力直接决定着农村人居环境整治的成败,其核心是要强化党建引领,发挥基层党组织的战斗堡垒作用,践行党的群众路线,团结凝聚群众更好地推动乡村人居环境治理,形成"党员干部带头干,群众跟着干"的良好氛围。选优配强"领头雁",大胆选拔年轻干部任用,做到严管和厚爱相结合,切实为勇于担当的干部鼓劲、为敢闯敢干敢抓敢管的干

部撑腰,对取得的成绩给予充分肯定,对存在的问题能及时指出和给予帮助。在村党支部设立环境保护委员,将环境保护触角进一步向农村基层延伸,增强组织力量。其中,环境保护委员主要负责环保政策宣传,组织党员及积极分子、村民开展村庄清洁行动,美化绿化村庄。

二、建立多元化投入机制,加快推进农村环境整治

(一) 坚持农村优先,加大政府投入

坚持把农村作为财政投入的优先保障领域,持续提高财政投入支持力度。加大省级财政专项资金投入,建立健全涉农项目资金跨部门会商和统筹整合机制,强化整合的力度,不撒胡椒面。落实好提高土地出让收益用于农业农村比例的政策,提高土地出让收益、城乡建设用地增减挂钩、节余土地的增值收益等用于"三农"的比例。对于自有财力不足的区县,探索通过列支县级排污费、拓宽城市维护建设费使用范围等方式解决资金短缺。乡镇合理筹措农村环保基础设施运行管理资金。

(二) 建立激励机制,引导资本下乡

探索政策创新,建立激励机制,引导社会资本参与乡村建设。如采取试点对农村污水、垃圾资源综合利用等实施全额返还劳务增值税,对农村污水垃圾、畜禽养殖污染治理企业减免所得税,或减免其生产经营性用房租房税和城镇土地使用税等来吸引企业参与治理农村环境。对涉及农村污水治理设施运行维护管理相关的行政事业性收费项目,实行减收的政策等。同时,根据各地各村具体经济实力,引导农户和村集体承担部分农村人居环境整治成本,积极主动投入。

(三) 引导金融创新,拓宽融资渠道

制定财政支持、贷款担保和税收优惠等政策,鼓励和扶持绿色信贷业务;采取贷款贴息或风险补偿等方式鼓励各类金融机构加大对农村垃圾处理、污水处置、再生资源利用,以及低碳、循环发展项目的扶持力度,促进资金投向农村人居环境建设、绿色环保项目。通过降低项目融资成本,引导社会资本逐步进入农村环保和低污染的行业,增强农村环境治理的力量。鼓励银行业金融机构建立服务乡村振兴的内设机构,加快普惠金融、民生金融、绿色金融等服务模式创新,撬动金融资本、社会力量参与。进一步有序推进 PPP 模式,对具备一定经济实力尤其是近郊农村地区实行 PPP 模式。通过城乡统筹、整县整镇整村打包、建设运营一体等多种方式,吸引企业等第三方参与农村垃圾、污水等治理,提高整治效率。

三、坚持规划先行,高水平建设绿色美丽宜居乡村

(一)坚持城乡一体编规划,扣好乡村建设"第一颗扣子"

树立城乡"一盘棋"理念,突出全域布局,聚焦人本化、生态化、融合化编制城乡整体规划,对城乡生产生活生态进行全方位、系统性重塑。坚持分类有序推进村庄规划编制,争取应编尽编,把县镇村作为一个整体来考虑,结合城乡地理特点、人口变化、发展趋势,制定城乡融合发展的规划体系。充分发挥全省"1+1"驻村规划师人力支持和工作机制作用,加快推进"多规合一",实现土地利用总体规划、城乡建设规划、产业规划、生态环保专项规划和村庄规划等的相互衔接、互促共进。强化县域空间规划和各类专项规划引导约束作用,尤其要注重农村人居环境整治、乡村产业发展、乡镇服务网络的统筹规划。既重视村庄的基础设施、植被绿化、农田水利及服务功能,又要聚焦特色资源、民族风情,打造特色产业,形成一个"产村人"融合、"居业游"共进的实用性村庄规划。促进乡村人口集中集聚,不断优化乡村村落、基础设施和公共服务的空间布局,注重城乡在设施配套、景观建设、风貌塑造等方面的建设规划协同,完善城镇综合服务功能,实现要素全统筹,提升城镇空间品质。

(二)坚持突出特色编规划,高质量做精村庄"单行本"

加快乡村分类,提升规划编制的针对性,编制实用性乡村规划图。乡村是传承民族、地方优秀传统文化的重要阵地,村庄规划应植根于本土、体现民族性地域性特征。应立足村庄自然禀赋和民俗特点、历史文化,充分发掘村庄原有的个性,找准规划重点,充分利用地形地貌、乡土元素等,高质量做精村庄的规划,彰显乡村韵味,体现乡貌乡愁,提升乡村价值,避免千村一面,打造各美其美的美丽乡村。

(三)坚持问计于民编规划,切实增强农村群众认同感

村庄为农民而建,村庄规划要充分听取村民诉求和意见,强化村民全过程参与。编制前,应加强驻村调研、入户访谈,深入了解村民的真实想法和诉求;中期编制中,应加强交流沟通与信息反馈,确保规划符合村民意愿,找出最优化的实施方案。报批前,需经村民代表大会审议通过,确保村民的决策权,做到农民群众不认可不启动,农民群众不满意不收尾。举办村庄规划评比活动,不断提高全省村庄规划编制和农房设计水平,更好地引导和适应新时代下美丽乡村建设的规划技术创新。

特别要注意的是,要强化规划的落地落实。加强农村环境综合行政执

法队伍建设,发挥社会各界对规划实施的监督作用,真正实现规划、建设、管理各个环节的有效衔接,确保蓝图绘到底、绘到位。

四、科学把握乡村的差异性,分区分类精准施策

农村生态文明及人居环境整治提升必须正确把握方向,尊重农村人居环境整治提升规律,处理好"难与易""快与慢""点与面"的关系,坚持数量服从质量、进度服从实效,求好不求快,科学稳健决策,做到力力而行,又尽力而为,防止资源浪费和"翻烧饼"。整合各类资源分批分类高质量推进。一年接着一年干,一步步有序开展整治,一步步获得农民的支持,一步步提高群众的获得感,久久为功不停步,最终形成县县有风居、处处是花园的多彩贵州山地特色绿色生态宜居美丽乡村。

(一)分类指导,合理设定整治强度

根据全省山地不同、区县地形地貌差别和乡村发展水平及具体条件,分区分类精准施策。重点整治提升集聚村、中心村、城郊村、特色保护村,破解无序建设、前建后废。避免重复建设及资源错配,合理规划偏远地区人口稀少(或即将合并)村庄的投入建设,提高资源投入的实效性。

(二)因地制宜,提升"四治"水平

(1)在"治垃圾"方面,根据村庄分布、经济条件等因素,因地制宜选择农村生活垃圾收运和处理方式,垃圾处理推广"村收镇运县处理""村收村运村处理""村收村运镇处理"等适宜模式;对地处偏远人少的村,可以推行"村收村运村处理",大力推广农村垃圾资源化利用技术。

(2)在"治厕所"方面,湖南省将农村改厕分解为宣传发动、组织筹划、项目准备、工程实施、项目验收、项目运维和监督检查等7个阶段,细化为18个步骤72个要点,逐一规范,逐一落实。长沙、衡阳等地还在此基础上摸索出"首厕过关制"经验,把整套规范用于第一个厕所实践,验证可行后再面上推开,效果很好,值得学习与借鉴。建议根据村情户情、地形地貌、气候条件等实际情况,坚持"因地制宜、宜水则水、宜旱则旱、经济适用、群众易于接受",科学确定改厕模式,坚决防止盲目"一刀切"。在污水管网接通的村寨,推行水冲式卫生厕所;在缺水的村寨,推行节水型卫生厕所;在高寒的村寨,推行卫生旱厕改造模式。加快试点,成功之后再推广示范。建立健全农村改厕勘察设计、选址施工、监理验收、运维管护等全过程质量管理,高标准改厕。对早期修建的厕所进行排查和防渗透改造。统筹厕所粪污与生活污水治理,积极探索就地就近资源化利用的配套制度和有效途径,推广肥料

化等就地就近低成本粪污消纳技术。解决好厕所后期治理和管网服务保障问题。

（3）在"治污水"方面，注重建管用一体化，探索适宜方式和技术，加快推进农村生活污水处理技术试点示范及推广。优先在整村推进改厕地区开展农村生活污水治理试点示范，以及厕所粪污无害化处理与资源化利用试点。对现有非正常运行的农村污水处理设施进行改造提升，加强设施运营管护。集中攻坚乡镇所在地、中心村、人口集聚区、生态敏感区及水源保护区等地区农村生活污水治理，合理采取纳入城镇污水管网统一处理、联村联户集中处理、单户分散处理等模式。加强农村黑臭水体治理。

（4）在"治村貌"方面，持续开展村庄清洁行动。在此基础上，开展以清理私搭乱建、残垣断壁、房前屋后杂物堆、田间地头废弃物、管线"蜘蛛网"、农村爱国卫生运动等专项行动。整治农村户外广告，加强农村电力线、通信线、广播电视线"三线"维护梳理工作，促进村容村貌更加干净整洁。深入实施乡村绿化美化行动，引导村民开展小菜园、小花园、庭院绿化等建设，促进村庄更加美丽宜居。以人居环境整治提升为切入点，同步传承优秀传统文化，加强社会主义核心价值观宣传教育，培育优良村风。

（三）积极引导，推进农村地区垃圾源头分类减量资源化处理

按照镇负责、村实施方式，建立细化管理运行制度机制，在乡村设置可再生资源兑换超市，推广村集体开展可再生资源回收、再生资源兑换超市，引导村民养成良好的垃圾分类习惯，实现农村垃圾"末端处理"转变为"源头治理"。积极探索符合农村特点和农民习惯、简便易行的分类处理模式，减少垃圾出村处理量。在乡镇或行政村建设一批区域农村有机废弃物综合处置利用设施，大力资助农村农业废弃物资源化利用工程项目建设，推进农村农业废弃物的资源化利用。制定出台农村农业废弃物资源化利用奖励办法，对循环利用农村农业废弃物的经营主体予以适当奖励或补助，加大对农业废弃物资源化利用企业的金融支持及贷款优惠。健全农村农业废弃物资源化利用成果推广机制。目前，农村农业废弃物资源化利用技术不断提高，如秸秆机械粉碎还田、发酵堆肥肥料化、生物基料转化技术等逐渐成熟，应加强试点示范，建立技术培训，强化技术推广，加快全面推进农村生活垃圾减量化、资源化、无害化处理。建立有机废弃物处理中心，探索简便易行的处理方式，协同推进农村生活、农业生产废弃物资源化利用，减少垃圾出村出镇。

五、建立地方标准,加强农村人居环境整治技术和人才支撑

(一)建立农村人居环境地方标准体系

按照2021年七部委印发《关于推动农村人居环境标准体系建设的指导意见》,全面总结提炼全省试点村、示范村整治经验。以试点村、示范村整治经验为基础,积极推进农村人居环境贵州"标准化"建设,使经验鲜活而又观念朴素的农村人居环境建设实践上升为体系健全、范式规范的一般模式。在省级层面,研究出台符合贵州山区治房、治水、治厕、治路、治垃圾和治庭院等设施设备标准、建设验收标准、管理管护标准。明确建设规范、通用要求、实施标准,编制定量及定性指标系统,明确抓手、突出要素,增强人居环境整治提升的可操作性。注重标准的科学性、可操作性、社会参与性。通过科学规范的流程、质量、责任,为各地人居环境整治提升提供参照规范,降低探索成本、提高治理效率。通过对农村人居环境各个环节的明确、简化、规范,易于农村基层组织和群众理解和接受,便于充分发挥其主体的作用,增强人居环境整治提升的共建性。强化标准实施落实推广。建立环境标准化试点,探索导入标准化统一、简化、协调和最优化的方法路径,创建农村人居环境整治标准化"样板村"。全面推广标准化内容和体系,着力发挥标准化在农村人居环境改善工作中的引领、指导、规范和保障作用,不断提升全省农村人居环境整治提升工作水平。

(二)组织力量编写技术清单、技术指南、技术导则

成立省级农村人居环境技术指导委员会。针对贵州农村城郊、偏远山区、丘陵及坝子等不同区位、不同地貌、不同实力和不同规模的村庄,结合农业农村部等部门遴选出的农村厕所粪污无害化处理与资源化利用典型模式,在充分听取村民意见的基础上,对改水、改厕、污水处理和废物资源化利用等技术进行筛选分类,科学分析各类技术的特点及适宜性,并整理成一份具有技术参数、适用范围、资金要求和运行成本等内容的技术清单,编制实用性技术指南和技术导则等,供乡镇及村庄参考。指导和鼓励各地立足实际、因地制宜,合理选择简便易行、长期管用的整治模式。建立省农村人居环境整治专家团队,就农村人居环境整治提升的重点、难点工作开展专题研究和技术攻关,制定标准,开展技术推广,提供科技服务支撑等。探索建立农村人居环境治理技术咨询云平台,搭建技术指导交流桥梁。

(三)培育乡村建设骨干力量

(1)加强技术推广体系建设。大力鼓励高等院校、科研院所、设计院在

农村建立乡村教学基地、科研实验点、专家工作站等,引导更多的科研团队到农村基层一线开展环境治理关键技术、标准规范、模式机制的研究和推广,引导他们组织开展试点,全过程跟踪,及时总结经验。注重发掘民间生态智慧和老祖宗的"土办法",寻找出适合本地的低成本、低能耗、易维护和高效率的治理技术、模式及设备产品。

(2)强化技术服务。加强对基层干部和农民群众的技术指导。组织专家服务团进村入户实地指导,帮助基层现场解决典型问题。建立技术培训机制和考核机制。加大对农村民居建设、环境保护等相关人员的培训力度,对培训合格的人员颁发证书,提升人居环境整治建设技术骨干的相关技术服务能力。与高校、科研部门建立结对帮扶关系,组织专题培训讲解摸排技术要点,借力培养乡村建设骨干力量和提供技术支持。鼓励省内涉农高职院校在乡村建立实训基地,大力培育本土乡村建设新生力量。

六、强化日常监管,构建农村人居环境公共设施管护长效机制

(一)建立健全农村环境卫生日常保洁机制

对于近郊村,加快城乡环境一体化发展,探索城乡环境卫生融合治理机制,推行城乡垃圾污水处理统一规划、统一建设、统一运行和统一管理的模式,强化日常监督管理,确保农村环境常年干净整洁。探索建立垃圾处理农户付费制度,合理确定缴费标准,保障运营单位获得合理收益。对于有产业发展基础的村庄,依据村民意愿,可考虑服务外包运行治理模式,也可考虑村民自治。对于偏远落后村庄,采取"以奖促治"或专项资金的方式给予财政支持,通过村民自治、公益岗位建立起日常保洁队伍。

(二)构建农村环境公共基础设施管护长效机制

按照城乡融合、依靠群众、多方协同的原则,加快建立符合农村实际、得到农民支持、能够有效运行的农村人居环境基础设施的建管运养机制。

(1)完善农村人居环境公共基础设施建设机制。探索灵活多样的建设和监督机制,严把质量关。加强施工监管、档案管理和竣工验收。采取第三方参与模式,建立农村人居环境治理的评估与监督机制,全面科学地评估农村人居环境治理的利益相关者的行为、治理效果、满意度及存在的问题等。

(2)建立权责明晰的分级管护责任体系。按照尊重历史、兼顾现实、程序规范和群众认可的原则,明确农村环保基础设施的产权。其中,对产权难以明晰的农村环保基础设施,由乡镇和村依法妥善协商确定。权属发生争

议的,由县级政府确定其权属,由乡镇、村集体进行资产登记,实行台账式管理。明确农村环保基础设施运行管理的责任主体、监管主体和业务指导主体,落实县(市区)管护补助资金,监管部门要加强技术指导和监督检查,镇村要严格按照相关部门制定的规章制度组织实施农村环保基础设施运维工作。

(3)建立多形式的管护方式。根据设施特点建立相应的运营管护机制。发挥乡村自治功能,探索在基层党组织领导下,以农民为主体、集体为后盾的管护模式,以保障设施的正常运营与管护。学习推广湄潭寨管家的经验,建立"寨管家"机制,对村寨的道路、环境卫生、山林、河流和饮用水等公共基础设施实行管护包保。依据村集体经济水平及村民意愿,合理确定建管运养方式。对于有条件的村庄,可探索"向上争取一点,政府投一点、集体筹一点、乡贤捐赠一点、农户纳一点"的方式合理分担建设和治污运行费用。对于没有条件的村庄,可引导投工投劳,因地制宜地建设人工湿地、生态沟塘等过滤设施,充分利用农村半自然生态系统的修复能力、现有的沟渠和池塘,或开发好用不贵、维护简单的土办法,形成以当地农民为主的运维队伍,确保各类设施建成并长期运行。加快引入市场化管护机制,鼓励开展专业集中运营和委托第三方运营,探索系统化、专业化、社会化运行管护,鼓励通过委托、承包、采购等方式,向社会购买村庄垃圾收运处理、污水处理、绿化养护等公共服务。

(三)打造全域覆盖的农村人居环境数字化监管平台

运用科技手段,创新环境监管方式。充分运用大数据、云平台、App 等信息渠道来强化农业农村环境精准监管,以应对乡村环境监管机构和人员严重不足的困境。目前,应依托贵州省数字乡村建设监测平台,将农业农村管理数据和空间数据上图入库,实现全省农村人居环境信息资源网络化、空间化和可视化,使各级各部门可实时查看环境问题、掌握整治情况,打造集信息汇总、预警监测、数据分析、指挥调度和监督考核等功能于一体的综合数字化监管平台,化解环境监管人员不足、基层疲于应付检查等问题,实现科学治理、协同治理、精准治理。要将数字与信息技术同责任制相匹配,探索将压实地方责任和数字化相互匹配的规制办法,破解人居环境整治中的"辖区壁垒"和相互推诿问题。

七、推动农民群众广泛参与,画好"共商共建共享同心圆"

(一)发挥村集体经济组织支撑作用

发展农村集体经济过程中,预留农村环境建设部分资金,以引导组织农民积极参与人居环境建设,协同推进产业发展、人居环境和生态建设,实现乡村经济发展与推进农村环境建设的有机统一、良性互动。注重用合适的制度安排来激励群众参与。比如,息烽县石硐镇集体经济二次分配"六权共享"机制中设置的环境股权,极大地调动了广大群众参与环境建设的积极性,变"要我干"为"我要干",及时总结推广这些来自基层的有效实用的先进经验。

(二)完善群众参与激励机制

没有农民参与的农村人居环境治理方式难以从物质、能量循环入手来实现资源的最大化利用,难以从源头上减少垃圾量、污水量及农业面源污染,结果必然劳民伤财、效率低下。要建立健全宣传教育机制,提升环保意识。积极探索适合农村的环境宣教内容和形式。通过广播电视媒体、微信短信平台、村务宣传栏、村广播及标语专项宣传等方式对农民进行通俗易懂的环境保护宣传系列活动,普及农药化肥科学使用知识,使之入脑入心,促进农民思想观念、行为方式、生活方式的转变。注重用创新机制来促进农民参与。比如,总结毕节大方县"三个一元"经验①,加大动员统筹力度,乡(镇)村配套,村民适度筹资。又比如,大力组织开展农村美丽庭院评比、环境卫生光荣榜、垃圾分类积分制等活动,引导农民参与。大力开展农村人居环境治理竞赛,通过比位次、比项目、比担当,充分提高基层干部及广大农村群众文明卫生意识,逐步改变落后生活习惯,摒弃乱扔、乱吐、乱贴等不文明行为。

(三)提高农民自主积极性

积极践行党的群众路线,做好联系群众工作。健全重要事项公开公示制度、保障农民环境知情权,激发农民环境治理的主体意识,引导农民从"要我参与"向"我要参与"的转变。建立"对话式"共商机制,围绕农村人居环境建设、环境设施布局难点重点问题,建立民主议事会、民意听证会、民情恳谈会制度,聚焦垃圾分类、文明行为、环境卫生等问题,与农民群众面对面协商。加强手机 App、微信、抖音等网络平台互动功能,用群众喜闻乐见的方式,大力宣传党的农村人居环境政策,全天候接受群众投诉,回应群众关切。对于村民反馈的环境问题,要及时公布受理状况、处理进程及结果。充分利用听证会、论证会、协商会和座谈会等参与决策平台,聚焦住房改建、村庄整

---

① "三个一元"机制,全村所有农户每月每户筹1元钱,乡、村两级各配套1元钱作为卫生奖励基金,实行周考核,月评比。对考核为清洁户给予资金奖励,对评为不合格的农户责令整改。

治、环境美化等问题,与群众面对面协商,不代替农民作主,不强迫农民选择,推动基层协商民主广泛、多层制度化发展。拓宽农民参与新路径,试点村民代表提案制、网格化管理、党支部下沉一级设在村民组等,为农村环境治理参与者提供充分交流、沟通及提出建议的机会。完善监督平台。依托12345平台、热线电话等现有平台进行监督的同时,建议发挥好现有村务监督员的作用,共同做好监督工作。

(四)提高乡规民约约束力

在农村人居环境治理实践中需要及时调整村规民约,回应民意。指导村庄进一步制定好村规民约,把农村人居环境整治、公共基础设施建设管护等内容纳入村规民约,明确农民人居环境整治提升及环境保护的责任和义务。针对村庄实际情况,在参与内容、参与形式及渠道等方面细化完善,实现农民群众的自我教育和生态自觉,为乡村治理提供重要的制度保障。村规民约制定过程中,要通过村小组代表、党员以及妇女协会的成员收集民意等,拓宽农村群众参与渠道,增强认同感。在具体执行上,成立专门小组开展评比,如通过村庄有威望的乡贤寨老担任卫生督导员,开展卫生评比等舆论和示范效应来引导村民。让村民切实意识到自己的主人翁地位,增强人居环境整治个人受益获得感,增加村民集体认同,真正参与开展相关工作。

八、赋能乡村建设,激活农村环境治理的动力

(一)赋予基层政府责权

《中共中央 国务院关于加强基层治理体系和治理能力现代化建设的意见》明确要求,要增强乡镇(街道)行政执行能力,就要依法赋予乡镇(街道)综合管理权、统筹协调权和应急处置权,强化其对涉及本区域重大决策、重大规划、重大项目的参与权和建议权,根据本地实际情况,依法赋予乡镇(街道)行政执法权。乡镇政府作为乡村振兴第一责任人、也是农村人居环境整治的第一责任人,充分发挥其作用的前提首先是要针对目前基层政府"权小责大"的情况,整合人居环境整治工作事前参与、事中执行、事后处理等各个环节的行政权力,配套以相关的行政处罚权、强制权,使得"人、事、财"相匹配,"权、责、利"相统一,解决"看得见的(镇)管不着,管得着的(上级职能部门)看不见"的难题,探索赋予乡镇对人居环境规划建设参与权、重大决策和重大事项知情权和建议权、综合执法指挥调度权、派出机构考核评价和人事任免建议权、综合性事项统筹协调和考核督办权、下沉人员和资金的

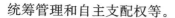

统筹管理和自主支配权等。

（二）赋予基层组织责权

美丽乡村建设为农民而建，必须突出农民主体，始终坚持农民主体地位。政府主导但不包办，建立自下而上、上下结合、村民自治和农民参与的乡村建设实施机制。引导农民主动积极、广泛深入地建设家园。充分信任和激活基层组织，赋予基层组织创新治理机制，调动农村内部社会力量的能动性。把农村人居环境治理的决策权、管理权和监督权交还给村级组织和群众。比如，在统一规划建设的项目中，要把选择权交给农民，改变"我提供什么、你使用什么"的推动方式，对于基层政府无法有效率开展或者监督成本高的工作坚决放手交给农村基层党组织、集体经济组织、农村群众，提高乡村振兴及农村人居环境的整治效率。

（三）赋予市场主体事权

在农村人居环境建设上，要处理好政府与市场的关系，将市场力量与政府主导相结合，充分发挥市场力量的创造力，焕发市场力量的活力，促进农村人居环境治理提质增效。积极引入市场激励制度，试点赋予市场主体生态资源使用权与经营权，激活乡村环境与公共设施建设、运营、管护的内生动力。比如，在鼓励市场力量对乡村垃圾分类集中处理的同时，从事再生资源回收经营，实现乡村垃圾分类与再生资源回收"两网融合"；赋权各种经营主体发展乡村旅游、再生资源开发利用产业、民宿休闲度假和森林康养等生态产业，将农村人居环境建设和运维与农村产业发展紧密结合，发挥农村环境资源资产的撬动作用，激发社会资本参与农村环境建设，起到既降低乡村环境建设与保护的成本，又发展生态环境友好型绿色产业的作用。

第六章

生态文化培育

　　文化是社会发展的先导和灵魂，是经济建设的主导和领导力量。生态文化是生态文明体系的精神灵魂。2015 年印发的《中共中央、国务院关于加快推进生态文明建设的意见》强调了生态文化建设的重要性："坚持把培育生态文化作为重要支撑。将生态文明纳入社会主义核心价值体系，加强生态文化的宣传教育，倡导勤俭节约、绿色低碳、文明健康的生活方式和消费模式，提高全社会生态文明意识。"2018 年 7 月，习近平总书记在全国生态环境保护大会上特别强调，"要加快建立健全以生态价值观念为准则的生态文化体系"。贵州把"绿色＋"理念贯穿生产、生活、生态各领域全过程，将生态道德、绿色文化作为社会主流价值观，作为践行社会主义核心价值观的重要内容大力培育，探索生态文化宣传教育的新思路、新举措，努力形成全民崇尚生态文明的良好风尚，当好生态文明理念的宣传者、传播者和实践者。

第一节　生态文化建设的三个方面

一、生态文化的意涵

　　生态文化是人与自然和谐共存、协同发展的文化，是 21 世纪人类面对诸多危机所作出的新的生存方式和价值取向。① 工业革命以来，人类盲目地"征服自然"，片面强调人对自然界的征战挞伐，以致造成了资源枯竭、生态失调、气候异常、环境污染等严重后果。严峻的生态环境问题不仅暴露了人类生存的困境，而且暴露了人类文化的困境。尤其是 20 世纪中叶，全球生态危机爆发，对人类生存提出严峻挑战，成为社会的中心问题，引起人类反思。

---

① 　林坚.建立生态文化体系的重要意义与实践方向[J].国家治理.2019,(05):40-44.

基于对工业文明的反省,人们逐渐认识到自然的价值,认识到人对自然的依靠。只有通过文化价值重构,改变过去人类凌驾于自然、征服自然的人类中心主义观念,尊重自然、顺应自然、保护自然,建设一个可持续发展的、人与自然和谐相处的社会,才能克服生态危机,实现人口资源环境间的协调发展。只有建立人与自然和谐共存、协同发展的生态文化体系,加强生态治理,才能维护生态的安全。人类生态文明意识的觉醒、发展方式的转型,是人类可持续发展的必由之路,也标志着人类新时代——生态文明时代的到来。

生态文化正是一种适用于人类可持续发展和生态文明的更高级的生存方式而产生的新型文化。生态文化是人类在与自然交往过程中,为适应自然环境、维护生态平衡、改善生态环境、实现自然生态文化价值、满足人类物质文化与精神文化需求的一切活动与成果。生态文化是一种人类尊重自然、顺应自然,在发展中实现自我反省、自我调节的生态自觉和社会适应。① 从狭义理解,生态文化是以生态价值观为指导的社会意识形态、人类精神、社会经济体制和制度,如生态政治学、生态哲学、生态伦理学、生态经济学、生态法学、生态文艺学和生态美学等。广义理解,生态文化是人类新的生存方式,包括生态化的生产方式和生活方式,即人与自然和谐发展的生存方式。② 生态文化既是生态技术、生态制度、生态教育和生态手段的一种总和,又是一种囊括了生态行为、生态理念、生态价值观的体系。③

生态文化体现了人与自然、人与社会、经济与环境的协调发展,是一种尊重自然规律,倡导绿色发展、绿色消费方式的文化。它既是生态生产力的客观反映和人类文明进步的结晶,又是推动社会前进的精神动力和智力支持,并渗透于社会生态的各个领域。它是培植生态文明的根基,为生态文明建设提供强大精神动力、智力支持、行为依据和制度保障。④

二、生态文化的特征

(一) 传承性

习近平总书记指出,中华民族向来尊重自然、热爱自然,绵延 5 000 年的

① 潘家华,高世楫,李庆瑞,等.美丽中国——新中国 70 年 70 人论生态文明[M].北京:中国环境出版集团,2019.
② 余谋昌.生态学哲学[M].昆明:云南人民出版社,1991.
③ 尚晨光.生态文化的价值取向及其时代属性研究[D].北京:中共中央党校,2019.
④ 潘家华,高世楫,李庆瑞,等.美丽中国——新中国 70 年 70 人论生态文明[M].北京:中国环境出版集团,2019.

中华文明孕育着丰富的生态文化。中华传统文化博大精深、源远流长,其中包含了许多老祖宗的生态智慧,形成了具有深厚底蕴的生态道德规范。主要体现在以下几个方面:第一,主张"天人合一"。比如《易传》指出:"天地养万物。""天地相遇,品物咸章。"(《象传》)道家强调"道法自然",儒家向往"赞天地之化育","可以与天地参"。第二,主张尊重生命,仁爱一切。《孝经》指出"伐一木,杀一兽,不以其时,非孝也","仁者以天地万物为一体",佛教严格禁止杀戮行为。第三,主张尊重自然规律,顺应自然,休养生息。比如《礼记·王制》规定:"草木零落,然后入山林。"《秦律·田律》规定,不到夏日,不得烧草为肥,不得采摘正在发芽的植物,不准捕捉幼兽、掏取鸟蛋等。《吕氏春秋》指出:"竭泽而渔,岂不获得,而明年无鱼;焚薮而田,岂不获得,而明年无兽。"生态文化继承了古老传统的东方生态智慧,汲取了中华民族天人合一、道法自然、与天地参的文化精髓,强调人与自然一体,而非改造自然、人定胜天。

(二) 时代性

生态文化产生于人们对工业革命以来,人类凌驾于自然的错误价值观念的质疑和反思。正是人类凌驾于自然、征服自然造成了生态环境的严重污染,对此,有识之士提出了可持续发展。1972 年,联合国人类环境会议发表了《人类环境宣言》,标志着人们的觉醒;1987 年,《我们共同的未来》报告中首次阐明可持续发展的概念,得到国际社会广泛认同;1992 年的联合国环境与发展大会,发表了《21 世纪议程》,人类朝着可持续发展转变。2015 年,在联合国大会第七十届会议上通过的《变革我们的世界:2030 年可持续发展议程》,确立了全球可持续发展的基本要素和原则,强调可持续发展的目标的实现,需要构建经济社会环境的三位一体,呼吁各国采取行动,为实现可持续发展目标而努力等。这些都标志着人类走出了人类中心主义,确立了人与自然和谐共生的社会核心价值观。"人与自然是一个有机的统一体,相互依存,相互促进,共同繁荣";"人与自然的关系既不是人类绝对主导自然,也不是人类完全臣服于自然";以及"没有保护的发展是竭泽而渔,没有发展的保护是缘木求鱼";"尊重自然,顺应自然,保护自然"等文明理念深入人心,在一定程度上约束了人类对自然的无序开发,避免环境继续恶化,人类走上生态文明的觉醒之路。在中国,2007 年,党的十七大上提出建设生态文明,2012 年,党的"十八大"提出建设生态文明"五位一体"的国家发展战略。以习近平为核心的中共中央高度重视生态文明建设,制定了《生态文明体制改革总体方案》,发布了《加快生态文明建设的意见》,着力绿色发展、促

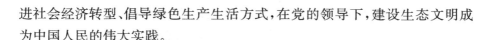

进社会经济转型、倡导绿色生产生活方式,在党的领导下,建设生态文明成为中国人民的伟大实践。

（三）全球性

2015 年 11 月,习近平总书记在巴黎召开的全球气候变化变化大会上指出,环境治理是全球共同面对的问题,要同舟共济、共同努力。目前,全球遭遇了"温室效应""臭氧层破坏""酸雨"等问题,已经超过了地区的范畴,既是一些国家或地区的问题,也是整个地球的问题。比如,如果空气中的二氧化碳持续升高,全球平均温度将升高,海平面上升,全球极端天气加剧,大量的物种会灭亡,将给地球带来巨大的危害,成为全球公害,如此延续下去,人类将难免共同面临自然给予的灭顶之灾的惩罚,必须生态觉醒,约束自身,走向全球携手。人类是一个"命运共同体",全球生态环境危机是人类命运共同体面临的重要挑战,事关全人类共同利益,任何一个国家、地区或者组织都无法单独完成如此大型的全球生态环境治理行动,需要全球合作行动,秉持共建、共商、共享的全球治理观,合作应对,齐心协力保护人类赖以生存的家园。

三、生态文化的思想精髓及重要价值

生态文化具有人性与自然交融的最本质、最具亲和力的文化形态,体现的是一种智慧,核心理念是万物相连和谐共生、人与自然互尊相宜平等、协同发展等。

（一）自然系统万物相连和谐共生

人类与生态系统的万事万物相互联系,和谐共处,共同进化而生生不息。美国生态学家康芒纳提出的生态关联法则认为"每一种事物都与别的事物相关"[1],这是"关于生态系统的一个简单事实"[2]。美国环境伦理学家卡洛琳·麦茜特也认为,自然界"所有的部分都与其他部分及整体相互作用。生态共同体的每一部分、每一小环境都与周围生态系统处于动态联系之中。处于任何一个特定的小环境的有机体,都影响和受影响于整个由有生命的和非生命环境组成的网。"[3]均反映了整个地球的生物圈是一个巨大而又复杂的生命网络,是结构和功能统一的整体。无论个体、种群、群落,还

---

①　巴里·康芒纳.封闭的循环:自然、人和技术[M].侯文蕙,译.长春:吉林人民出版社,1997.
②　巴里·康芒纳.封闭的循环:自然、人和技术[M].侯文蕙,译.长春:吉林人民出版社,1997.
③　[美]卡洛琳·麦茜特.自然之死[M].吴国盛,等译.长春:吉林人民出版社,1999.

是有机物和无机物,万物都是相互联系、彼此依存、自我稳定,不存在任何孤立的存在物。自然界既是一个整体,也是一个系统,在这个系统中,其每一部分都影响和受影响于整个自然生态系统,个体存在如果与系统之间缺乏关联的基础也就失去了自身的有机生命力。自然界之间相互联结、彼此联系,建立起稳定、完整、动态平衡的系统。这个自然生态系统具有的系统性、整体性,维系了生态系统的共同性、互补性,也守护着各物种之间的特殊性、差异性。

(二)人与自然互尊相宜平等互动

人与自然人同属一个生态系统,彼此相互依赖、互相引导、平等互动、不能分割。在生态系统中,自然界对于人类,既满足人的生存需要,又为人们生产生活提供无穷无尽的资源,人依赖自然,自然界是人类生存的基础。自然赋予我们生命所需的一切,馈赠给我们清洁的水、清新的空气、多样性的食物等,支撑着人类的生命。马克思指出:"自然界,就它自身不是人的身体而言,是人的无机的身体。人靠自然界生活。"①如果没有空气、水、森林、生物等,人类将不能生存。一方面,美国著名生态伦理学家罗尔斯顿认为,自然"能够创造出有利于有机体的差异,使生态系统丰富起来,变得更加美丽、多样化、和谐、复杂"。②人在自然界中生存,受到自然的启发,学习自然界的智慧、模仿其他生物的功能,提高人的素质和发明创造能力,增强改造自然的能力,让自然更好地为人类服务,使人自然化。另一方面,人作用于自然,开发自然、改造自然、保护自然,让自然为人类提供更多的经济价值、生命支撑价值等,使自然人化。正如马克思在《德意志意识形态》中所言:"人创造环境,环境也创造人。"③人与自然互尊、平等互动,人类善待自然,自然也会馈赠人类。生态文化倡导人与自然的平等。人与自然从生态位来说是平等的两个主体,互相影响、互为渗透,而不是主客体关系——改造与被改造、征服与被征服。人类中心主义认为人是唯一的主体,自然只是人类利用与改造的对象。这种观点把人与自然尖锐对立起来,强调"对立性",否认"统一性",强化了人的能动性,是一种错误的观点。工业文明强调人类对自然的征服,以人类中心主义的姿态对自然为所欲为,在改变人们生产方式和

---

① 马克思,恩格斯.马克思恩格斯文集:第1卷[M].北京:人民出版社,2009.

② [美]Odum E P,Barrett G W.生态学基础[M].5版.陆健健,等译.北京:高等教育出版社,2009.

③ 姚顺良,刘怀玉.自在自然、人化自然与历史自然——马克思哲学的唯物主义基础概念发生逻辑研究[J].河北学刊,2007(5):6-11.

生活方式的同时,也带来了风险、灾难。今天,环境危机已经警示我们,人控制或统治自然必将受到自然的报复。如果仅凭人类的利益和意志来对待大自然,想掠夺就掠夺,想扼杀就扼杀,那样我们终究会自绝后路,自取其辱。生态中心主义则否认人的主体地位,认为自然主宰着人类的命运,人类只能臣服于自然,充其量只能做自然的守护者而不是改造与利用者,这实质上是将人类等同于一般存在物,是对人之所以为人的本质的根本否定,也是不可取的。总之,人类对自然既不需要宗教般的膜拜以规约自身的言行,也不需要自我癫狂式扩张或征服自然,而是放弃单一的、孤立的、片面的思维方式,像保护眼睛一样保护生态环境,像对待生命一样对待生态环境。

(三) 人与自然协同发展

人与自然尽管同属一个生态系统,但有着不尽相同的诉求。美国著名生态学家奥德姆指出,"生态系统发展的原理,对于人类与自然的相互关系,有重要的影响:生态系统发展的对策是获得'最大的保护',即力图达到对复杂生物量结构的最大支持;人类的目的则是'最大的生产量',即力图获得最高可能的产量。这两者是常常发生矛盾的"。人类想方设法利用各种科学技术来摆脱自然、征服自然,让自然无条件地为我们服务,但是,事实上伴随技术的发展并没有减少人类对自然的依赖。比如,我们的生存仍然离不开植物的光合作用。所以,在这种矛盾中,有时需要人类调整自己的行为,作出妥协和让步,人类活动绝不能损害地球。人应该尊重自然、敬畏生命,而不是掠夺自然、破坏自然。既要开发利用自然,又要保护建设自然。人类社会的发展应该而且必须是将发展控制在生态系统的自我恢复、环境系统的自我净化、自然系统的自我承载阈值之内。人与自然共生是前提,共存是基础,共荣是目标。

自然是人类的本,是人类的根,是人类的起点和归属,人类有义务保护好唯一的地球家园,而不是野心勃勃地控制自然、破坏自然。只有遵循自然规律才能有效防止在开发利用自然上走弯路,人类对大自然的伤害最终会伤及人类自身,这是无法抗拒的规律。面对资源约束趋紧,环境污染严重,生态系统退化的严峻现实,必须坚持树立尊重自然、顺应自然、保护自然的生态文明理念,把生态文明建设放在突出位置,融入经济建设、政治建设、文化建设和社会建设各个方面和全过程,实现协同发展、共创繁荣。

生态文化以"天人合一,道法自然"的生态智慧,"厚德载物,生生不息"的道德意识,"仁爱万物,协和万邦"的道德情怀,"天地与我同一,万物与我一体"的道德伦理,揭示了人与自然关系的本质,开拓了人文美与自然美相融合、人文关怀与生态关怀相统一的人类审美视野；以"和谐共生、互尊相宜平等、协同发展、价值共享，相互依存、永续相生"的道德准则，树立了人类的行为规范，奠定了生态文明主流价值观的核心理念。生态文化以其对自然生态系统的深刻认知，对人与自然关系的平等友好，对和谐共荣的价值追求，传递生态文明主流价值观，倡导绿色低碳、文明健康的生产生活方式，唤起民众向上向善的生态文化自信与自觉，为正确处理人与自然的关系，解决生态环境领域突出问题，推进经济社会转型发展提供内生动力，契合走向社会主义生态文明新时代的前进方向，是生态文明时代的主流文化，具有重要的时代价值。①

生态文化将引导人类走出人类中心主义，突破个人主义思想，确立人与自然和谐的社会核心价值观，带来工业文明社会到生态文明社会的社会转型，尊重自然、顺应自然、保护自然、爱护生态环境成为人类的新追寻，生态文化之光必将引领人类实现从线性非循环经济走向生态经济、循环经济和低碳经济的发展，从高消费走向简朴低碳的绿色消费和绿色生活。

第二节　贵州培育生态文化的"组合拳"

生态文明作为一种新的文明是大势所趋，是人类的必由之路。但这个趋势能否早日转化为现实则取决于大众的努力。要实现人人为生态文明建设添砖加瓦，人人为环境保护尽心尽力的局面，需要大力培育和普及生态文化，让生态文明理念入脑入心，变成大众精神上的追求，转化为人们保护生态、建设生态文明的行为自觉，推动形成绿色生产生活方式。贵州省重视生态文化建设。2016年9月贵州省委十一届七次全会通过的《中共贵州省委贵州省人民政府关于推动绿色发展建设生态文明的意见》，明确提出要树立与生态文明相适应的新理念，"久久为功培育绿色文化，提高全民绿色意识，让尊重自然、顺应自然、保护自然在全社会蔚然成风，着力构建具有时代特征、贵州特色的绿色文化"，体现了贵州省对绿色文化的高度重视。

绿色文化是与生态文化相对应的概念，是对生态文化的形象化表达和拓展，主要包括价值理念和行为准则两个方面的内容，其本质就是生态文化。就其内涵来说，绿色文化的范围和内涵比生态文化更为宽泛和深刻，不

① 尚晨光.生态文化的价值取向及其时代属性研究[D].北京：中共中央党校,2019.

仅包含生态系统与人的关系。还包含生态、经济、社会三系统之间的相互关系。生态文化囊括于绿色文化之中,绿色文化包含着生态文化。从行为准则的角度来看,绿色文化主要包括以下几个方面:一是强调行为上要尊重自然、顺应自然、保护自然,在改造自然之前首先承认自然界及其运动规律的客观真实性。二是强调保护环境要自觉自为,主动担当起应尽的责任,实现可持续发展。三是强调要严守生态底线,在行为上不跨线、不越界。四是强调绝不走先污染后治理的老路,也不一味强调生态保护而不要经济社会发展,而是要积极探索生态环境与经济社会协调发展的新路子。绿色文化作为行为准则,不仅是对公民个人的行为要求,也包括对政府和企业的行为要求,包括生产方式和生活方式层面的行为要求,包括社会治理层面的行为要求。

一、倡导"天人合一、知行合一",弘扬生态价值观

生态价值观是生态文明价值论的基础,是生态文明建设的灵魂所在。生态价值观是人类对自然生态价值的观点和看法,是在处理人与自然价值关系时所持有的认识和态度,是现代价值体系在生态层面的基础和出发点,是人们长久以来追求的生态价值目标和归宿。价值观决定行为方式,造成生态环境问题的一个深层次的原因,是工业革命以来形成的控制自然、征服自然的价值观念所导致的。要建设生态文明,首先需在价值取向上实现深刻变革,树立尊重自然、顺应自然、保护自然的社会主义生态文明观,像保护眼睛一样保护生态环境,像对待生命一样对待生态环境。大众自身价值观的转变决定了其参与生态文明建设的程度,培育大众生态价值观有助于尊重自然、保护环境、绿色消费。

"天人合一""知行合一"是中国传统生态世界观的高度概括和集中体现。"天人合一"最早由庄子提出,后来被汉代大儒董仲舒加以阐发,经过儒、释、道三家的不断丰富拓展,形成中国传统文化的一个主体思想和基本思维方式。"天人合一"把人与自然视为一个有机的整体,力图追索天与人的相通之处,以求天人协调、和谐与一致,体现人、自然、社会的和谐,其根本意蕴就是顺应自然、保护自然、尊重自然,实现人与自然的和谐发展。"知行合一"是中国大儒王阳明在贵州修文"龙场悟道"创立的阳明文化的核心内容。知是指良知,行是指人的实践,知行合一是指客体顺应主体,也就是说,认识事物的道理与在现实中运用此道理是密不可分的一回事。知与行的合一,既不是以知来吞并行,认为知便是行;也不是以行来吞并知,认为行便是知。中国古代哲学家认为,不仅要认识"知",尤其应当实践"行",只有把

"知"和"行"统一起来,才能称得上"善"。所谓"知"与"行"的合一,不是一般的认识和实践的关系,而是强调思想与行动、心性与修为、意愿与实践的合一,认知与实践的统一,实事求是地解决实际问题。① 总之,形成天人合一、知行合一的生态文化,可以从根本上为生态环境保护、生态文明建设的长期开展奠定基础。

"天人合一""知行合一"的人文主张,在贵州有着悠久的历史和广泛的群众基础。长期以来,面对"地无三尺平"的自然条件,历代贵州人民敬畏自然、顺应自然,使得贵州山川秀美、林木丰茂,这正是对"天人合一""知行合一"的不断实践的鲜明体现和生动实践。历史上,贵州各族群众留下了许多符合生态规律和生态价值要求的经验,积淀了"天人合一"的自然观,也让贵州成为"知行合一"的发源地。改革开放后,贵州又大力开展退耕还林、整治石漠化、植树造林等生态工程等,在贵州处处都能感受到绿色发展的脉动和气息,体会到推动绿色发展的探索和实践。贵州文化基因中含有"天人合一、知行合一"的人文精神,"天人合一、知行合一"是贵州各民族文化之根,文化之魂。

2016 年 1 月 13 日,时任贵州省委书记陈敏尔在贵州省宣传部部长会议上提出要进一步弘扬"天人合一、知行合一"的贵州人文精神。其意在于通过"天人合一、知行合一"的贵州人文精神,唤回全省人民热爱家乡、建设家乡的满腔热忱,增强全省人民生于斯、长于斯的认同越、使命感和责任感,积极投身建设生态文明。2016 年 8 月 30 日,贵州省委十一届七次全会明确提出要"深化对天人合一、知行合一的贵州人文精神研究,认真总结其中蕴含的绿色理念和智慧⋯⋯引导全社会增强生态伦理、生态道德和生态价值观念"。2017 年《贵州省"十三五"文化事业和文化产业发展规划》提出要培育社会主义核心价值观,弘扬"天人合一、知行合一"的贵州人文精神,推动文化育民、文化励民、文化惠民。事实证明,贵州省通过深入挖掘和大力弘扬"天人合一、知行合一"的人文精神,不仅进一步丰富贵州人文精神的时代内涵,而且以文化润物无声的独特作用,增强当代贵州人的生态意识、生态自觉和生态自信,激发全省人民建设多彩贵州"公园省"的巨大能量,为建设生态文明的绿色贵州提供了不竭的精神支撑。正是在"天人合一、知行合一"的人文精神引领下,贵州绿色经济迅速发展,生态优势得以保持,自然生态的多样性与文化生态的多样性相交织、各美其美、美美与共,书写了"天人合

---

① 杨正平."天人合一、知行合一"的贵州人文精神[J].理论与当代,2016(12).

一、知行合一"的时代篇章。

二、营造绿色氛围,强化生态文化引导

不断增强全民的生态意识、环境保护意识,加快向简约适度、绿色低碳、文明健康的方式转变,增强绿色发展的文化支撑。

(一)以抓实宣传引导全民树立生态文明理念

通过各种活动载体、各种宣传渠道,广泛开展生态文明政策宣传、生态文明法制宣传、环境保护知识宣传、生态文明成就宣传及典型宣传,深入开展领导宣讲、专家宣讲、百姓宣讲和大学生宣讲等多种方式,努力把生态文明宣传教育工作渗透到经济社会的各阶层、各年龄段、各地域,不断提高全社会的生态意识和素质。积极利用报纸、电视等新闻媒体,发表环保新闻作品,播放生态文明电视公益宣传片等进行生态文明主题宣传,引导公众参与环境保护。结合重大环保纪念日和新政策法规颁布实施等契机,面向社会各阶层,广泛开展环保政策、法律法规、生态文明科学知识宣传。举办以短视频、音乐作品、手绘海报及小游戏等为主要形式的环保宣传作品展示活动,开展大中小学生有关生态文明的征文比赛辩论赛、节能减排金点子征集及节能宣传周等主题活动,不断增强广大青少年建设生态文明的主人翁意识。积极开展多彩贵州摄影展,以影像为纽带,宣传贵州生态文明建设成就、讲述贵州故事、分享贵州经验,展示贵州新形象。依托多媒体构建生态文化传播体系,依托绿水青山展示优秀生态文化,加强对企业、城乡社区等基层群众的生态文明教育,大力弘扬绿色环保行为,曝光谴责破坏生态环境的恶劣行径,激励公众在日常生活中主动采纳节约、绿色、低碳的生活方式和消费模式,营造浓厚的生态文明建设氛围。此外,广泛开展系列环保志愿宣传活动,比如,"绿丝带""生态文明·志愿黔行"系列志愿者活动,推动环保志愿宣传及志愿服务进企业、进农村、进机关、进校园、进社区、进家庭、进网络,引导全社会主动关心生态环境,积极参与生态环境保护活动,共同提供生态环境保护社会服务。

(二)以举办纪念活动弘扬生态文化

积极结合贵州生态日、贵州植树日、世界环境日等纪念活动,广泛开展多样的主题活动,普及环保知识,弘扬生态精神。2016 年 9 月,经贵州省人大常委会审议通过,将每年 6 月 18 日设立为"贵州生态日",明确每年"贵州生态日"当天,将举办"巡河、巡山、巡城"等系列活动。之后,每到"贵州生态日",全省围绕年度主题开展丰富多彩的生态文明系列活动。活动由省生态

文明建设领导小组办公室牵头,有关部门紧扣主题举办内容丰富、形式多样、富有特色和吸引力强的活动,旨在教育引导全省上下增强保护生态环境意识,树立绿色发展理念,营造全民参与生态文明建设的浓厚氛围,推动形成共谋、共建、共管、共享的生态文明建设新局面。2017年,举办了首届"保护母亲河,河长大巡河"活动,省委书记、省长带头,30多名在职省级领导分别到各自担任河长的河湖开展活动,省、市、县、乡、村五级河长都到责任河流(段)参与巡河,水利专家、环保专家、各级相关部门、涉水企业、河湖民间义务监督员、群众代表及媒体共同参与,参与人数超过3万人。如此高规格、大规模的河长集中巡河履职活动,在全国属首创,受到省内外媒体的广泛关注,《人民日报》以头版头条报道,在社会上产生了强烈反响,营造了全民共建共享生态文明的良好氛围。现在,"贵州生态日"活动已经成为贵州生态文化建设的品牌活动,既广泛凝聚共识,又起到引导动员社会公众树立环境保护从我做起,积极承担社会责任和义务,规范自身环境行为。同时,每年春节假期后上班的第一天是贵州省开展义务植树活动日,全省各级各地四大班子成员以上率下、身先士卒,带头参加义务植树,在春回大地,万物复苏之时,推动广大干部群众植绿、爱绿、护绿。贵州人民在以实际行动为建设绿色贵州增砖添瓦的同时,也在心中播绿,有效地提高了公民的绿化意识、生态责任意识,爱绿护绿添绿正成为干部群众的自觉行动。

（三）以教育培训深化生态文明认识

以学生、党政干部为重点,开展不同层级生态文明教育进学校活动。把生态文明建设教育作为学生思想道德教育的重要内容和实施素质教育的重要载体纳入国民教育体系,把党政领导干部生态文明培训纳入各级党校教育,并编制出版了覆盖大小中学的《贵州省生态文明教育读本》以及覆盖干部群众的《贵州党政领导干部生态文明读本》《贵州生态文明百姓读本》,着力推动生态文化进教材、进课堂、进头脑,全面提升青少年、党政领导干部、百姓的生态文化意识。贵州是较早把生态文明知识纳入课堂的省份。2008年9月,贵阳市决定对10个区、市、县的小学四、五、六年级以及初高中陆续开设《贵阳市生态文明城市建设读本》课程,并与其他学科一样实行考核,以充分发挥教育的主力军和桥头堡作用,通过小手拉大手,以"一个学生影响一个家庭,一个家庭带动整个社会"的方式,引导形成绿色生活方式。目前,全省200个学校,14万多名学生中推广开设生态文明教育,使学生对生态文明的基本理念和实施路径有了初步的认识,为他们积极参与生态文明建设奠定了知识基础。与此同时还注重生态文明研究,目前贵州高校建立的生态文明相关专业省级重点学科已有 19 个,生态文明相关博士、硕士授权点达 20 个。创办了全国第一本关于生态文明综合性政经评论类刊物——《生态文明新时代》,组建生态文明(贵州)研究院,不仅深入探讨生态文明建设前沿理论、最新理念,而且为贵州生态文明建设提出战略性、前瞻性政策措施建议。

(四)以文化基地建设促进生态文化发展

推进生态文化建设,构筑绿色精神高地离不开平台和载体。然而,贵州省大型文化传播平台极为缺乏。2011 年,贵州省委和贵阳市委提出建设阳明文化基地的构想,希望运用王阳明在贵州龙场悟道创立阳明心学的深远影响,建设孔学堂中华传统文化传承教化基地、中国阳明文化园、阳明历史文化街区,打造"三足鼎筑"弘扬阳明文化新格局,助力生态文化建设。2011 年 2 月,贵阳市委提出建设传统文化教育基地"孔学堂"的思路,在风景如画的著名景点花溪开工,建立集学习、研究、交流为一体的多功能、复合型、地区性的大型文化综合体——中华传统文化传承教化基地,旨在通过孔学堂这个文化载体,传承弘扬中华优秀传统文化、加大精神文明建设,培育社会主义核心价值观和生态意识。孔学堂总占地 1 320 余亩,分为"公众教化区""中华文化国际研修园"和"文化创意产业园"三大区域。2014 年,又以全国重点文物保护单位、贵州省重点名胜古迹"阳明洞"为核心,开工建设阳明文化园,现在阳明文化园已成为国家 AAAA 级景区、贵州省一百个重点旅游景区之一。孔学堂、阳明文化园通过开展形式多样、内容丰富的传播普及活动,大力弘扬中华优秀传统文化,使生态价值观走入百姓生活、留存百姓心间。另外,以建立民族文化生态保护区为契机,弘扬特色生态文化。深入推进黔东南民族文化生态保护实验区、黔南水族文化生态保护区、黔西南布依族、黔西北彝族、武陵山(黔东)苗族土家族省级文化生态保护区建设,以民族文化生态保护区建设为依托,以特色鲜明的非物质文化遗产保护传承为载体,加强传统村落保护,深度挖掘民族传统生态文化资源,不断拓展生态文化的广度和厚度,厚植生态文化优势。目前,全省建立了 57 个省级非物质文化遗产生产性保护示范基地,充分展示了贵州各族人民深厚的传统民族文化和生态文化遗产资源。

三、推行绿色生活,广泛开展绿色行动

生态文明建设是一项基于理念支撑和公众参与的复杂而艰巨的系统工程,不仅要加强在舆论宣传和教育普及层面下工夫,而且还必须通过实践层

面开展各种创建活动来践行绿色生活方式,实现人们对环境保护的意识转化为自觉的行动,为生态文明的建设打下坚实的基础。

绿色生活方式反映人们对绿色发展理念的认同度与践行力,对绿色发展和生态文明的最终实现起着至关重要作用。践行绿色生活方式是生态文明建设的重要内容,也是贵州生态文化建设的着力点。2016年9月贵州出台了《中共贵州省委 贵州省人民政府关于推动绿色发展建设生态文明的意见》(以下简称《意见》),对推动绿色生活方式做了系统部署。《意见》明确指出:"推行绿色生活方式。广泛开展绿色生活行动,推动全民在衣、食、住、行、游等方面加快向勤俭节约、绿色低碳、文明健康的方式转变。推进绿色消费,倡导绿色消费观,引导城乡居民广泛使用节能节水节材产品和可再生产品、限制过度包装商品,减少一次性用品的使用,在各行业广泛开展反对铺张浪费行动。""制定公共机构节约能源资源管理办法,促进党政机关、事业单位、国有企业带头厉行勤俭节约,降低能耗标准和能耗预算,推行绿色节能办公。"省政府专门颁发《贵州省绿色创建行动方案》《贵州省节约型机关创建工作方案》《贵州省绿色社区创建工作方案》《贵州省绿色学校创建工作方案》等配套文件。各级各部门按照省委、省政府的指示精神,积极引导城乡居民广泛使用节能型电器、节水型设备,鼓励选购新能源、小排量汽车。开展节约型机关、节约型企业、绿色家庭、绿色学校、绿色社区、绿色出行及绿色商场等的创建,制定了阶梯电价、阶梯燃气费政策和管理制度,倡导绿色消费,推动生活方式绿色化。

(一)广泛开展各种绿色创建活动

大力开展各种绿色创建活动。把广泛开展绿色创建活动作为全省深入推进绿色生态方式的着力点,开展文明城市、卫生城市、森林城市、园林城市、环境保护模范城市创建和生态县、生态乡、生态村等创建工作,让其成为吸纳公众积极参与生态文明建设的重要平台,示范带动各地加强生态文明建设,践行绿色生活方式。2007年12月,中共贵阳市八届四次全会审议通过《中共贵阳市委关于建设生态文明城市的决定》(以下简称《决定》),正式提出建设生态文明城市,《决定》把建设生态文明城市作为贵阳市实践科学发展观的重要载体,成为当前和今后一个时期的奋斗目标。贵阳也因此成为我国最早提出建设生态文明城市的地区。贵阳在生态文明城市部署建设中,十分重视生态文明理念的培育,具体表现在两个方面:其一是注重培育文化特色鲜明和城市个性突出,良好的社会风气,凝聚力强的城市精神;其二是注重培育公众浓厚的生态观念、生态伦理意识,养成生态化的消费观念和生活方式。2012 年 12 月,国家发展和改革委员会首次批复实施《贵阳建设全国生态文明示范城市规划(2012—2020 年)》,要求贵阳在未来 8 年时间里,在生态文明建设关键环节和重点领域先行先试,打造全国生态文明示范城市,并在生态产业体系、旅游产业体系、现代农业产业体系建设,以及生态宜居城市等建设上改革创新,为全国推进生态文明建设发挥示范作用。在省会城市贵阳的示范下,遵义市、铜仁市、六盘水等地也积极开展绿色创建工作。遵义先后获得国家森林城市、中国人居环境范例奖城市、中国优秀旅游城市、国家园林城市、国家卫生城市和贵州省首个国家环保模范城市。目前,贵阳市已累计创建国家生态文明建设示范县 2 个,"绿水青山就是金山银山"实践创新基地 2 个,省级生态乡镇 38 个,省级生态村 119 个。遵义市已累计创建国家生态文明建设示范县 6 个,国家生态县 2 个,"绿水青山就是金山银山"实践创新基地 1 个,省级生态县 8 个,省级生态乡镇 187 个,省级生态村 96 个。这些示范点已成为弘扬生态文明理念、普及生态知识、提升生态文化素质的阵地。

(二)广泛开展"绿色学校"创建活动

从 2006 年起,贵州省先后多次开展省级绿色学校创建活动,采取的主要措施如下。

(1)以标准规范创建"绿色学校"。贵州省制定出台"绿色学校"创建评价标准体系,从组织管理、环境教育过程及效果、校园环境和特色加分四个方面 18 项指标明确了创建内容。通过量化评价,保障"绿色学校"创建的科学性和可操作性。

(2)以规划引领"绿色学校"建设。践行绿色学校理念既是国策教育,也是国情教育,更是人类素质教育。贵州省以建设集绿色教育、人才培养于一体的绿色校园为己任,践行绿色学校理念,深耕细作制订绿色学校规划,按照规划广泛开展"绿色学校"创建工作。

(3)以时间检验绿色学校效果。每 3 年,贵州省均评比 50 所成效显著的中小学(幼儿园),授予省级"绿色学校"示范校称号。2013 年,贵州省拓宽了"绿色学校"评选范围,把大学纳入其中开展"绿色学校"创建活动,并于同年首次评选了 13 所绿色大学。按照贵州省"绿色学校"创建规划,到 2022 年将有 60%以上的学校达到绿色学校创建要求。

绿色学校创建活动大力传播了生态文明理念和环保知识,从小养成节约、绿色和低碳的生活方式和消费方式。各地区按照"绿色学校"创建评价标准,结合实际创新开展各具特色的创建活动。比如,贵阳市在建设绿色学校活动中,既重视绿色学校的硬件条件,又重视软件条件的建设。以加快环境基础设施建设为突破口,加大了绿色学校创建及生态文明建设、环境保护方面的经费保障,有效提高校园生态环境基础设施水平。同时,注重推进生态文明学校制度建设,制定了校园绿化养护制度、校园卫生保洁制度、节水节电制度及节约用纸制度等,形成制度化、规范化的创建机制,切实改变以往的散漫态度,扎实推进绿色学校建设,创建具有地方特色的绿色校园建设,让生态教育浸润书香校园。

(三)广泛开展"节约型机关"创建活动

践行低碳绿色发展理念,积极开展"节约型机关"创建活动,推动党政机关强化节能减排意识,推行绿色办公。出台《贵州省节约型机关创建行动实施方案》《贵州省节约型机关创建评价标准》,旨在推动党政机关厉行勤俭节约、反对铺张浪费,健全节约能源资源管理制度,提高能源资源利用效率,降低机关运行成本,率先全面实施生活垃圾分类制度,引导干部职工养成简约适度、绿色低碳的生活和工作方式,形成崇尚绿色生活的良好氛围。贵州省以信息化方式全流程推进节约型机关创建工作,明确要求各创建单位将自评报告、各项印证材料等通过"贵州省公共机构节能网""示范创建"平台报送,各级验收部门在线进行资料审核验收,省级相关部门对各地创建工作在线进行资料抽查。把机关节能工作纳入对省直机关目标绩效考核范围,推进了各单位从完善节电管理、节水管理、节约公务用车燃油管理及节约办公用品管理等制度,强化能耗目标管理,全面做好垃圾分类工作,限制使用一次性办公用品等。目前,40%以上的县级及以上党政机关已建成"节约型机关"。

第三节　贵州生态文明国际交流

推进生态文明建设,走绿色低碳循环的可持续发展道路,是我国突破日益增强的资源环境制约,实现新时代社会主义现代化强国建设目标的一项基本方略,也是世界范围内应对气候变暖、臭氧层破坏、土地荒漠化、资源枯竭和生物多样性减少等地球生态危机,实现人与自然和谐共处和人类社会可持续发展的根本途径。习近平总书记在向生态文明贵阳国际论坛2018年年会的致贺信中指出,"生态文明建设关乎人类未来,建设绿色家园是各国人民的共同梦想""国际社会需要加强合作、共同努力,构建尊崇自然、绿色发展的生态体系,推动实现全球可持续发展"。地球生态系统的健康,人类文明的转型,不能靠单打独斗,需要依靠世界各国的共同努力和合作交流。

贵州省在以习近平同志为核心的中共中央的领导下,努力促进全省生态环境好转,推进经济结构调整和绿色转型发展的同时,主动融入全球绿色发展,精心打造生态文明贵阳国际论坛。坚持国家级、国际性高端论坛战略定位,立足贵州、着眼中国、服务世界,连续成功举办11届生态文明贵阳国际论坛,取得了凝聚生态文明共识,传递绿色中国好经验、开展生态文明建设理念交流、倡导生态文明国际合作的重要作用。作为全国唯一的国家级生态文明国际交流平台,论坛充分展示生态文明靓丽的"中国名片",持续向世界传播了中国关于生态文明建设的新思想、新理念、新观点,阐明生态文明建设的"中国理念""中国倡议"和"中国行动",成为传播习近平生态文明思想、推动生态文明建设国际交流合作的重要平台,成为世界了解中国生态文明建设的重要窗口。

一、生态文明贵阳国际论坛的缘起与召开

贵州省会贵阳市曾经是全国3个酸雨最严重的城市之一,曾被联合国有关组织列为世界十大污染城市之一。为了改变环境污染,保护生态,2005年1月,贵阳市委、市政府出台了《关于加快生态经济市建设的决定》,明确以发展"循环经济"为战略途径来建设生态经济市,走一条循环经济发展的道路。经过多年的努力,成功摘除"酸雨城市"的帽子。

党的十七大提出生态文明建设之后,为贯彻落实党的十七大关于"建设生态文明"的要求,贵州省第十次党代会提出"环境立省"战略。贵阳市委、市政府认真研究之后,提出把建设生态文明城市作为全市贯彻落实党的十七大精神、贵州省第十次党代会精神的总抓手和切入点,在全市推进生态文明建设。由于当时贵阳市广大干部对为什么要建设生态文明城市的理解不够深入,对怎么建设生态文明城市还很陌生,于是,贵阳市委、市政府决定加强对全市干部进行相关培训,主要采取专题学习和专题研讨的方式,加深全市干部对建设生态文明城市的理解、加强提升全市干部建设生态文明城市的能力,促进生态文明城市建设。2008年初,贵阳市举办了"贵阳建设生态文明城市领导干部专题研讨班",全市主要领导、各区(市、县)和各部门的主要负责人等200余名领导干部参加了集中培训。通过培训,大家深刻认识到贵阳建设生态文明城市的重要性和紧迫性。3月20日,贵阳市委市政府、北京大学生态文明研究中心、清华大学环境科学与工程系、中国人民大学经济

学研究所在北京联合举办"贵阳建设生态文明城市研讨会"。这次会议围绕贵阳建设生态文明城市的方法路径提出许多好的建议,包括提出了举办"贵阳世界生态论坛"的初步设想。2007 年 12 月 29 日,中共贵阳市委八届四次全会通过了《关于建设生态文明城市的决定》,确立了建设生态文明城市的基本原则、五年奋斗目标和指标体系,并对全面建设生态文明建设作出了部署。其中,正式提出打造对外交流合作平台的决定,旨在通过平台,普及生态文明理念、探索生态文明建设规律,借鉴国内外成果推动生态文明实践。在省委、省政府的大力支持下,贵阳市于 2008 年开始谋划举办生态文明贵阳会议,2009 年正式召开。

2009 年 8 月 22 日,由全国政协人口资源环境委员会、北京大学和中共贵阳市委、贵阳市人民政府联合主办的生态文明贵阳会议在贵阳召开,论坛受到国际国内社会的广泛关注和大力支持。时任中共中央政治局常委、全国政协主席贾庆林致信表示祝贺。贾庆林指出:"生态文明贵阳会议,对落实生态文明建设各项任务,进一步调动全社会各个方面参与生态文明建设,具有积极的现实性和指导性。希望此次会议充分发挥人民政协和大专院校人才荟萃、智力密集的独特优势,认真总结实践经验,围绕建设生态文明这一重大课题,深入研究包括生态建设在内的经济社会发展中的综合性、全局性、前瞻性问题,深入探讨生态文明建设对经济社会发展促进作用的规律。要广开言路,广集群智,多提真知灼见,建睿智之言,献务实之策,为实现中共中央提出的'保增长、扩内需、调结构'的目标,为传播生态文明理念、推动生态文明建设作出应有的贡献。"[1]全国政协副主席郑万通致辞,英国前首相托尼·布莱尔在会上发表演讲,联合国气候变化政府间专门委员会原副主席莫汗·穆纳辛格,联合国系统驻华协调总代表、联合国开发计划署驻华代表马和励等联合国官员,全国政协常委、全国政协人口资源环境委员会主任张维庆,原环境保护部部长周生贤,北京大学校长、中国科学院院士周其凤等多位国家有关部委领导和专家学者出席会议并演讲。论坛的成功创办充分体现了国际国内对生态文明建设的高度重视和充分肯定。

二、从生态文明贵阳会议到生态文明贵阳国际论坛

从 2009 年开始到 2012 年,贵州省成功举办了 4 届生态文明贵阳会议。

---

① 刘文国,王橙澄.生态文明贵阳会议召开[N].光明日报,2009-08-23. https://www.gmw.cn/01gmrb/2009-08/23/content_968275.htm.

这期间,生态文明贵阳会议是一个应对生态安全的挑战的非官方的国际性高端平台,是贵州省倡导生态文明、吸收国际生态文化优秀成果、纵深推进生态文明建设的一个交流平台。在这个平台上,来自国际国内的政府决策者、产业界、学界和媒体民众开展了大量的交流与合作,促进了全球携手推动人类社会文明建设的进程。

生态文明贵阳会议得到了各界的一致肯定和大力支持。每届峰会,时任中共中央政治局常委、全国政协主席贾庆林都要致信祝贺,寄予厚望,希望把会议打造成交流生态文明建设理念、展示生态文明建设成果的一个长期性、制度性的平台。中共中央国家机关、国家部委、社会组织、大学科研院所等部门及单位给予极大的支持。在主办、协办、支持单位中,有外交部、发改委、科技部、环境保护部、住建部、全国政协人口资源环境委员会等权威性的单位,有中国人民外交学会、中国气象学会、中国市长协会等有影响的全国性社会组织,有北京大学、中国工程院等著名高校和科研院所,有联合国教科文组织、联合国环境规划署和全球城市可持续发展理事会、世界可持续发展工商理事会、国际可持续发展研究会等重要国际组织。出席生态文明贵阳会议的嘉宾有全国政协副主席郑万通、李金华,英国前首相托尼·布莱尔,爱尔兰前总理、爱中合作理事会终身名誉主席伯蒂·埃亨,德国前总理格哈特·施罗德等各国政要,并且吸引了联合国环境规划署等国际组织、剑桥大学等世界著名学府、国内相关部委、国内发达城市、国内外知名企业、中国生态学会等非政府组织、国内外主流媒体和新媒体的积极参与。生态文明贵阳会议内涵不断升华,论坛规模不断扩大,在国际国内的影响也逐步增强,不仅为推进生态文明建设和绿色发展传递了"中国声音",而且宣传了贵阳生态文明城市建设的实践经验,提升了贵阳的城市形象。

2013年,经中共中央、国务院同意,外交部批准,生态文明贵阳会议升格为生态文明贵阳国际论坛,成为国内唯一以生态文明为主题的国家级国际性论坛。同年7月20日,在贵阳举办了生态文明贵阳国际论坛。习近平主席向论坛年会致贺信,深刻阐述中国生态文明建设的理念、意义、内涵和基本国策,并指出:"保护生态环境,应对气候变化,维护能源资源安全,是全球面临的共同挑战。中国将继续承担应尽的国际义务,同世界各国深入开展生态文明领域的交流合作,推动成果分享,携手共建生态良好的地球美好家园。"①时任中共中央政治局常委、国务院副总理张高丽出席开幕式,瑞士联

---

① 李裴,陈少波.贵州生态文明建设报告绿皮书(2016)[M].贵阳:贵州人民出版社,2017.

邦主席兼国防部长毛雷尔、多米尼克总理斯凯里特、汤加首相图伊瓦卡诺、泰国副总理兼商业部长尼瓦塔隆及意大利前总理普罗迪等分别在开幕式上致辞,4 000 多位中外嘉宾参加论坛。这次论坛举办分论坛及各类活动共50 余场,除了举办开幕式、高峰论坛、若干分论坛外,还进行了展览和招商系列活动。

2013 到 2017 年的每年夏天,贵州省都会举办一次生态文明贵阳国际论坛,而且主会场都设在贵阳市,分会场辐射全省其他地区,如铜仁梵净山分会场等。2017 年,论坛主办方确定生态文明贵阳国际论坛将采取"大小结合"的办会模式。即小年召开小规模研讨会,大年则正常举办大规模会议,确保论坛年年发出生态文明有关话题的声音,年年有生态文明研讨与交流活动。

2021 年生态文明贵阳国际论坛首次以线上线下相结合的方式举办,包含论坛会议活动、展览展示展销、绿色产业招商系列活动三个板块,来自78 个国家和地区 500 余名代表参加论坛年会活动,围绕着论坛主题和 22 个专题。大家针对每个主题的重点、焦点和难点问题畅所欲言、集思广益、群策群力,为低碳转型、绿色发展贡献出宝贵的经验与智慧,分享了实践和成功案例。

从 2009 年到 2021 年 12 年间,贵州省成功举办 10 届大规模、高水平的生态文明贵阳国际论坛,已经成为国际生态文明交流合作的"知名品牌、著名平台",其吸引力、影响力和品牌力进一步得到提升,对探索生态文明建设规律、推广生态文明建设经验、加强生态文明国际合作和推动全球生态文明建设发挥着积极独特的作用。生态文明贵阳会议从无到有,再发展提升为生态文明贵阳国际论坛,成为国际生态文明交流合作的"知名品牌",最关键的是得益于中共中央、国务院的亲切关怀。习近平总书记对生态文明贵阳国际论坛发展十分关心,2013 年亲自批准论坛升格为国家级国际性论坛;2013 年 7 月、2018 年 7 月先后两次向论坛发来贺信;2015 年 6 月、2021 年2 月在贵州省考察期间,都对办好论坛作出重要指示。李克强总理在2014 年年会向论坛致贺信。时任全国政协主席贾庆林分别在 2009 年、2010 年、2011 年和 2012 年连续发来贺信或作出重要批示。出席论坛并发表主旨演讲或者致辞的有全国人大常委会委员长栗战书,时任全国政协主席俞正声,中共中央政治局常委、副总理张高丽,国家副主席李源潮等领导人。同时,也得益于国内外相关机构的关心。时任联合国秘书长潘基文向2011 年年会发来贺信,现任联合国秘书长安东尼奥·古特雷斯于 2018 年为生态文明贵阳国际论坛十周年发来祝贺视频,多个国内外有关机构、多家社会组织和多所高等院校积极参与论坛活动。截至 2021 年,已累计举办300 多场专题论坛、高峰会议、研讨会和专题会等活动。累计有 20 多家政府部门机构、30 多个国际组织、120 所国内外大学和 700 多家企业与 1.5 万多名嘉宾参与过论坛活动。

贵州省把握历史发展机遇,以"立足贵州、扎根中国、面向世界"为宗旨,不断健全深化论坛机制,加快构建以生态文明为主题的国际交流合作机制,为中外生态文明建设交流提供了一个思想碰撞、技术交流、成果分享、信息互通、平等协商的绿色发展行动网络和交流平台。通过生态文明国际论坛这一平台的搭建,向国际社会发出了推进生态文明建设的声音,展示了加快绿色发展的行动,有效树立了中国自觉应对气候变化的负责任的大国形象。依托这一国家级国际性平台,贵州不仅展示其生态文明建设领域的做法与经验,提升了全省生态文明实践建设的层次和品质,而且推动了环保、经贸、旅游和人文等领域的对外开放和合作交流。

三、生态文明国际论坛的主题、重大事件及成果

每年的生态文明国际论坛年会,都会围绕国内外生态文明发展潮流和我国发展的实践这一核心主题,设置多个峰会和分论坛,举办多场精彩纷呈的活动。从历次的主题看,紧扣时势依次递进,不断深化。从历次的成果看,都会发布会议论坛成果《贵阳共识》。《贵阳共识》不仅展示了全球生态文明发展新理念,高度概括中国和贵州省生态文明建设的新成果,而且也是全球携手推进生态文明发展的重要宣言,对推广生态文明建设经验起到了重要作用。

2009 年生态文明贵阳会议的主题为:发展绿色经济——我们共同的责任。"共同责任"是这一年会议的主题词。时任中共中央政治局常委贾庆林为 2009 生态文明贵阳会议发来贺信,英国前首相托尼·布莱尔在开幕式上发表演讲,举办了生态城市论坛、科学家论坛、生态教育和传媒论坛、经济企业界论坛等 4 个专题论坛,分别围绕"生态城市——宜居、宜业、宜游""科技与创新——生态社会基石""教育和传媒——生态文明软实力"及"生态经济——绿色产业"等主题进行了深入讨论,努力找出一条切合实际的科学发展新路。会议达成了"生态文明是人类社会发展的潮流和趋势,不是选择之一,而是必由之路;生态兴则文明兴,生态衰则文明衰"[1]的《贵阳共识》

---

① 生态文明贵阳会议会务组《贵阳共识》[N].贵阳日报,2009-8-24(1).

(2009)。作为气候组织发起人之一托尼·布莱尔和壹基金创始人李连杰在贵阳市花溪区党武乡摆贡寨启动太阳能 LED 照明千村计划。

2010 生态文明贵阳会议的主题为：绿色发展——我们在行动。"转变经济发展方式"成为讨论的重点，并深入探讨绿色就业、绿色产业、绿色消费、绿色运输和绿色贸易等前瞻性问题等，交流了国内外生态文明建设的典型案例。达成要"加大环保投入，消除生态赤字，达到良性循环的幅度，努力构筑绿色产业体系，在全社会形成自然、健康、适度、节俭、生态的绿色消费环境和氛围，大力发展绿色科技①等《贵阳共识》。制定并发布了《贵阳市2010—2020 年低碳行动发展行动计划(纲要)》，为加快落实温室气体自主减排目标，贵阳市与联合国开发计划署签订了合作协议，在低碳经济、绿色产业发展以及绿色照明方面开展合作。在论坛期间，贵阳环境能源交易所挂牌成立，花溪国家城市湿地公园授牌。

2011 年生态文明国际会议年会的主题为：通向生态文明的绿色变革——机遇与挑战。"机遇与挑战"是这一年会议的思考方向。紧扣这一主题，举办了科学、技术、教育、企业家、高新产业金融、城市规划典型案例和最佳实践、生态修复、森林碳汇、共建低碳生态城市、绿色文明与媒体传播等方面的论坛，以及青年先锋圆桌会等专题论坛。《贵阳共识》(2011)提出：不仅把生态文明作为一种理念，而且要作为一种行动指南，作为一种道德标准，把科学的、生态的、绿色的发展理念、发展模式转变为实际行动。② 环境保护部、贵州省以及杭州、贵阳等 46 个城市和中节能、远大集团、中铝等 140 多家企业集中展示生态文明建设的最新成果。

2012 年生态文明国际会议年会关注"全球变局下的绿色转型和包容性增长"的主题。围绕着这一主题，开展"绿色转型与绿色就业""绿色农业与食品安全""生态文化与大众参与"等一系列互动讨论，共举办了 40 余场论坛、展览和活动。德国前总理格哈德·施罗德出席会议并参观贵州生态文明建设情况。《贵阳共识》(2012)认为："绿色转型和包容性增长，本质都是寻求追求和社会可持续发展。坚持包容性增长，与实现社会财富的公平分配，可以有效提高民众的幸福指数。探索绿色经济的有效模式，注重坚持低投入高产出，低消耗少排放，能循环可持续的经济体系。注重培养绿色增长方式和消费模式，注重生态建设和环境保护，并遵循以人为本、公平公正的发展理念，突出人与自然和谐相处的时代要求，促进人人平等获得发展机

---

① 生态文明贵阳会议 2010《贵阳共识》[N].贵阳日报，2010-7-31(1).
② 生态文明贵阳会议 2011《贵阳共识》[N].贵阳日报，2011-8-18(1).

遇,促进经济增长、人口发展和制度公平三者之间的有机统一。"①会议期间,举办贵阳市十大工业园区展示暨项目推介会,共签约 25 个招商项目,投资额达 122 亿元。

2013 年生态文明贵阳会议从本届起升格为生态文明贵阳国际论坛。习近平总书记向论坛发来贺信。瑞士联邦主席、多米尼克总理、意大利总理等 2 100 余名外国政要,国家有关部委领导、联合国机构负责人、知名专家学者和企业家出席了论坛。"绿色产业、绿色城镇和绿色消费引领可持续发展"成为这一年会议的重点,在这一主题下,嘉宾们汇聚一堂,探讨全球生态文明建设的热点问题、焦点和难点议题,举办了绿色发展和产业转型、和谐社会和包容性发展、生态修复和环境治理、生态文化和价值取向等分论坛及各类活动 50 余场。达成的共识有"需要重新思考和审视我们现在的政策、规章、制度等,来保证绿色转型的有效实施,把生态文明建设融入经济建设、政治建设、文化建设、社会建设的各个方面。"②举办首个国内生态产品技术博览会——中国—贵州生态产品技术博览会,24 个国家和地区的 2 600 家参展商参加。开幕式现场集中签约项目 30 个,总投资 332.3 亿元。

2014 年生态文明贵阳国际论坛年会以"改革驱动,全球携手,走向生态文明新时代——政府、企业、公众:绿色发展的制度架构和路径选择"为主题,从经济、社会、人文、教育等不同视角展开了 40 场分论坛。2 000 余名来自全球各地官、产、学、媒领域的精英以及民间人士通过深入交流和探讨,取得了许多开创性、前瞻性、引领性成果。与会者一致认为:人类应给予自然足够的关怀和尊重,给予足够的休养生息,实现永续利用和永续发展,而不能一味索取资源、消耗环境存量。保证我们的子孙后代获得足够的资源、享受良好的环境,是当代人义不容辞的责任。牢固树立保护生态环境就是保护生产力、改善生态环境就是发展生产力的理念,把良好的生态环境作为公共产品向全民提供。必须坚持经济发展与生态建设的平衡,坚持环境保护与生态修复的平衡,坚持控制污染与节约资源的平衡,坚持明确各自责任与加强合作的平衡,维护全球生态安全。这次届论坛的成果之一《将生态系统治理优先引入联合国可持续发展目标》报告,由世界自然保护联盟提交当年 9 月举行的联合国首脑会会议。此外,签署了《山地经济绿色发展贵阳共识》(贵州与瑞士瓦尔登州合作意向书),达成了旅游、环保、贸易、人员培训交流合作协议。贵阳市、贵安新区与富士康科技集团在大数据、纳米等领域签署

---

① 生态文明贵阳会议 2012《贵阳共识》[N].贵阳日报,2012-7-29(1).
② 生态文明贵阳会议 2013《贵阳共识》[N].贵阳日报,2013-7-20(1).

五项合作协议。浙江吉利控股集团宣布在贵阳投资建设具有全球代表性的清洁能源汽车产业基地。

2015年生态文明贵阳国际论坛年会以"走向生态文明新时代：新议程、新常态、新行动"为主题。冰岛前总统奥拉维尔·格里姆松、比利时前首相伊芙·莱特姆，日本前首相鸠山由纪夫等发表了重要演讲。来自海内外的嘉宾分别参加了30余场分论坛和主题活动，共同商讨新常态下的全球生态文明新议程、新行动。达成了大力推进绿色化，必须树立人与自然和谐共生的理念，必须加快转变生产方式，必须加强生态建设和环境保护，必须加强制度和法制保障，必须坚持加强国际合作等共识。海南省作为首届"主宾省"出席年会，并成功举办"蓝色国土—生态海南"主宾省活动，促进了贵州与海南在生态治理、产业发展方面的交流合作。此外，国际竹藤组织与瑞士发展与合作署、赤水市政府共同启动"贵州赤水市气候适应型竹林景观管理项目"。

2016年生态文明贵阳国际论坛年会围绕"走向生态文明新时代：绿色发展·知行合一"主题进行。联合国秘书长潘基文给论坛发来视频贺信。举办了包括中外部长对话生态文明峰会、国际咨询会＋生态企业高峰会、生态文明体制改革高峰会和生态环境保护、生态文化交流和生态扶贫合作等37场高峰会以及主题论坛。来自72个国家和地区的政府官员、专家学者、企业家等1 500多名嘉宾聚焦于绿色增长与绿色转型、和谐社会与包容发展、道德和全球治理等议题进行了坦诚对话、深入交流，在加快建立公平合理、合作共赢的全球气候治理体系，构建有利于绿色、循环、低碳发展的体制机制，推动生态和经济协调发展等方面达成了广泛共识。2016《贵阳共识》指出："走向生态文明新时代必须牢固树立绿色发展新理念，加快构建起产权清晰、多元参与、激励约束并重、系统完整的生态文明制度体系。"①强调走向生态文明新时代关键在行动，必须全球携手加强国际协作，按照"共同但有区别的责任"原则，切实承担起应尽的国际义务。会议期间，还举行首届"贵州绿色博览会·大健康产业博览会"，发表《贵州大健康产业发展报告蓝皮书》。主宾省河北从产业转型升级、大气污染治理、生态环境修复三个方面，全面展现河北省生态文明的建设成果。

2017年生态文明贵阳国际论坛在贵阳举办了贵阳国际研讨会，聚焦"走向生态文明新时代——共享绿色红利"这一主题，国内国外专家、学者，以及福建、江西和贵州等国家生态文明试验区和生态文明先行示范区的代表一

---

① 生态文明贵阳会议 2016《贵阳共识》[N].贵阳日报,2016-7-11(1).

起交流各地经验做法,研讨生态建设路径。同时,贵州省绿色经济"四型产业"示范项目授牌,发布贵州 12 家首批省级森林康养试点基地,66 个生态地标生态价值评定成果。工商银行、兴业银行、西南证券等金融机构及各类绿色产业基金与贵州有关市(州)政府、贵安新区、企业签署金融合作项目 22 个,签约金额 600 多亿元。贵州省农委与北京新发地集团初步达成贵州绿色农产品"泉涌"发展,风行天下战略合作意向。

2018 年生态文明贵阳国际论坛年会的主题为:"走向生态文明新时代——生态优先,绿色发展"。国家主席习近平、联合国秘书长古特雷斯为论坛开幕发来祝贺,冰岛前总统奥拉维尔·格里姆松、比利时前首相伊芙·莱特姆、日本前首相鸠山由纪夫等各位发表了重要演讲,举办了 7 场高峰会、10 个主题论坛系列、5 个国际咨询会。来自 35 个国家和地区的 2 426 名中外嘉宾,聚集有关生态文明思想、生态文明与反贫困、绿水青山就是金山银山、全球低碳转型、"落实 2030 年可持续发展议程和绿色'一带一路'建设协同增效"等主题的高峰会及论坛进行共同讨论,达成"牢固树立命运共同体意识,建成生态文明贵阳国际论坛智库,坚持环境与生态保护的基本原则,加大对生态绿色产业的投入,推进生态文明建设制度化、全球化,建立法律保护体系和绿色核算制度,生态行动应自觉践行绿色低碳生活方式等共识"①。会议期间发布中国《自然资源资产负债表编制方案》《可持续发展目标指数全球报告 2017》《一带一路生态文明评级报告》等一批具有权威性、科学性、标志性的成果。作为这届年会的主宾省江西与贵州的两个国家生态文明试验区,共同举办了成果展和论坛十周年系列活动。

2021 年生态文明贵阳国际论坛年会以"低碳转型 绿色发展——共同构建人与自然生命共同体"为主题。这是新冠肺炎疫情发生以来的首个生态文明贵阳国际论坛年会,全国人大常委会委员长栗战书发表主旨演讲,围绕年会主题,举办了 3 场国际咨询会、22 场主题论坛及生态文明建设成果展览展示、绿色产品展销、绿色产业招商等系列活动。来自全球 78 个国家和地区500 余名代表参加,围绕主题就生态文明建设领域共同关心的问题进行了务实探讨。会议认为应在全面深入认识自然的基础上,尊重自然、顺应自然、保护自然,统筹污染治理、生态保护、应对气候变化,促进生态环境持续向好,努力建设人与自然和谐共生的现代化。促进经济发展与生态保护协调统一,共同守护地球家园。我们应积极参与碳达峰、碳中和的行动,减缓并

---

① 生态文明贵阳会议 2018《贵阳共识》[N].贵阳日报,2018-7-9(1).

适应气候变化;积极参与全球生态治理,为遏止地球生态系统衰退和生物多样性丧失、防治环境污染作出积极贡献,勠力同心,共建繁荣、清洁、美丽的世界。福建省作为主宾省,会议期间全面介绍了推进生态文明建设的理念、举措和成效。表6-1汇总了2009年至2021年论坛的主题及《贵阳共识》的主要内容。

表 6-1 2009—2021 年论坛主题及《贵阳共识》主要内容

会议召开时间	论坛主题	《贵阳共识》主要内容
2009 年 8 月 22 日至 23 日	发展绿色经济——我们共同的责任	生态文明是人类社会发展的潮流和趋势,不是选择之一,而是必由之路;强调建设生态文明是一个系统工程,保护生态环境是前提,转变经济发展方式是关键,改善和保障民生是目的;强调建设生态文明,城市是关键,科技是基石,企业是主战场,教育是根本,传媒提供软实力支持;对生态文明建设提出了观念先行、密切合作、加大投入、知行合一等
2010 年 7 月 30 日至 31 日	绿色发展——我们在行动	把环保投入加大到足以加快扭转生态环境恶化趋势、消除生态赤字、达到良性循环的幅度;大力发展低碳经济、循环经济、绿色经济,努力构筑绿色产业体系,大力发展新能源、新材料产业,大力推动国际新兴产业合作,共同应对气候环境变化带来的挑战;积极推动绿色消费,引导公民自觉践行绿色消费,养成低碳、环保的简约生活习惯和生活方式,建立低碳能源系统、低碳技术体系和低碳产业结构;各方要形成合力
2011 年 7 月 16 日至 17 日	通向生态文明的绿色变革——机遇和挑战	始终坚持以生态文明理念引领经济社会发展,推动新型工业化与生态文明建设互动双赢。构建符合生态文明要求的产业结构、增长方式和消费模式;加强生态文明建设的综合研究和专题研究。要立足国内、面向国际,整合政界、商界、学界、民间各方智力资源,进行战略思考和综合研究;坚持把建设生态文明、推动可持续发展作为一项长期战略。要大规模深入开展生态文明理念普及活动,加快节能环保标准体系建设,深化政府推广高效节能技术和产品的激励机制,优化产业结构和能源结构,全面开展节能减碳全民行动,开创一个全社会人人参与生态文明建设的新局面
2012 年 7 月 26 日至 28 日	全球变局下的绿色转型和包容性增长	把绿色转型作为促进增长的首要选择。克服资源支撑型发展模式的路径依赖,实现原创性的技术进步和效率提高;把绿色理念深度融入社会生产生活各环节。推动体制机制和政策创新,激发政府对绿色发展的引领作用、企业对绿色发展的主体作用、人民群众对绿色发展的驱动作用;在加速绿色发展、绿色转型中推动民生改善,不断消除民众参与经济发展、分享发展成果的障碍,努力实现机会平等、权利平等和社会福利平等;运用新的模式提升生态系统服务能力。积极探索林业碳汇交易体系,大力推动碳汇平台建设,促进林业碳汇交易发展;更加深入广泛地开展生态文明建设的国际合作。建立一个新的更具包容性的全球分工、合作体系,引领更多的绿色技术、管理和产业创新

（续表）

会议召开时间	论坛主题	《贵阳共识》主要内容
2013 年 7 月 19 日至 21 日	建设生态文明:绿色变革与转型——绿色产业、绿色城镇和绿色消费引领可持续发展	加快绿色发展和产业转型。采用最先进的技术、最科学的方式,积极探索发展经济、节约资源、降低能耗、保护环境相得益彰的途径和办法;推进社会和谐和包容性发展。着力提供更多优质的生态产品,让民众普惠共享良好的生态环境,以促进社会和谐;采取最严格的措施修复自然生态和治理环境。推进荒漠化、石漠化、水土流失综合治理,扩大森林、湖泊、湿地面积,保护生物多样性;把资源消耗、环境损害、生态效益等纳入经济社会发展评价体系;普及以生态为导向的价值取向。引导每个人对自然心存敬畏,规约自己的行为,形成有利于生态文明建设的价值理念
2014 年 7 月 10 日至 12 日	改革驱动,全球携手走向生态文明新时代——政府、企业、公众:绿色发展的制度构架和路径选择	走向生态文明新时代,必须加快绿色转型,大力发展绿色、循环、低碳产业,发展可再生能源,实现更加清洁的生产,以更大的决心淘汰落后工艺和产能,通过技术变革拉动绿色增长。必须推进改革创新。加强市场化改革创新,积极开展节能量、排放权、水权等交易,加快发展碳交易市场,运用市场机制解决节能减排、低碳生产的利益导向问题;必须加强制度约束,通过严格的制度规范、有效的治理体系、严厉的法治约束,为生态文明建设提供根本保障;必须各方共同努力,尽其所能、各负其责,共同建设生态文明新家园;必须全球紧密携手应对气候变化、生态安全等重大问题,共同呵护人类赖以生存的地球家园
2015 年 6 月 26 日至 28 日	走向生态文明新时代——新议程、新常态、新行动	大力推进绿色化,必须树立人与自然和谐共生的理念;大力推进绿色化,必须加快转变生产方式;大力推进绿色化,必须加强生态建设和环境保护;大力推进绿色化,必须加强制度和法治保障;大力推进绿色化,必须加强国际合作
2016 年 7 月 8 日至 10 日	走向生态文明新时代——绿色发展·知行合一	走向生态文明新时代,必须更加牢固树立绿色发展新理念。必须把绿色发展理念摆在更加突出的位置,并作为长期坚持的方针,着力建设生态文化、培育生态伦理、增进生态共识;必须全球携手、加强国际合作。世界各国都要承担应尽的国际义务,发达国家要在节能减排、应对气候变化等方面给予发展中国家更多的资金和技术支持,并帮助提升其适应气候变化的能力;走向生态文明新时代,关键在行动。人人都要行动起来,身体力行,热爱自然,保护生态,倡导节约,践行绿色生活方式
2017 年 6 月 17 日至 18 日	走向生态文明新时代·共享绿色红利	提出了"共享绿色红利"概念。中国的发展活力与成功经验,可以通过"一带一路"等形式,与全世界人民共同分享。在城市化方面,中国的经验在全球前所未有,值得跟世界上其他国家和地区分享

（续表）

会议召开时间	论坛主题	《贵阳共识》主要内容
2018 年 7 月 6 日 至 8 日	走向生态文明新时代——生态优先 绿色发展	牢固树立命运共同体意识，深化绿色技术国际交流；牢固树立人与自然和谐共处的理念，进一步巩固社会生态共识和生态价值观；建成生态文明贵阳国际论坛智库；坚持环境与生态保护的基本原则，加大自然生态系统和环境保护的力度；加大对生态绿色产业的投入，改变生产方式，发展节能环保低碳产业，利用新能源新材料技术，推动旅游等现代服务业加快发展；推进生态文明建设制度化、全球化，落实加快绿色发展政策，推进各级生态教育；建立法律保护体系和绿色核算制度；在生态文明建设中，城市是关键，科学技术是基础，企业是主战场，教育是先导，媒体是软实力的支撑；生态文明新时代的关键在于行动，生态行动应自觉践行绿色低碳生活方式
2021 年 7 月 12 日 至 13 日	"低碳转型 绿色发展——共同构建人与自然生命共同体"	坚持人与自然和谐共生，树立创新、协调、绿色、开放、共享的新发展理念，以降碳为重点战略方向，推动减污降碳协同增效、促进经济社会发展全面绿色转型；坚持绿水青山就是金山银山，加大石漠化和荒漠化地区的治理与生态修复力度，把生态修复、生态产业发展与乡村振兴相融合，让绿水青山转化为金山银山；坚持构建人与自然生命共同体，树立生态治理的大局观、全局观，对山水林田湖草进行统一保护、统一修复；坚持用最严格制度、最严密法治保护生态环境，推进生态文明建设制度化、全球化。建立法治保护法律体系和绿色核算制度，制定自然资源资产相关产权和空间保护规划；金融领域应携手应对全球气候变化挑战，探索绿色金融助推实现碳达峰、碳中和目标的中国路径。应对气候变化需要坚持多边主义，共同参与全球环境治理

第四节　加快建设贵州特色生态文化的对策建议

生态文化从价值观念、思维方式、行为方式和生活习俗等文化层面致力于人与自然、人与人的和谐关系，是生态文明建设的基础和动力，也是建设多彩贵州的向心力，更是提升地区软实力的重要途径。经过持续不断的开展生态文化宣传教育，贵州全省上下已经逐步树立起了基本的生态文明理念和环保意识，但仍然存在对生态文化的研究不深、群众对生态文化的认识不高、践行绿色消费的自觉性不足等问题。广大公众依然没有迈过从"知道"到"行动"的坎，绿色消费观念尚未真正"化"为群众的具体行动，"化"为衣食住行的点点滴滴，成为自觉主动的行为。

贵州的生态文明建设,还需要付出长期的艰苦努力,需要进一步挖掘传统生态文化的精髓、深入培育公众生态意识,弘扬传统生态文化。要把绿色文化培育上升到战略全局高度,积极谋划绿色生态价值观的培育和绿色生产生活方式的推进方法,把其作为贵州建设新型工业化、新型城镇化、农业现代化、旅游产业化"四化"的绿色支撑,放在经济社会发展全局重要的位置,系统全面思考贵州绿色文化发展的思路、主要目标、实现路径、制度保障等各项工作,加强整体布局、精心部署、认真实施,使生态价值观入心入脑,并化为大众自觉的绿色行动,形成贵州特色生态文化。要依托贵州省文化资源禀赋,着重构建纵横交织、贯通古今、串珠成链和覆盖全域的文化建设格局,绘好绿色发展的文化盛图,全面展现新时代贵州绿色文化的繁荣景象,让文化的力量越来越深地融入经济发展之中,为贵州在生态文明建设上出新绩和经济社会发展进步注入强大力量。

一、加强生态文化示范建设,打造绿色文化高地

(一)建立新时代乡村绿色文化生活样板区

农村生态文明建设是生态文明建设的重要部分,也是生态文明建设的短板。目前,贵州省居住在乡村的人口为占全省 46.85%,[①]想彻底赢得生态文明建设的全面胜利,乡村绿色文化的建设十分关键。因此,要建立农村生态文化基地,开展乡村绿色文化生活示范乡、示范村试点示范,实现以点带面广泛开展生态文明好习惯养成行动。完善乡村文化服务体系,加快建设和完善农村文体广场、文化活动中心、农家书屋及群众文体娱乐组织等,为村民文化生活常态化、多样化提供平台。挖掘乡村优秀生态文化资源,深入推动生态家训、生态家风、生态乡规民约建设,推进乡村文化振兴,使尊重自然、顺应自然、保护自然的理念融入乡村社会发展各方面,使正气充盈、德者有得、勤俭节约的时代风尚更加浓郁,建设美好精神家园,提高乡村文化生活品质。实施文化惠民工程,推动高质量文化资源下沉,完善文化下乡的机制,推动城乡文化交流,丰富载体,活跃精神文化生活,提升农民群众幸福感、获得感。发展乡村文化和旅游产业,提升生态文化体验,塑造乡村文明新风尚,促进乡村绿色文化繁荣发展和社会主义核心价值观的践行,为牢牢守好发展和生态两条底线提供文化支撑。

---

① 数据来源:贵州省第七次全国人口普查, https://baijiahao.baidu.com/s? id＝17007269 94083763211&wfr＝spider&for＝pc.

（二）建立现代都市绿色文化标杆区

围绕贵阳贵安、遵义等都市区建设，大力发展会展、现代演艺、夜游经济等现代都市文化，着力建设一批标志性重大文化设施，打造一批都市绿色文化精品。广泛宣传推广简约适度、绿色低碳、文明健康的生活理念和生活方式，建立完善绿色生活的相关政策和管理制度，推动绿色消费、促进绿色发展，注重提升环境保护意识和生态文明素养，打造国内一流、突出地域文化特色的现代都市绿色文化圈，让城市成为讲好鲜活生动绿色贵州故事、展示新时代贵州生态文明示范区绿色文化繁荣景象的闪亮窗眼。充分利用各种重要生态纪念日，深入开展丰富生动的宣传活动，组织形式多样的实践活动，培养绿色健康文明的生活方式，形成绿色消费行为习惯，尤其要树标杆、出经验、广普及。

（三）建立优秀传统生态文化展示地

充分发挥民族文化生态保护实验区、阳明文化三大基地等，打造优秀民族文化传承地、阳明文化展示中心。以黔东南苗族侗族、黔南水族文化生态保护实验区建设为平台。依托自然资源、人文资源，打造黔东南苗族侗族、黔南水族文化生态保护实验区等成为具有影响力的民族生态文化、非物质文化展示地。在森林、湿地、地质等公园、动物园、植物园、风景名胜区和体验中心等地建设一批生态文化示范基地，开展形式多样、丰富生动的生态体验活动，让公众充分感受到自然生态系统的价值，着力打造文化名山、人文水脉、森林古道、遗址公园、名城古镇和传统古村，建设各具特色的文化精品，让人们深入大自然，在自然中关爱大自然，在大自然中慰藉身体及心灵，寻求人与自然的亲密感，从而优化自己的生态行为，学会尊重自然、热爱自然、顺应自然，自觉约束自己的行为。以阳明文化为中心，推进建立全国性高质量的研究基地和传播中心，深入挖掘贵州绿色文化深厚内涵，建设高水平传承展示平台，不断推进具有时代精神的创造性转化、创新性发展，生动展示中华优秀文化的独特魅力和时代风采。

二、传承创新优秀传统文化，繁荣特色生态文化

生态文化与中华优秀传统文化有着不可分割的内在关联。源远流长、博大精深的中华优秀传统文化，积淀着中华民族最深层的精神追求，包含着中华民族最根本的精神基因，是生态价值观的深厚源泉。因而，培育生态价值观和环境道德意识必须植根于传统优秀文化和民族生态文化，从中追寻生态智慧，有效构建贵州优秀传统文化传承发展体系，大力传承和延续各民

族生态思想精髓及生态基因。

贵州是一个多民族省份,少数民族总人口 1 255 万人,占全省总人口的 36.11%。汉族、苗族、布依族、侗族、土家族、彝族、仡佬族、水族、回族、白族、瑶族、壮族、畲族、毛南族、满族、蒙古族、仫佬族、羌族等 18 个民族世代居住在这块土地上。贵州各族人民和睦相处,共同建设美丽家园,创造了多元灿烂的民族文化,形成别具一格的民族生态文化。比如,具有丰厚历史底蕴的民族传统,鲜活的民俗风情,风格迥异的民族建筑、民族歌舞等,都融入了许多与生态文化相一致的珍贵文化基因。

从民族传统来看,生活在优美的自然生态环境中的贵州省各族人民主张敬天畏地、爱护自然,反对过度索取自然资源。这种生态意识和生态智慧在少数民族村落里,以一种"常识"的形式存在,以一种"自然"的方式落实在行动中,以道德、禁忌、乡规民约等文化形式得以表现。比如,苗族浓郁的大树崇拜情结。从江县岜沙苗寨群众不仅不滥伐树木,而且种树贯穿苗人的一生。人生下来要种出生树,长大要种成人树,结婚时要种婚姻树,葬死者也要栽树。在苗乡民间乡约中处处可见对乱砍滥伐行为的严厉批评和处罚。"凡我后龙山与笔架山上一草一木,不得妄砍,违者,与血同红、与酒同尽。""龙潭通河顺沟田头,坝边杂树均不可砍,如违,照例倍罚。"又如,侗族主张人与自然要和睦相处,倘若人如对自然中的万物过分采撷、猎取和破坏,必然要遭到万物的报复、惩罚。侗乡人还发明了一套稻鱼鸭共生系统。再如,布依族每逢三月三等民族节日都要祭拜山神、灶神、扫寨驱鬼、预祝丰收,彰显着敬畏自然、尊重自然的生态精神……正是这些闪耀着朴素生态智慧的乡规民约和民间习俗,深深根植于一代又一代各民族儿女的心中,成为他们主动服膺的传统习惯,维系着整个地区的生态发展秩序,保证了民族地区生物物种的多样性、生态环境系统的稳定性,维持着民族地区社会经济的可持续发展。尽管伴随着现代化进程,以农村的城镇化和农民的流动性、市民化为基本内容的民族村寨社会正在变迁,传统的人与自然和谐相处的生态思想也不断受到冲击,但现在全省森林保护最好、最绿的地区仍然是民族地区,黔东南苗族侗族自治州森林覆盖率达 67.98%,黔南布依族苗族自治州为 65.8%,[①]全省森林覆盖率达 70%以上的 14 个县多为民族地区。这些地区特色鲜明的传统优秀文化中的生态思想及价值理念,表达了人类生存与发展的可持续性,其智慧光芒穿透历史,思想价值跨越时空,历久弥新,成为民族的精神财

① 贵州省林业局发布全省 2019 年度森林覆盖率,http://lyj.guizhou.gov.cn/xwzx/szdt/202008/t20200805_62164083.html.

富,为生态价值观的培育提供了重要的思想资源。因此,要加强对传统生态文化的挖掘与整理,感悟蕴含在绿水青山中的文化内涵,传承蕴藏在民族传统中的生态文化,探索富有时代印迹和地域风格的生态文化载体。

以生态文化基地助推生态文化宣传。充分运用贵州特色优势资源,做强民族文化、做优山地文化、做厚传统文化,鼓励支持各市(州)采取行之有效的措施,促进地方特色文化发展,强化绿色文化引领,打造既具有地方特色又具有国家层面价值的文化品牌,促进多彩贵州特色生态文化体系的建设。

一方面,要推进民族生态文化的研究。围绕夜郎文化、民族文化、土司文化方面集中力量攻关,做好成果挖掘、整理、阐释等工作,提升民族生态文化的科研水平。将生态价值观念和绿色发展理念融入民族文化,大力研究和挖掘,不断整理、开发和创新,丰富其内涵,扩大其影响。注重发掘区域特色的民间生态智慧和老祖宗的"土办法",善于总结和挖掘少数民族文化、制度、规定和习俗中的生态精髓,根据现实情况和生态文明的要求对它们进行科学地吸收。另一方面,加强优秀传统文化保护传承。把优秀传统民族生态文化融入精神文明创建活动之中,吸引群众广泛参与,形成有利于传承和弘扬优秀传统文化的生活情景和社会氛围,创作生产一批内容丰富、感情饱满、易被认可的高质量弘扬优秀传统生态文化和时代精神的文学、戏曲、影视作品。通过这些文化作品的熏陶、濡染、浸润,增强群众的生态文化认同,促进生态意识的提升,引导城乡居民形成勤俭节约、绿色低碳、文明健康的生活方式。积极扶持一批传承民族生态文化企业,通过故事宣传,挖掘环境观背后的尊重自然、顺应自然、保护自然的生态文明理念。同时,在宣传生态文明理念及环境政策时,要与当地少数民族的民族信仰等相结合,增强宣传的可接受性,在尊重当地少数民族信仰的同时,引导其朝着正确的方向发展。

三、加大培养绿色消费观念,践行简约低碳生活

绿色消费是生态文化的体现载体,践行绿色消费是生态文明建设的重要内容。2017年10月,习近平总书记在党的十九大报告中指出:"要倡导简约适度、绿色低碳的生活方式,反对奢侈浪费和不合理消费。"将简约适度、绿色低碳的生活方式落到实处,是摆在我们面前的现实任务,不仅需要政府主动引导,还需要大众积极作为。要将推进绿色消费作为基本思路和着力点之一,坚持培育绿色消费观念,坚持政策指导,充分发挥人民群众的积极

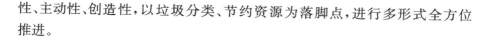

性、主动性、创造性，以垃圾分类、节约资源为落脚点，进行多形式全方位推进。

（一）培育绿色消费观念，塑造绿色消费良好氛围

坚持以培养绿色消费观念先行为基本思路，遵循人们认识事物的一般规律，以教育倡导、文化宣传为具体手段，久久为功，营造绿色消费的良好氛围，把绿色消费内化为大众绿色消费的意识与观念。

绿色消费是指消费主体在消费活动全过程贯彻以节约资源和保护环境为特征的绿色低碳理念的消费行为，是一种和谐性、适度性、节制性和可持续性的消费行为。主要表现为崇尚勤俭节约，减少损失浪费，选择低碳环保产品和服务，以降低消费过程中的资源消耗和污染排放。绿色消费是消费领域的重大革命，这一概念始于 20 世纪 70 年代。美国经济学家艾伦·杜宁在《多少算够——消费社会与地球的未来》（*How Much is Enough？：The Consumer Society and the Future of the Warth*）一书中，深刻地揭示当今社会所面临的严重的消费异化问题，指出"我们生活在一个消费者社会，而目前的消费模式不可持续，也不会带来幸福，因此我们需要提出'绿色消费'的概念，使全球居民能够在不使这个星球的自然健康状况受损的情况下享有一种舒适的生活"，并认为"只有重视消费、重新树立正确的消费观念，地球才能不受难，人类的路途才会越走越远"。随着消费主义带来的生态环境危机的大量出现，人们开始不断反省自身的生活方式，纷纷转变消费观念和价值取向，绿色消费因此得到越来越多的重视，也开启了世界各国探索绿色低碳消费之路。在我国，随着生态文明建设的深入推进，生态文明理念和绿色消费理念逐步普及，大众生态意识和生态价值观不断提升。但是伴随着我国经济的快速发展，人民生活水平日益提高，人们对美好生活的向往更加强烈，居民消费已从温饱向小康转型升级，与此同时，过度消费、奢侈浪费等不合理消费行为依然存在。顺应消费升级趋势，同时又推动促进绿色消费，遏制浪费、节约资源与能源已经成为缓解资源环境压力、建设生态文明的现实需要。因此，我国政府积极倡导绿色消费。2019 年 10 月，国家发展和改革委员会发布的《绿色生活创建行动总体方案》明确提出"广泛宣传推广简约适度、绿色低破、文明健康的生活理念和生活方式，建立完善绿色生活的相关政策和管理制度、推动绿色消费、促进绿色发展"的目标。2022 年国家发展和改革委员会等七部门联合印发《促进绿色消费实施方案》，旨在引导大众合理适度进行消费，遏制无节制消费的蔓延，减少污染排放和改善环境质量，建设资源节约、环境友好型的美丽中国。

培育消费者绿色消费观念是其践行绿色消费的前提。绿色消费观不仅仅影响个人的生活方式,而且关乎生态文明建设的进程。培育绿色消费观念有助于消费者更好地决定自己的消费行为,变得更加理性合理,实现绿色消费态度和绿色消费意愿的改变,进而形成绿色发展方式和生活方式,促进生态文明建设。作为国家生态文明试验区的贵州,应更加注重绿色消费顶层设计,积极培育绿色消费理念,倡导理性消费,在发展经济和刺激消费的同时,构建一种"适度""理性""协调""可持续"的新型绿色消费模式。这是贵州建设生态文明题中之义,也是对建设国家生态文明试验区的新诠释。

加强生态道德教育。用生态道德教育唤醒生态良知,用生态道德教育强化生态责任,让人们在享用大自然资源的同时,责无旁贷地担当起环境保护的义务。增强媒体正向育人功能,持续不断加强绿色消费宣传,让绿色消费理念在群众内心生根发芽。尤其是要强化媒体传播人的社会责任感,引导鼓励新媒体宣传简朴、自然的生活方式,对于消解新型绿色消费观的言论禁止传播,营造以勤俭节约、绿色低碳为荣的社会氛围,提高大众抵制、反对各种形式的不合理消费、过度消费、超前消费以及奢侈浪费等,遏制攀比性、炫耀性、浪费性行为。加大绿色产品公益宣传,维护公众的绿色消费知情权、参与权、选择权和监督权,使每个公民都成为节约资源、保护环境的宣传者、实践者和推动者,从奢侈性消费转向适度性消费、从破坏性消费转向保护性消费、从一次性消费转向多次性消费,逐步形成环境友好型、资源节约型的消费意识、消费模式和消费习惯。

(二)培养绿色消费行为,推进绿色生产生活方式

坚持以培养绿色消费行为为基本手段,顺应消费者行为形成的一般性规律,以垃圾分类、节约资源等为落脚点,坚持由易到难、由点到面,扎实推进,实现绿色消费从"知道"到"做到"的转变。

绿色消费行为不会自发形成,需要在加强引导的同时,不断培养。

(1)积极动员全民开展垃圾分类。践行绿色消费行为,从生活小事培养起,充分运用主流媒体、微博微信公众号、官方网站等持续开展宣传引导,解读有关垃圾分类的政策,编制垃圾分类少儿读本和市民读本,进一步强化分类知识普及力度。有序推进各地开展垃圾分类工作,逐步把生活垃圾分类从贵阳市、安顺市等少数城市延伸到州府所在地、市县城区、有条件的乡镇,加快推进试点创建,加强基础设施的投入,推动成立垃圾分类管理机构,按照《贵州省城市居民生活垃圾分类投放和收运设施配置指南》,结合实际明确分类方式,广泛设置简便易行的生活垃圾分类投放装置,努力把垃圾分类的要求变成人们日常的行为习惯,让百姓在参与垃圾分类中主动向少使用过度包装、一次性餐具物品的绿色化消费转变。

(2)全面促进资源节约集约利用。建立绿色生活信息平台,帮助消费者获取绿色信息,引导绿色消费行为。研究建立绿色产品消费积分制度,形成激励机制,引导大众购买节能环保商品,使用低碳绿色产品。坚持推进政府部门带头履行生态责任,践行绿色消费,鼓励企业提供更多更好的绿色产品。继续推进绿色学校、绿色社区、节约型机关等创建工作,引导大众节约资源,提高旧物的循环利用率,培养绿色健康文明的生活方式,形成自觉的绿色消费行为习惯。落实公交优先战略,加快城市轨道交通、城市公交专用道、快速公交系统等大容量公共交通基础设施建设,优化城市道路网络配置和慢行交通系统服务,提升城市绿色出行水平,鼓励家庭采用公共交通等绿色出行方式。制定再生资源行业发展规划,加强回收站点建设,逐步建立网点布局合理、网络运作畅通、服务功能齐全的现代化再生资源回收利用网络体系,提高再生资源的综合利用率。出台优惠措施,建立市场政府托底与市场化运行的并行机制。比如,给予企业对低价值可回收物提供专项补贴扶持托底保障,同时,借鉴广州等先进城市经验,引入市场机制,通过政府购买服务的方式,鼓励社会企业通过多种形式参与回收利用工作,促进再生资源行业的发展壮大。

(3)深入开展反对浪费行动。在全省深入持久地开展"厉行勤俭节约反对餐饮浪费"专项行动,开展过度包装专项治理,加强一次性消费用品的管控等。在文明村镇创建中要以移风易俗为重点,树立勤俭节约文明乡风;在文明单位创建中要以推进机关单位食堂光盘行动为重点,努力建设节约型单位;在文明家庭创建中要以普及节俭常识为重点,大力推行科学文明餐饮消费模式;在文明校园创建中要以培养学生节约习惯为重点,推动勤俭意识融入学校教育,有效制止餐饮浪费行为。

(三)完善绿色消费制度,激励与约束并举确保绿色消费可持续性

坚持政策引领为基本保障,结合贵州实际,综合运用制度、经济手段等政策工具箱,实现绿色消费的短期性向长期性转变。

消费市场面临着市场失灵的困境,需要制度设计来矫正这类市场失灵,财税、价格、经济激励等制度是较为常用的制度工具。2019年10月29日,国家发展和改革委员会发布的《绿色生活创建行动总体方案》(发改环资〔2019〕1696号),明确提出"建立完善绿色生活的相关政策和管理制度、推动绿色消费、促进绿色发展"。推动绿色消费制度是关键。绿色消费制度的本质是通过制度建设来纠正消费市场的失衡,以奖励、惩处来促进生态环境的资源公平、有效配置。

(1)以经济手段激励绿色消费。建立健全财政补贴、税收优惠、绿色信贷等制度,给予企业资金上的支持,从而刺激企业以社会绿色市场发展要求和消费者的绿色消费需求为导向,加大绿色生产技术的研发力度和水平,不断提高绿色产品的质量,丰富绿色产品的种类,增加绿色产品的数量满足消费者多样化的绿色需求,在根本上带动绿色消费。制定绿色产品推广目录,加大政府绿色公共采购力度和范围,规定机关事业单位和社会团体使用财政资金采购时,要优先购买推广目录内的产品,推动强制性绿色公共采购。放宽绿色生态产品和服务市场准入。要在规范性约束的引导下,重点从价格、信贷、监管与市场信用等方面建立经济激励和市场驱动的制度,引导绿色生态产品的供给和居民消费的绿色选择。

(2)以管制性手段限制非绿色消费。严格执行《党政机关公务用车选用车型目录管理细则》《党政机关厉行节约反对浪费条例》等,严格禁止红白喜事大操大办,倡导婚丧嫁娶等从简操办,坚决抵制和反对奢侈浪费,大力破除讲排场、比阔气等陋习。探索研究并试点不满足标准的非绿色产品推出机制。另外,以管制性手段限制促进企业绿色发展、循环发展、低碳发展。企业是绿色经济发展的主角。无论在经济发展,还是在环境保护,乃至绿色创新中,企业应该发挥核心作用,应进一步完善制度,用制度推进企业应主动进行绿色生产,通过先进的技术手段,使污染物的产生量最小化,并按照产业规制要求,以清洁生产、循环利用方式生产更多的绿色产品。用制度推进企业生产者的社会责任,使绿色包装、绿色采购、绿色物流和绿色回收成为主流,大幅减少生产和流通中的能源资源消耗和污染物排放。

参考文献

［1］石宗源.贫困地区的崛起之路［J］.求是,2008(18):22.

［2］佚名.循环经济的贵阳实践成为中共中央党校案例［J］.理论与当代,2008(5):57.

［3］李裴,陈少波.贵州生态文明建设报告绿皮书［M］.北京:人民出版社,贵阳:贵州人民出版社,2017.

［4］贵州省环境保护厅.2020年度贵州省生态环境状况公报［EB/OL］.[2021-06-05].
P020210608399555630441.pdf.

［5］贵州省环境保护厅.2009年度贵州省环境状况公报［EB/OL］.[2010-06-05].http://
www. gzzn. gov. cn/xxgk/xxgkml/jdjc_41144/hjbh_41145/201612/t20161208_
23486143.html.

［6］国家林草局.全国第三次石漠化监测成果公报［R］.[2018-12-13].

［7］文林琴,栗忠飞.2004—2016年贵州省石漠化状况及动态演变特征析［J］.生态学报,
2020,17:5933.

［8］贵州省多举措推动绿色交通发展［N］.贵州日报,2018-6-15(3).

［9］任宗哲.构建中国特色哲学社会科学的三点思考——学习习近平总书记在哲学社会
科学工作座谈会重要讲话的体会［J］.西安交通大学学报(社会科学版),2016(5):
101-105.

［10］潘家华,高世楫,李庆瑞,等.美丽中国——新中国70年70人论生态文明建设［M］.
北京:中国环境出版集团,2019.

［11］崔爽,周启星.生态修复研究评述路［J］.草业科学.2008(1):25-29.

［12］艾晓燕,徐广军.基于生态恢复与生态修复及其相关概念的分析［J］.黑龙江水利科
技,2010(3):51-52.

［13］邓小芳.中国典型矿区生态修复研究综述［J］.林业经济,2015(7):18-23.

［14］彭建,吕丹娜,董建权,等.过程耦合与空间集成:国土空间生态修复的景观生态学
认知［J］.自然资源学报,2020,35(1):3-13.

［15］高世昌.国土空间生态修复的理论与方法［J］.中国土地,2018,395(12):40-43.

［16］方莹,王静,黄隆杨,等.基于生态安全格局的国土空间生态保护修复关键区域诊断
与识别:以烟台市为例［J］.自然资源学报,2020,35(1):190-203.

［17］倪庆琳,侯湖平,丁忠义,等.基于生态安全格局识别的国土空间生态修复分区:以徐
州市贾汪区为例［J］.自然资源学报,2020,35(1):204-216.

[18] 付战勇,马一丁,罗明,等.生态保护与修复理论和技术国外研究进展[J].生态学报,2019,39(23):331-344.

[19] 王德炉,朱守谦,黄宝龙.贵州喀斯特区石漠化过程中植被特征的变化[J].南京林业大学学报(自然科学版),2003(3):26-30.

[20] 中共贵州省委党史研究室.奋进发展的贵州:多彩贵州(1949—2019)[M].贵阳:贵州人民出版社,2019.

[21] 王新伟,吴秉泽.绿满荒山 家园秀美——贵州大力推进石漠化治理"双丰收"纪实[N].经济日报,2012-10-13.

[22] 吴学大,等.毕节试验区石漠化综合治理的思考[N].农业开发与装备,2015(7):33-35.

[23] 王平.西部生态经济研究综述[J].河西学院学报,2010(1):68-71.

[24] 曹小飞.贵州省长江流域防护林体系建设分区及治理对策[J].安徽农业科学,2013,41(15):6760-6762.

[25] 刘苏颉.贵州省全力推进生态保护与修复[N].贵州日报,2020-10-23(1).

[26] 沈斌华.谈"生态扶贫"和"组织扶贫"[J].北方经济,1999(8):4-5.

[27] 杨文举.西部农村脱贫新思路——生态扶贫[J].重庆社会科学,2002(4):15.

[28] 沈茂英,杨萍.生态扶贫内涵及其运行模式研究[J].农村经济,2016(7):3-8.

[29] 陈甲,刘德钦,王昌海.生态扶贫研究综述[J].林业经济,2017(39):31-36.

[30] 李双成.生态何以扶贫?[J].当代贵州,2020(35):80.

[31] 曾贤刚.生态扶贫:实现脱贫攻坚与生态文明建设"双赢"[EB/OL].[2020-09-29].https://baijiahao.baidu.com/s? id=1679159127034832896&wfr=spider&for=pc.

[32] 李周.中国的生态扶贫评估和生态富民展望[J].求索,2021,9.

[33] 杨伟民.生态文明建设的中国理念[J].城市与环境研究,2019,(4):5-22.

[34] 中共中央,国务院.关于打赢脱贫攻坚战的决定[M].北京:人民出版社,2015.

[35] 中共贵州省组织部.贵州省贯彻落实习近平新时代中国特色社会主义思想在改革发展稳定中攻坚克难案例[M].贵阳:贵州人民出版社,2020.

[36] 贵州省生态移民局.黔南州举行易地扶贫搬迁后续扶持工作新闻发布会[EB/OL].[2021-12-29].https://baijiahao.baidu.com/s? id=1720468806345794062&wfr=spider&for=pc.

[37] 道格拉斯·C·诺斯.制度、制度变迁与经济绩效[M].上海:上海三联书店,1994.

[38] 夏光.加快建设生态文明制度体系[J].政策,2014,(1):43-45.

[39] 李裴,邓玲.贵阳生态文明制度建设[M].贵阳:贵州人民出版社,2013.

[40] 温宗国.新时代生态文明建设探索示范[M].北京:中国环境出版集团,2021.

[41] 浙江省统计局.2020年浙江省国民经济和社会发展统计公报[C].2021-2-28.

[42] 黄祖辉,傅琳琳.我国乡村建设的关键与浙江"千万工程"启示[J].华中农业大学学报(社会科学版),2021,(3):4-9.

［43］刘俊利.从农村人居环境整治看中国农村环境问题——以天津市为例［R］.管理科学学会环境管理专业委员会 2019 年年会.2019,11.

［44］林坚.建立生态文化体系的重要意义与实践方向［J］.国家治理,2019(5):40-44.

［45］余谋昌.生态学哲学［M］.昆明:云南人民出版社,1991.

［46］尚晨光.生态文化的价值取向及其时代属性研究［D］.北京:中共中央党校,2019.

［47］巴里·康芒纳.封闭的循环:自然、人和技术［M］.侯文蕙,译.长春:吉林人民出版社,1997.

［48］［美］卡洛琳·麦茜特.自然之死［M］.吴国盛,等译.长春:吉林人民出版社,1999.

［49］马克思,恩格斯.马克思恩格斯文集:第 1 卷［M］.北京:人民出版社,2009.

［50］［美］Odum E P,Barrett G W.生态学基础［M］.5 版.陆健健,等译.北京:高等教育出版社,2009.

［51］姚顺良,刘怀玉.自在自然、人化自然与历史自然——马克思哲学的唯物主义基础概念发生逻辑研究［J］.河北学刊,2007(5):6-11.

［52］杨正平."天人合一、知行合一"的贵州人文精神［J］.理论与当代,2016(12):1.

［53］刘文国,王橙澄.生态文明贵阳会议召开［N］.光明日报,2009-08-23. https://www.gmw.cn/01gmrb/2009-08/23/content_968275.htm.